FUNDAMENTOS DE TELECOMUNICACIONES Y REDES

PRIMERA EDICIÓN

Evelio Martínez Martínez
Arturo Serrano Santoyo

www.conver-gente.com
www.fundacionteleddes.org
Ensenada, Baja California, México.

Fundamentos de Telecomunicaciones y Redes

Primera edición, 2012
320 páginas
8x10 pulgadas, 20.32 x 25.4 centímetros
Papel blanco, blanco & negro
ISBN-10 1456353608
ISBN-13: 978-1456353605

Sitio *web* del libro: www.conver-gente.com/redes/

Edición: Eduardo Álvarez Guzmán
Diseño de portada y figuras: Yesenia Y. Aguirre Molina
Revisión: Julio Alberto Garibay Ruiz, José Ignacio Ascencio López, José Antonio García Macias.
Edición y correcccción de estilo: Norma Herrera Hernández
Edición y formación: Sara Eugenia Hernández Ayón

DEDICATORIA

Dedicamos esta obra al Ing. Eugenio Méndez Docurro por su brillante trayectoria y contribuciones al desarrollo de las telecomunicaciones en México. El Ing. Méndez ha sido mentor de varias generaciones de profesionales de las telecomunicaciones, fundador del Consejo Nacional de Ciencia y Tecnología, Secretario de Comunicaciones y Transportes, Director del Instituto Politécnico Nacional, Director del Instituto Mexicano de Comunicaciones, impulsor de las comunicaciones espaciales, entre otros importantes cargos que ha tenido. El Ing. Méndez es un ícono y referencia imprescindible de la ingeniería mexicana y sobre todo un personaje de gran calidad humana.

AGRADECIMIENTOS

Agradecemos a todos a los que de alguna manera nos han apoyado en la elaboración de esta obra. Primeramente a nuestros familiares y amigos. A nuestros estudiantes que participaron en los cursos y diplomados que impartimos sobre redes y telecomunicaciones durante estos últimos veinte años. Así como a quienes nos apoyaron en la revisión y nos dieron sus atinadas observaciones y comentarios para la mejora del contenido del libro.

Yo no creo que las ondas electromagnéticas que descubrí puedan tener una aplicación práctica.
- Heinrich Rudolf Hertz

PREFACIO

La digitalización (Revolución de la Información) en conjunto con la globalización y los procesos de convergencia socioeconómica, cultural y política, entre otros, han creado un contexto que por un lado afectan la manera que nos educamos, nos comunicamos y accedemos a la información y al conocimiento y por otro, plantean retos de como adoptar y utilizar de forma adecuada las aplicaciones de las Tecnologías de la Información y Comunicaciones (TIC) para el desarrollo y bienestar social. Los efectos de la digitalización han dislocado asimismo a industrias y servicios dando lugar a la creación de nuevos modelos de negocio y producción. Entre los sectores más afectados se encuentra el sector educativo, en donde se hace imprescindible identificar los retos y oportunidades que brindan las TIC para incrementar la calidad de los servicios educativos, su cobertura y sobre todo entender las implicaciones de un nuevo entorno complejo en miras a mejorar los procesos de aprendizaje y su impacto en el progreso y prosperidad de la sociedad.

Siendo el transporte y procesamiento de información (telecomunicaciones e informática) cruciales para la difusión y adopción de la convergencia digital en la sociedad, resulta imprescindible el continuo desarrollo de recursos humanos que entiendan y dominen las tecnologías básicas asociadas a la operación y despliegue de los sistemas emergentes de comunicaciones y redes de información. Por tal motivo, la obra *Fundamentos de Telecomunicaciones y Redes* adquiere relevancia al proporcionar de manera sintetizada, organizada y sencilla conceptos clave en el entendimiento de las tecnologías que conforman un ecosistema de convergencia que demanda la aplicación de conocimientos tecnológicos y regulatorios en disciplinas de acelerado desarrollo.

Las telecomunicaciones y redes de información permean en todas las actividades humanas y son transversales a otras disciplinas científicas y técnicas, por tal motivo, la presente obra fue diseñada para que especialistas de diferentes campos puedan beneficiarse de un material conciso y estructurado que provea una plataforma de referencia e introducción. De esta forma, *Fundamentos de Telecomunicaciones y Redes* responde a una necesidad educativa que constituye un puente para avanzar hacia temas mas complejos y al mismo tiempo estimula y pone en relieve la importancia del trabajo interdisciplinario invitando a especialistas de diversos campos a adentrarse en el fascinante mundo del dominio digital.

La composición y conformación de los materiales presentados es el resultado de experiencias académicas, de interacción con empresarios, profesionistas, estudiantes y docentes de diversos campos. Agradecemos a todos y cada uno de nuestros colegas y amigos que con su estímulo y colaboración nos impulsaron a la terminación de esta obra cuyo objetivo es contribuir al acervo de conocimientos de los sistemas de comunicación y redes de información.

Arturo Serrano Santoyo
Ensenada, Baja California, México, Septiembre 2012.

PRESENTACIÓN

Este libro es producto de muchos años de investigación, recopilación de información e impartición de clases, cursos y diplomados acerca de las telecomunicaciones y las redes. Los autores hemos tenido la oportunidad de impartir cursos de ambas materias a estudiantes de licenciatura, maestría y a personal de empresas del sector público y privado.

Durante la impartición de los cursos se detectó la necesidad de crear un material de referencia y consulta que pudiera describir de manera clara los fundamentos de las telecomunicaciones y las redes.

Fundamentos de Telecomunicaciones y Redes puede considerarse como un primer curso introductorio para otras materias relacionadas y más avanzadas del área, en las carreras de Ingeniero en Computación, Licenciado en Sistemas Computacionales, Licenciado en Ciencias Computacionales y Licenciado en Informática, entre otras.

Para entender los conceptos contenidos en el libro, no se requieren conocimientos previos de otras materias. Sin embargo, es recomendable el conocimiento de conceptos básicos de computación y electrónica. En los capítulos 3 y 7 se presentan algunas ecuaciones matemáticas sencillas, ya que la base y el crecimiento de las telecomunicaciones fue gracias al desarrollo de las matemáticas, desde simples ecuaciones hasta teoremas con ecuaciones de cálculo diferencial e integral. En este contexto destaca la importante contribución de Claude E. Shannon en el desarrollo y avance de la Teoría de la Información, fundamento de lo presentado en esta obra.

Sobre los términos en inglés en este libro

A lo largo de este libro, los lectores encontrarán un conjunto significativo de palabras en inglés. Mantener el origen de los términos, para los cuales es difícil encontrar traducción fiel, evitará ambiguedades. Hay algunas palabras y siglas en inglés que tecnológicamente hablando se han quedado y forman parte de nuestro vocabulario; por ejemplo, LAN *(Local Area Network)*, *hardware* y *software* son reconocidas ampliamente y sería impropio, en opinión de los autores, buscar traducciones al español. Los términos en el idioma inglés, o francés, los enfatizaremos con *itálicas*.

A lo largo de la obra se hace énfasis en los estándares y RFC *(Request for Comments)* de telecomunicaciones y redes, los cuales son abordados en el primer capítulo. Sin los estándares y los conceptos de la Teoría de la Información, sería imposible la comunicación tal como la utilizamos y concebimos hoy en día.

A quién va dirigido este libro

La primera edición de este libro va dirigida a estudiantes de nivel licenciatura de las carreras que llevan alguna materia relacionada con redes, telecomunicaciones y, en general, con Tecnologías de la Información y la Comunicación (TIC). La presente obra puede también utilizarse como libro de referencia para materias afines a nivel maestría. Dada la sencillez y claridad del lenguaje utilizado en el libro, personas interesadas en el tema que no tengan estudios profesionales pero desean aprender de estas nuevas áreas, tendrán la oportunidad de comprender el material y tener el beneficio de adentrarse en el mundo de las redes y las telecomunicaciones.

Cómo está organizado este libro

El libro está organizado en 8 capítulos:

- Capítulo 1 – Introducción a las telecomunicaciones
- Capítulo 2 – Medios de comunicación
- Capítulo 3 – Transmisión de información
- Capítulo 4 – Las redes de datos
- Capítulo 5 – La red Internet
- Capítulo 6 – Redes inalámbricas
- Capítulo 7 – Redes de nueva generación
- Capítulo 8 – Introducción a la regulación de las telecomunicaciones

Los fundamentos de las telecomunicaciones son explicados en los primeros tres capítulos. Las redes de comunicaciones ocupan los capítulos 4, 5, 6 y 7. En el capítulo 8 se presenta una introducción a la regulación de las telecomunicaciones.

Capítulo 1 – Introducción a las telecomunicaciones

El capítulo introductorio define el término "telecomunicaciones" y aborda sus beneficios en las actividades diarias. Después relata brevemente la historia de las telecomunicaciones, desde la historia antigua hasta la era moderna. Describe un modelo general de comunicaciones, para posteriormente hablar acerca de la importancia de los estándares en las redes y las telecomunicaciones.

Capítulo 2 – Medios de comunicación

Este capítulo describe los diferentes medios de comunicación que se utilizan para el transporte de la información. En la primera parte se describen los medios confinados tales como: cable coaxial, par trenzado, fibra óptica y guía de onda. En la segunda parte se describe el espectro electromagnético así como las bandas y frecuencias de operación de los diferentes medios de comunicación inalámbricos (no-confinados).

Capítulo 3 – Transmisión de información

Este capítulo se enfoca en las bases de la transmisión de información a través de cualquier medio de comunicación. Se habla inicialmente de la parte conceptual de una señal eléctrica, sus componentes principales y sus formas de onda. Contiene algunos conceptos claves, como ancho de banda, frecuencia, longitud de onda, modulación, decibel, relación señal a ruido, conversión analógico-digital de una señal y efectos que sufren las señales al propagarse, entre otros.

Capítulo 4 – Las redes de datos

Este capítulo establece las bases de las redes de comunicaciones empezando por su concepto. Presenta la clasificación de las redes con respecto a su cobertura, a la información que transmiten, topologías lógicas y físicas, relaciones de red cliente-servidor y *peer-to-peer*, modelo de referencia OSI *(Open Systems Interconnection)*, redes privadas *y* redes públicas, redes orientadas a conexión y no-conexión y redes de conmutación de circuitos y paquetes. Este capítulo finaliza explicando los protocolos de red.

Capítulo 5 – La red Internet

Este capítulo centra la discusión en la importancia de la red Internet y otras redes de alta velocidad. Habla brevemente de su historia, así como de los protocolos más importantes de la familia TCP/IP *(Transmission Control Protocol/Internet Protocol)* y explica el funcionamiento del direccionamiento y enrutamiento en Internet.

Capítulo 6 – Redes inalámbricas

Este capítulo explica la importancia de las tecnologías de comunicación inalámbrica y da una breve explicación de la propagación de las ondas electromagnéticas. También aborda cuatro tecnologías inalámbricas: microondas terrestres, comunicaciones vía satélite, redes inalámbricas de área local y telefonía celular.

Capítulo 7 – Redes de nueva generación

El capítulo trata aspectos introductorios relacionados a las NGN *(New Generation Networks)*, tales como sus características, arquitectura, elementos principales y consideraciones generales para la migración de una red tradicional a una red de nueva generación, NGN.

Capítulo 8 – Introducción a la regulación de las telecomunicaciones

Este capítulo presenta un panorama general del papel de la regulación y de normatividad de las telecomunicaciones y las TIC, así como una breve descripción de su impacto en el comercio electrónico, los derechos de propiedad intelectual, la protección de los datos personales, la prevención de la protección al consumidor y la seguridad nacional, entre otros.

Sitio *Web*

El libro *Fundamentos de telecomunicaciones y redes* tiene un sitio de Internet con información adicional a la publicación impresa.

<http://www.conver-gente.com/redes>

CONTENIDO

CAPÍTULO

1 INTRODUCCIÓN A LAS TELECOMUNICACIONES

Vivimos en una sociedad exquisitamente dependiente de la ciencia y tecnología, en la que muy pocos saben algo de ciencia y tecnología.
—Carl Sagan

1.1 Las redes y las telecomunicaciones

Los beneficios de las redes y las telecomunicaciones

Las telecomunicaciones son una industria lucrativa en constante crecimiento. Resultan vitales en la supervivencia y productividad de las empresas y organizaciones del mundo, las cuales requieren del acceso a redes de computadoras y sistemas eficientes de telecomunicaciones para enlazarse con el exterior y con sus propias sucursales.

Los grandes inventos como el telégrafo y el teléfono cambiaron por completo la forma de comunicarse desde hace más de 140 años. Entonces, resultaba increíble que dos personas pudieran escucharse, estando separadas una de la otra miles de kilómetros. La radio y la televisión revolucionaron la forma como las personas recibían la información: noticias, programas de entretenimiento, música, etc. Mientras que con otros medios, como los diarios o periódicos, se podía recibir información hasta con varios días o semanas de retraso, con la televisión y la radio se enteraban de acontecimientos en el instante que éstos estaban sucediendo.

La invención del transistor otorgó beneficios significativos a la industria electrónica y de telecomunicaciones. Se disminuyó notablemente el tamaño de los circuitos electrónicos, con lo cuál los sistemas y equipos electrónicos redujeron su costo y estuvieron disponibles para más personas.

La sustitución de los bulbos por los transistores ocasionó como resultado el ahorro en consumo eléctrico; pero lo más importante fue que el transistor permitió la integración de funciones en circuitos integrados que dieron lugar a procesadores avanzados que revolucionaron la computación, las comunicaciones y las industrias de consumo.

Con la llegada de los satélites fue posible la comunicación de un continente a otro; por ejemplo, de grandes eventos como las olimpiadas o el mundial de fútbol de la FIFA *(Fédération Internationale de Football Association)*. Las primeras olimpiadas televisadas globalmente, con algunas limitaciones, fueron las celebradas en 1964, en Tokio, mientras que el primer mundial de fútbol difundido vía satélite fue en Inglaterra, en 1966, también, por primera vez, en color. En 2010, en el mundial de fútbol celebrado en Sudáfrica, se difundieron por primera vez imágenes por satélite con calidad de alta definición HDTV *(High Definition Television)* y en tercera dimensión (3D).

La telefonía celular vino a dar otro giro a las comunicaciones. Ahora las personas tienen la posibilidad de establecer y recibir llamadas desde casi cualquier parte del mundo. Con la tercera y cuarta generación (3G y 4G) de la telefonía celular es posible establecer conversaciones, transmisión de video, televisión en tiempo real y otros contenidos digitales que consumen gran ancho de banda.

Las computadoras y el Internet han cambiado nuestra forma de educarnos, reunirnos, entretenernos y comunicarnos con otras personas en cualquier latitud. Las redes sociales son un ejemplo de esto.

Las telecomunicaciones también han transformado la actividad laboral. Ahora, con el teletrabajo *(telecommuting)* es posible laborar desde el hogar, ahorrando muchos recursos a las empresas, no sólo en espacios o escritorios; también permite a personas con discapacidades, trabajar desde la comodidad de su hogar. Las reuniones virtuales, apoyadas por los equipos de videoconferencia, evitan a las organizaciones el desplazamiento de sus empleados, con el consecuente ahorro en gastos de viaje, hospedaje y sobre todo, se ahorra mucho tiempo que puede aprovecharse para realizar otras actividades más productivas.

En fin, son innumerables los beneficios de las telecomunicaciones para nuestras actividades diarias, ya que facilitan numerosas tareas y la forma de comunicarnos. Por tal razón, es importante conocer los fundamentos de las telecomunicaciones y las redes, para aprovechar los beneficios de las TIC que contribuyen a mejorar nuestra calidad de vida.

¿Qué son las telecomunicaciones?

La palabra comunicaciones deriva del vocablo latín *communicatio*, definido como el proceso social de intercambio de información que cubre la necesidad humana para el contacto directo y entendimiento mutuo. En el libro *The world history of telecommunications* de Huurdeman (2003), se menciona que la palabra telecomunicaciones se adjudica a Edouard Estaunié (1862-1942), quien agregó el vocablo tele (=distancia) en su libro *Traité pratique de télécommunication electrique (télégraphie-télephonie)*. En esta obra, cuyo título en español es *Tratado práctico de las telecomunicaciones eléctricas (telegrafía y telefonía)*, E. Estaunié define a las telecomunicaciones como el "intercambio de información por medio de señales eléctricas". En el prefacio del libro, Estaunié ofrece disculpas por la invención del término. *"He sido forzado a agregar una nueva palabra al glosario que ya es demasiado largo en la opinión de muchos electricistas. Espero que me perdonen..."*. Nunca imaginó el impacto de su contribución.

La Unión Internacional de Telecomunicaciones ITU *(International Telecommunication Union)* oficialmente reconoce el término telecomunicaciones en 1932 y lo define de esta manera: "cualquier telegrama o comunicación ya sea telefónica, que contenga signos, escritos, imágenes y sonidos de cualquier naturaleza, por medio de cables, radio u otro sistema o proceso de señalización eléctrico o visual". En la actualidad, la ITU define a las telecomunicaciones como "cualquier transmisión, emisión o recepción de señales, signos, escritos, imágenes y sonidos o inteligencia de cualquier naturaleza por medio de cables, radio, visual u otros sistemas electromagnéticos".

De manera general, podemos definir a las telecomunicaciones como "el transporte de la información a través de un medio de comunicación utilizando algún tipo de señal".

En los sistemas de telecomunicaciones posteriores al descubrimiento de la electricidad (1752), las señales empleadas pueden ser de naturaleza eléctrica u óptica, pero en los orígenes, las señales eran de tipo acústico, de humo, antorchas, espejos, etc. En la actualidad las señales viajan a través del canal o medio de comunicación, ya sea por cable coaxial, par trenzado, fibra óptica, guía de onda o el aire.

La misión de las telecomunicaciones es transmitir la mayor cantidad de información (*bits* por segundo o bps) en el menor tiempo, con calidad y de una manera segura. Esto se logra utilizando diversas técnicas para optimizar el canal de comunicación, entre otras: modulación, compresión de datos, multicanalización, ensanchamiento del espectro *(spread spectrum)*, codificación, etc. Transmitir más información en menos tiempo trae consigo ahorros significativos.

Las redes de comunicaciones

Una red es un conjunto de nodos interconectados entre sí, a través de un medio de comunicación, que intercambian algún tipo de información. Una red de computadoras, según la definición de la Enciclopedia Británica: *"son dos o más computadoras interconectadas con el propósito de comunicar datos electrónicamente"*. Las telecomunicaciones, por lo tanto, se encargan de comunicar los distintos nodos en una red; dicho de otra manera, las telecomunicaciones se encargan del transporte de la información entre los nodos. La información es conocida también como la carga útil *(payload)*, es decir, representa el mensaje que deseamos transmitir. El intercambio de información es la parte esencial para que haya retroalimentación entre el nodo transmisor y el nodo receptor. Los nodos y los enlaces de comunicación forman una red.

1.2 Breve historia de las telecomunicaciones y las redes[1]

Desde el inicio de la humanidad, el hombre siempre ha tenido la necesidad de comunicarse. El origen de esta aventura comenzó de manera rudimentaria, pero con el paso del tiempo y el cúmulo de conocimientos, las comunicaciones fueron requiriendo de sistemas cada vez más complejos. A continuación se presenta cronológicamente un recorrido histórico de las telecomunicaciones y redes descubriendo hitos claves de su desarrollo. Esta sección se ha conformado con base a las contribuciones de diversos autores cuya bibliografía se presenta al final de este capítulo.

5000 a.C. El hombre prehistórico se comunicaba por medio de gruñidos, sonidos, señales físicas hechas con las manos y otros movimientos del cuerpo. Obviamente la comunicación a grandes distancias estaba limitada, ya que sonidos emitidos por el ser humano sólo son escuchados a unos cuantos metros de distancia.

3000 a.C. Los egipcios representaban las ideas mediante símbolos conocidos como jeroglíficos *(hieroglyphics)*. Así, la información podía transportarse a grandes distancias al ser transcritas en medios como el papel papiro, madera, piedras, muros, etc. Ahora los mensajes pueden ser enviados a grandes distancias al llevar el medio de un lugar a otro.

1,700-1,500 a.C. Un conjunto de símbolos fue desarrollado para describir sonidos individuales y representó la primera forma de *alfabeto* que permitió la formación de *palabras.*

405 d.C. Los griegos desarrollan la *heliografía*, un mecanismo para reflejar la luz del sol en superficies brillosas como los espejos, utilizada para enviar señales de luz durante las batallas. En este caso, el transmisor y el receptor debían conocer el mismo código para entender la información, además de estar, ambos, a una distancia considerable.

430 d.C. Los romanos utilizaron antorchas (sistema óptico telegráfico) puestas en grupos apartados a distancias variantes, en la cima de las montañas, para comunicarse en tiempos de guerra.

Con el uso de la heliografía o las antorchas romanas, en muchas ocasiones "el enemigo" podía descifrar la información; por ello nació el concepto de codificación o cifrado de información. Este tipo de comunicación se volvía compleja, cuando se quería mover información a grandes distancias. Muchas veces se usaban repetidores.

1400s. En México, los aztecas se comunicaban mediante mensajes escritos, que eran transportados por hombres a pie, conocidos como heraldos. Los reyes aztecas los hacían correr grandes distancias, para traer mensajes y pescado fresco desde las costas de Veracruz hasta lo que hoy es la ciudad de México. En muchas de las comunidades étnicas de África y América del Sur prevaleció la comunicación por medios acústicos, como tambores y cantos.

---

[1] *En la elaboración de este capítulo se consultaron las obras que se presentan en la sección de referencias.*

1800s. En Estados Unidos de América (EUA), los nativos norteamericanos se comunicaban por medio de señales de humo.

Estos dos últimos tipos de comunicación funcionaban mientras el sonido del tambor se escuchaba o las señales de humo se veían.

1860s. La caballería de EUA utilizó banderas, semáforos o trompetas para comunicarse con sus soldados.

1860 (3 de abril). En EUA se estableció la primera compañía de mensajería postal valiéndose de caballos *(Pony Express)*. La idea era agilizar la entrega de correo entre las ciudades de St. Joseph, Missouri, y Sacramento, California.

1.3 Las telecomunicaciones de la era moderna

Quizá el parteaguas más importante del desarrollo de las telecomunicaciones es el descubrimiento de la electricidad, el cual consolidó un nicho para la aparición de nuevas invenciones y desarrollos en esta área. Entre las más significativas destacan la de Alessandro Volta, quien alrededor de 1800 descubrió los principios de la batería, mejor conocida como pila voltaica; los tratados matemáticos de Fourier, Cauchy y Laplace, así como los experimentos con electricidad y magnetismo de Hans Christian Oersted y Andre-Marie Ampere; la inducción electromagnética descubierta por Michael Faraday y Joseph Henry, y la ley de Ohm creada por George Simon Ohm, en 1827.

La telegrafía

Los primeros sistemas telegráficos experimentales fueron desarrollados en Gottingen, Alemania en 1837, por Carl Gauss y Wilhelm Weber. Estos sistemas establecieron una línea telegráfica con dos hilos de cobre entre los tejados de las casas a una distancia de 2.3 kilómetros. Ese mismo año, en Londres, los ingleses William F. Cooke y Charles Wheatstone comenzaron la instalación de una línea telegráfica de 20 kilómetros, que concluyeron en 1839. Cooke y Wheatstone formaron una asociación legal y en junio de 1837 recibieron una patente inglesa para su telégrafo, el cual se convertiría en el más grande medio de comunicación de larga distancia del Reino Unido, muchos años antes de que Morse lo hiciera en Estados Unidos.

Paralelamente, en 1837, Samuel Morse inventó un telégrafo eléctrico y un código de signos conformado por combinaciones de rayas y puntos, conocido como el código Morse. Por emisiones alternadas de corriente eléctrica, estos signos se grababan en el extremo opuesto de un conductor metálico; con ello, el envío de mensajes se hizo sistemático, fluido y al alcance del público. Gracias a la asignación de 30,000 dólares que el Congreso de su país le otorgó, Morse estableció en 1844 la primera línea telegráfica experimental de 60 kilómetros entre Washington, D.C., y Baltimore, Maryland, en Estados Unidos. Éste es uno de los primeros ejemplos de apoyo gubernamental a la innovación tecnológica.

Aunque en la actualidad el invento del telégrafo se le atribuye a Morse, por ser quien registró la patente en 1844 en Estados Unidos, es importante tomar en cuenta las contribuciones de Gauss, Weber, Cooke y Wheatstone en este descubrimiento fundamental que forma la base del desarrollo de las comunicaciones modernas. El contenido del primer mensaje telegráfico fue breve y contundente: *"Lo que Dios ha forjado"*.

Para 1865, el código inventado por Morse se aceptó como estándar mundial en la primera Convención Telegráfica Internacional, que después dio origen a la Unión Internacional de Telegrafía (hoy Unión Internacional de Telecomunicaciones).

Las redes telegráficas se fueron expandiendo poco a poco en EUA, Europa y el resto del mundo, lo cual contribuyó enormemente al desarrollo de la economía y revolucionó los medios de comunicación. Además, se modificaron los patrones de cómo llevar a cabo los negocios y el manejo de las finanzas.

Cabe destacar, en este contexto, que el primer servicio provisto por un sistema de telecomunicaciones, fue de naturaleza digital. El telégrafo, aunque se transmitía por los cables de manera analógica, es un servicio provisto de un código de dos símbolos, el punto y la raya; es decir, un código netamente digital o discreto. El invento del telégrafo contribuyó por muchos años a las telecomunicaciones, acercando cada vez más al mundo; en la actualidad, todavía se emplea de manera inalámbrica en muchas embarcaciones.

La telefonía

A través del tiempo, el hombre se ha comunicado mediante espejos, antorchas, señales de humo, sonidos de tambor, la escritura y el telégrafo. Después de enviar señales eléctricas por un cable, poder transmitir la voz humana fue el sueño de muchos inventores del siglo XIX. Uno de los primeros pasos correspondió al físico e inventor inglés Charles Wheatstone, quien demostró en la década de los veinte de ese siglo, que los sonidos musicales podrían retransmitirse a cortas distancias, por cables metálicos y de vidrio.

En 1854, Antonio Meucci, un italiano emigrado a EUA, fabricó el primer aparato telefónico mecánico, sin embargo, por problemas económicos y prácticos no pudo solicitar la patente. Presentó el invento a una empresa filial de Western Union en la ciudad de Nueva York, la *American District Telegraph Company* (ADT). A este evento, Meucci había invitado a Thomas D. Stetson, oficial de la Oficina de Patentes de Nueva York. Meucci realizó los experimentos del teléfono con éxito. Pero Meucci dejó olvidado los diagramas en la compañía Telegráfica, y cuando los reclamó, Mr. Grant, el vicepresidente de ADT los hizo perdedizos.

Se dice, aunque no está probado, que estos materiales cayeron en manos de Alexander Graham Bell, quien los utilizó para desarrollar un teléfono que presentó como invento propio. Meucci demandó a Bell, pero murió sin ver reconocido su mérito[2].

Por otra parte, el físico autodidacta alemán Philipp Reiss desarrolló en 1861, un aparato capaz de transformar las ondas electromagnéticas en ondas sonoras o acústicas, a una distancia de 100 metros, pero incapaz de trasmitir la voz humana; en esto se centraron Alexander Graham Bell y Elisha Gray con éxito. Entre los años 1872 y 1876, tanto Bell como Gray, cada uno por su cuenta, llevaron a cabo intensos experimentos para demostrar la transmisión de la voz humana, por medio de señales eléctricas. Bell se acercó a la solución del problema a través de la acústica y Gray de la electricidad. Ambos construyeron aparatos similares, excepto que el prototipo de Gray no contaba con un transmisor.

En 1874, Gray logró el funcionamiento de un prototipo transmisor. Para ese entonces, Bell ya había completado las especificaciones y las registró ante notario en la ciudad de Boston, el 20 de enero de 1876. Coincidentemente, ambos solicitaron el registro de la patente el 14 de febrero de ese mismo año, pero Bell un par de horas antes. Finalmente, logró la autoría el 7 de marzo de 1876.

Bell ha sido considerado el inventor del teléfono, sin embargo, como se puede ver, no fue el primero en crearlo, sino en patentarlo. Por ello, el 11 de junio de 2002, el Congreso de Estados Unidos aprobó la resolución 269 por la cual se reconoció como inventor del teléfono a Antonio Meucci y no a Alexander Graham Bell.

Independientemente de quién fue el inventor del teléfono, el servicio de voz ha jugado un papel fundamental a lo largo de la historia; ha transformado negocios y el estilo de vida de comunidades, tanto urbanas como rurales.

La radio

Con la invención del telégrafo y el teléfono, el hombre logró comunicarse a grandes distancias, inclusive entre continentes. Uno de los principales inconvenientes fue la limitada cobertura de la infraestructura de cableado, por lo que algunas islas, embarcaciones y zonas geográficamente inaccesibles permanecían incomunicadas.

La telegrafía sin alambres, como se llamó a la radio, pudo superar algunos de estos inconvenientes. Esto fue posible gracias a la transmisión de las ondas electromagnéticas y el uso del aire como medio de comunicación. Uno de los primeros investigadores en experimentar esta teoría fue Heinrich Rudolf Hertz, un físico alemán nacido en Hamburgo y educado en la Universidad de Berlín. Hertz clarificó y expandió la teoría electromagnética de la luz propuesta por James Clerk Maxwell, en 1864. Hertz demostró, en 1887, que la electricidad podía ser transmitida por medio

[2] *Si desean conocer más sobre la vida de Antonio Meucci, les recomendamos el libro "Antonio and the electric sream: the man who invented the telephone" de Sandra Meucci (2010), mencionado en las referencias de este capítulo.*

de ondas electromagnéticas a través del aire, hoy conocidas como ondas hertzianas. Este experimento, que constaba de un oscilador y un resonador, sirvió para confirmar las ideas de Maxwell y dejó entrever la posibilidad de producir y transmitir ondas eléctricas a distancia y recuperarlas mediante un aparato receptor.

El descubrimiento de Hertz, aunque permitió comprobar la existencia de las ondas electromagnéticas y sus propiedades parecidas a las de la luz, no tuvo resultados prácticos inmediatos porque el resonador, que revelaba la presencia de las ondas únicamente, podía funcionar a corta distancia del aparato que las producía.

Muchos personajes contribuyeron a la invención de la radio, entre ellos: el físico italiano Calzecchi Onesti quien en 1884, descubrió la conductibilidad eléctrica que toman las limaduras de hierro en presencia de las ondas electromagnéticas; Oliver Lodge y Augustus Righi retomaron el descubrimiento de Hertz y realizaron muchas investigaciones en el campo de la producción, transmisión y detección de ondas electromagnéticas[3].

En 1890, el físico francés Edouard Désiré Branly construyó un dispositivo llamado cohesor, que permitió comprobar la presencia de ondas radiadas, es decir, desarrolló un sistema detector de señales electromagnéticas. Con el cohesor de Branly fue posible hacer resonar un timbre colocado a distancia de un condensador. Cuando las terminales del condensador cargado se aproximaban lo suficiente para que la chispa saltara, las vibraciones del éter hacían que las limaduras metálicas que estaban sueltas en el cohesor se comprimieran y formaran una masa bastante compacta para establecer la conexión entre la pila y el timbre. Aunque el cohesor de Branly logró captar ondas electromagnéticas a distancias más considerables que el resonador de Hertz, no podían obtenerse todavía aplicaciones prácticas.

Otro desarrollo importante en las tecnologías de la radio fue el del ruso Alejandro Stepanovich Popov, quien inventó la antena radioeléctrica y construyó el primer receptor, logrando con ello establecer las primeras transmisiones inalámbricas a una distancia considerable. Popov hizo una demostración de su invento el 7 de mayo de 1895, ante la Sociedad Rusa de Física y Química. Pocos días después escribió un artículo al respecto, en el que concluía afirmando que el objeto fue *"demostrar que es posible transmitir señales a cierta distancia sin utilizar conductores de cobre..."*. Diez meses después, el 24 de marzo de 1896, Popov transmitió el primer mensaje telegráfico entre dos edificios de la Universidad de San Petersburgo, situados a una distancia de 250 metros. El texto de este primer mensaje telegráfico inalámbrico fue breve: *"Heinrich Hertz"*.

El oscilador de Hertz, el detector de Branly y la antena de Popov constituyen los tres elementos indispensables para establecer un sistema básico de radiocomunicación. Fue el físico italiano Guillermo Marconi quien integró estos tres elementos y así logró uno de los primeros ejemplos de

---

[3] *En su libro, Historia de la Ciencia (Vol. II). , Hérnandez (2007), menciona que el físico inglés Oliver Heaviside en 1892 escribió: "hasta hace poco [las ondas electromagnéticas] no aparecián en ningún lugar, ahora están en todas partes", como si fueran una moda.*

convergencia tecnológica en las telecomunicaciones.

Aunque muchos inventores contribuyeron al desarrollo de la radio, Marconi realizó experimentos exitosos de comunicación inalámbrica y consiguió la primera patente en la Gran Bretaña el 2 de julio de 1897, por lo cual se le considera *el padre de la radio y de las telecomunicaciones inalámbricas.*

En 1902, desde la estación Glace Bay en Nueva Escocia, Marconi envió el primer mensaje trasatlántico entre Canadá y Gran Bretaña; posteriormente, en 1903, entre Gran Bretaña y Estados Unidos. En 1909, la Real Academia Sueca otorgó a Guillermo Marconi el Premio Nobel de Física, por el desarrollo de la telegrafía sin alambres.

La televisión

El gran reto de enviar información a través del aire se cumplió con el desarrollo de la radio. El siguiente desafío tecnológico sería el envío de imágenes en tiempo real, por medio de las ondas hertzianas (fototelegrafía). Una de las primeras contribuciones se debe al ingeniero alemán Paul Nipkow, quien en 1884 patentó un disco electromecánico de exploración lumínica, mejor conocido como el disco de Nipkow. En 1923, John Logie Baird desarrolló y perfeccionó el disco de Nipkow con base en células de selenio. En junio de ese mismo año, Charles F. Jenkins hizo las primeras transmisiones experimentales de televisión con un sistema mecánico, desde una estación naval de radio en Anacostia, Washington, D.C.; a su vez, en 1923, un inmigrante ruso en Estados Unidos, Vladimir Sworykin solicitó la patente de un tubo de rayos catódicos que denominó iconoscopio.

Un año después, en 1924, John L. Baird transmitió las primeras imágenes televisadas de objetos en movimiento. En 1925 es televisado el primer rostro humano y en 1928, se lleva a cabo la primera transmisión transatlántica. En 1929 la BBC *(British Broadcasting Corporation)* de Londres empezó a transmitir señales de televisión utilizando el sistema de 30 líneas de Baird. La totalidad del canal estaba ocupada por la señal de video, por lo que la primera transmisión simultánea de audio y video no tuvo lugar hasta 1930.

Con el correr del tiempo los sistemas electromecánicos en la televisión fueron sustituidos por los sistemas electrónicos. Años después empezaron los primeros desarrollos tecnológicos para crear la televisión a color.

El ingeniero mexicano Guillermo González Camarena inventó un sistema de transmisión de TV a color, el cual permitió una adpatación de los televisores blanco y negro para transmitir imágenes a color. El ingeniero Camarena obtuvo la patente estadounidense, US2296019, el 15 de septiembre de 1942.

Con el fin de que los diferentes sistemas fueran compatibles y que las señales en blanco y negro fueran también recibidas en las televisiones a color, el inventor ruso Sworykin sugirió la idea de estandarizar los sistemas de televisión que se estaban desarrollando paralelamente en el mundo.

Gracias a esta iniciativa, a principios de 1940, se creó en Estados Unidos el formato de transmisión analógica de televisión de 525 líneas, todavía en uso en muchos países, llamado Comité Nacional del Sistema de Televisión NTSC *(National Television System Committee)*. Este formato de televisión no fue adoptado en los países europeos, éstos crearon sus propios formatos.

En 1967 se creó en Francia el formato secuencial de color con memoria SECAM *(Séquentiel couleur à mémoire)*, y en ese mismo año, Alemania desarrolló el sistema líneas con fase alternada PAL *(Phase Alternate Line)*. Ambos formatos tienen una resolución de 625 líneas. Los tres sistemas (NTSC, PAL y SECAM) son los formatos analógicos de televisión utilizados en el mundo y son incompatibles entre sí.

Al estandarizarse los diferentes formatos de televisión, empezaron las primeras transmisiones por las cadenas y estaciones locales y regionales. Con la puesta en órbita de los primeros satélites, entre los años setenta y ochenta, la televisión adquirió una cobertura global. A finales de los 1990, con la aparición de los primeros sistemas digitales, la televisión satelital se convirtió en un servicio con más penetración en los hogares, compitiendo directamente con el servicio de televisión por cable. Por esas mismas fechas, la televisión se transformó totalmente al llegar la televisión digital de alta definición HDTV *(High Definition Television)*.

La computadora

El advenimiento de los sistemas computacionales actuales data desde los orígenes de las computadoras mecánicas; un ejemplo de éstas son los ábacos. Otro aparato similar es la pascalina, inventada en 1642 por el filósofo y matemático francés Blaise Pascal, la cual constaba de una caja con una serie de engranes que proporcionaban resultados de operaciones de suma y resta en forma directa. Se considera que la primera computadora, como tal, apareció alrededor de 1830, con la "máquina analítica" del inventor inglés Charles Babbage, quien nunca logró construirla en su totalidad. El diseño se basaba en el telar de Joseph Marie Jacquard, que usaba tarjetas perforadas para determinar cómo una costura debía ser realizada. Este diseño, que nunca se llevó por completo a la práctica, contenía los elementos básicos que configuran una computadora moderna y que la diferencian claramente de una calculadora.

Más de 100 años después de la aparición de la máquina analítica de Babbage, se desarrollaron las primeras computadoras electrónicas. Durante los últimos años de la segunda guerra mundial, un equipo encabezado por Howard H. Aiken de la Universidad de Harvard desarrolló la computadora Mark I. Este diseño estaba constituido por dispositivos electromecánicos llamados relevadores, pero no se considera como la primera computadora totalmente electrónica. No es hasta 1947, cuando un equipo dirigido por John Mauchly y John Eckert construyó, en la Universidad de Pennsylvania, una máquina electrónica llamada Computadora e Integradora Numérica Electrónica ENIAC *(Electronic Numerical Integrator And Computer)*, la cual se considera la primera computadora electrónica de la historia.

Otros sistemas, que algunos autores consideran pioneros en este desarrollo son: la computadora Z3, creada en Alemania, en 1941, por Konrad Zuse; la computadora Colossus, inventada en Reino Unido, en 1943, por Alan Turing y Maxwell Newman, y la computadora ABC desarrollada por John Atanasoff y Clifford Berry, en Estados Unidos, en 1942.

Cabe destacar las importantes contribuciones de Alan Turing en el desarrollo y fundamentación de los sistemas computacionales modernos. Turing es un referente imprescindible en la historia de la computación, aparte de sus contribuciones a la decodificación de mensajes en la segunda guerra mundial.

En 1949 se dio a conocer la Computadora Electrónica Automática de Variable Discreta (EDVAC, *Electronic Discrete Variable Automatic Computer*), construida por un equipo liderado por John Von Neumann, cuyas ideas resultaron fundamentales para los desarrollos posteriores y por lo que se le considera *el padre de la computación.* Otras computadoras de esta primera generación, basadas en tubos de vacío o bulbos, son la UNIVAC I, 80, 90, 1105; la IBM 701, 650, 704 y 709 y la Burroughs 220.

La industria de la electrónica dio un giro importante con la invención del transistor, que fue demostrado el 23 de diciembre de 1947, en los Laboratorios Bell de la AT&T. Se atribuye a esta invención a William Shockley, John Bardeen y Walter Brattain. El transistor sustituyó los tubos de vacío de la época, trajo como resultado la disminución en los circuitos electrónicos, así como menor consumo de energía y, por consecuencia, menor costo de los sistemas. Hacer más eficiente al transistor y disminuir su tamaño sustancialmente, dio pauta al desarrollo de los circuitos integrados y la microelectrónica. Con esto se logró un avance vertiginoso en los equipos de telecomunicaciones e informática y se dio lugar al surgimiento y la penetración de la digitalización en la sociedad.

Las comunicaciones vía satélite

La idea de comunicación global mediante el uso de satélites, se debe al escritor británico de ciencia ficción Arthur C. Clarke, quien se basó en las leyes de Isaac Newton, publicadas en 1687, y las leyes de Kepler, en el periodo 1609-1619.

La propuesta de Clarke, publicada en octubre de 1945, en la revista británica *Wireless World* bajo el título de *"Extraterrestrial relays: can rockets give worldwide radio coverage?"*, sugería un sistema de comunicación global mediante estaciones espaciales construidas por el hombre. La propuesta de Clarke se basaba en lo siguiente:

- El satélite serviría como repetidor de comunicaciones.
- Giraría a 36,000 km. de altura sobre el ecuador.
- Estaría en órbita geoestacionaria.
- Tres satélites separados a 120° entre sí cubrirían toda la Tierra.
- Se obtendría energía eléctrica mediante energía solar.

- El satélite sería una estación espacial tripulada.

La mayoría de estos puntos, excepto el último, fueron posibles años más tarde, al mejorarse la tecnología de los cohetes. El sueño de Clarke, considerado como *el padre de las comunicaciones vía satélite*, comenzó a forjarse en realidad con el desarrollo del primer satélite artificial ruso: el Sputnik (satélite o compañero de viaje). Lanzado en octubre de 1957, este satélite se puso en órbita elíptica de baja altura, sólo emitía un tono intermitente y estuvo en funcionamiento 21 días, pero marcó el comienzo de la era de las comunicaciones vía satélite en el mundo.

Algunos autores consideran que el primer satélite repetidor totalmente activo fue el Courier, lanzado por el Departamento de Defensa de los Estados Unidos, en octubre de 1960, y el cual transmitía conversaciones y telegrafía; a pesar de su vida útil de sólo 70 días, fue el primer satélite que usó celdas solares.

Por su parte, el Syncom 3 fue el primer satélite de órbita geoestacionaria, lanzado en febrero de 1963 por la Agencia Nacional de Aeronáutica y el Espacio NASA *(National Aeronautics and Space Administration)*. Entre otras aplicaciones, se utilizó para transmitir los Juegos Olímpicos de 1964. El Intelsat I, mejor conocido como pájaro madrugador *(early bird)*, fue el primer satélite internacional de órbita geoestacionaria, lanzado por el consorcio internacional Intelsat, en abril de 1965.

El sistema Molniya (relámpago, en idioma ruso) constituyó la primera red satelital doméstica. Lanzado en 1967 por la Unión Soviética, consistía en una serie de cuatro satélites en órbitas elípticas con una cobertura de 6 horas por satélite. Estas primeras incursiones en la industria satelital dieron pauta para que en los años posteriores se pusieran en órbita satélites con mejores capacidades tecnológicas.

El advenimiento de los llamados amplificadores de bajo ruido LNA *(Low Noise Amplifier)* permitió la llegada de la tecnología satelital a los hogares. A finales de la década de los noventa, aparecieron los primeros sistemas satelitales de televisión directa al hogar DTH *(Direct To Home)*; uno solo es capaz de brindar más de 300 canales al usuario, mediante un receptor satelital y un plato receptor de 60 cm.

En la actualidad, los satélites son más especializados y se pueden clasificar en tres categorías de acuerdo a su distancia con la Tierra: satélites de órbita baja LEO *(Low Earth Orbit)*, satélites de órbitas medias MEO *(Medium Earth Orbit)* y satélites de órbita geoestacionaria GEO *(Geostacionary Earth Orbit)*, los cuales brindan servicios de voz, datos, telefonía, televisión, y aplicaciones en oceanografía, astronomía, por mencionar algunas. Es importante mencionar el surgimiento reciente de los llamados *nanosatélites*, que ampliarán el espectro de aplicación de la tecnología satelital hacia diferentes disciplinas: prospección geofísica, monitoreo meteorológico y ecológico, entre otras.

El surgimiento de la red Internet

Otro evento crucial en el desarrollo de las TIC, rumbo a la digitalización de la sociedad, es el surgimiento de la red Internet, que consiste en una matriz global de nodos y computadoras conectadas entre sí mediante el protocolo denominado IP *(Internet Prococol)*. Este protocolo estándar sirve como plataforma de transmisión de las aplicaciones de correo electrónico, transferencia de archivos, voz sobre Internet, navegación *web*, mensajería instantánea, etcétera.

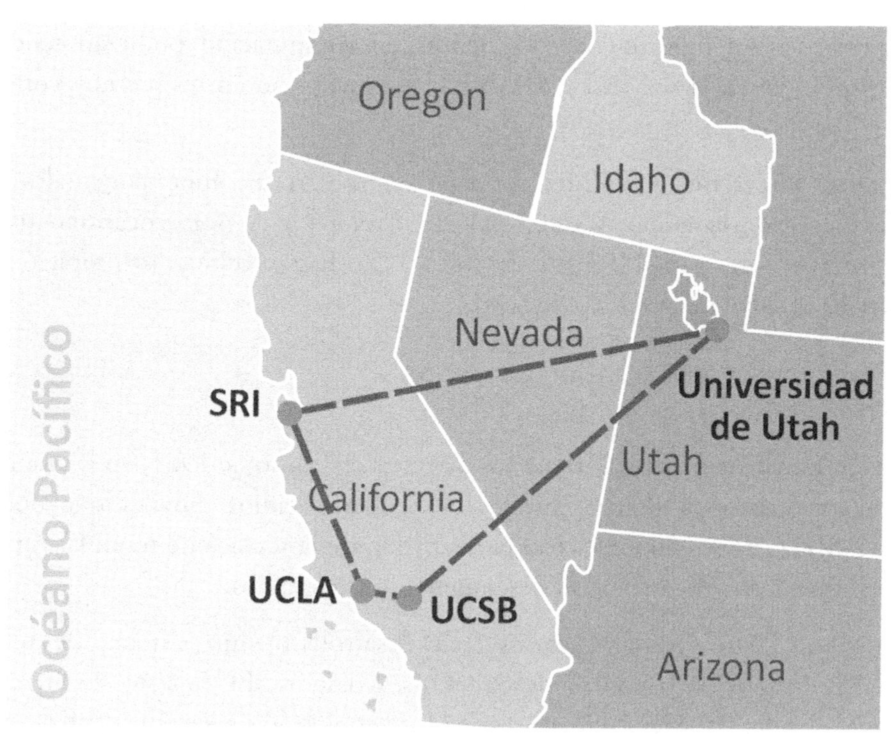

Figura 1.1. Mapa de los primeros 4 nodos de ARPANET

El nacimiento de Internet se remonta a principios de los años sesenta en los EUA, cuando la Agencia de Proyectos de Investigación Avanzada ARPA *(Advanced Research Projects Agency)* del Departamento de Defensa se involucró en la creación de una red de computadoras para promover el uso de recursos de cómputo entre diversos investigadores de ese país.

En 1969 se creó la primera red de supercomputadoras entre cuatro centros de investigación, que se reconocen históricamente como los primeros cuatro *hosts* de Internet: el Instituto de Investigación Stanford SRI *(Stanford Research Institute)* en Palo Alto, California; la Universidad de California en Los Ángeles UCLA *(University of California, Los Angeles)*, la Universidad de California en Santa Barbara UCSB *(University of California, Santa Barbara)* y la Universidad de Utah (Figura 1.1).

Esta primera red se denominó ARPANET y tuvo gran aceptación entre los usuarios, a quienes les dio la oportunidad de compartir datos y recursos a distancia para sus investigaciones. Así, se constituyó como un elemento importante de comunicación entre ellos, y el correo electrónico fue el servicio más popular. De manera gradual se incorporaron nodos y redes independientes, provenientes de institutos de investigación y universidades. Para 1989, la red estaba constituida por más de 100 mil nodos. Ese mismo año, Tim Berners-Lee, investigador del CERN (*The European Organization for Nuclear Research*) localizado en Ginebra, Suiza, inició el desarrollo de un sistema de hipertexto que permitía navegar entre documentos localizados en diferentes sitios, por medio de hiperligas o hiperenlaces de texto e imágenes, con sólo dar un *click*.

Un par de años después apareció el primer navegador comercial de Internet, el Mosaic, el cual facilitó que personas con mínimos conocimientos de computación pudieran tener acceso a la información disponible en la red. Así ARPANET se transformó en lo que hoy conocemos como Internet.

Posteriormente, se integraron a Internet entidades empresariales, gubernamentales y sociales. El empleo de los navegadores como *Mosaic, Internet Explorer y Netscape* ocasionó un crecimiento explosivo de Internet que, para 1993 fue de 341,634%. Este crecimiento propició que el tráfico mundial de los datos superase al tráfico de la voz.

La telefonía celular

La comunicación móvil (radio móvil) tiene sus orígenes en el año de 1921, en la ciudad de Detroit, cuando el Departamento de Policía instaló los primeros radios móviles que operaban a una frecuencia de 2 MHz. Eventualmente, con el desarrollo de la técnica de modulación en frecuencia FM *(Frequency Modulation)* se mejoró el desempeño de estos radios.

Posteriormente, en 1946, los laboratorios Bell desarrollaron un sistema de telefonía móvil comercial, que se instaló en la ciudad de San Luis, Missouri, EUA. Este sistema operaba en la banda de frecuencias de 150 MHz. Un año después se estableció un sistema similar para servicio en carreteras, entre las ciudades de Nueva York y Boston, el cual trabajaba en la banda de 35-44 MHz. En 1964 se introdujo un sistema móvil en la banda de 150 MHz, que permitió a los usuarios ingresar directamente al teléfono que deseaban llamar. Anteriormente esta función se llevaba a cabo mediante la técnica conocida en inglés como *push-to-talk*. Este servicio se extendió a la banda de 450 MHz en 1969.

En diciembre de 1971, AT&T envió una propuesta a la Comisión Federal de Comunicaciones FCC *(Federal Communications Commission)* de EUA, para instalar el primer servicio de telefonía celular. Por otra parte, la compañía Motorola entró en competencia directa con la empresa AT&T. Un año antes, los laboratorios Bell habían desarrollado un mecanismo para transferir llamadas entre celdas *(call handoff)* sin interrumpir la conversación.

En abril de 1973, el Dr. Martin Cooper, empleado de Motorola, hizo una primera llamada a su rival Joel Engel, jefe de investigación de los laboratorios Bell de AT&T, desde un prototipo de teléfono llamado *DynaTAC*. Con esto demostró que la empresa Motorola podía competir directamente en telefonía celular con AT&T. Debido a su importante contribución, Martin Cooper es considerado *el padre de la telefonía celular.* La integración de la red de telefonía AT&T y el teléfono inventado por Cooper dio pauta a las primeras redes celulares en los Estados Unidos.

En 1982, la FCC aprobó la propuesta que originalmente hizo AT&T, en 1971, al liberar las frecuencias de la banda de 824-894 MHz para el servicio analógico celular, conocido como servicio telefónico móvil avanzado AMPS *(Advanced Mobile Phone System).* En 1978 los laboratorios Bell habían lanzado la primera red celular comercial de prueba en la ciudad de Chicago, utilizando la tecnología AMPS. Este retraso de la FCC en la aprobación, fue aprovechada por empresas japonesas las cuales lograron importantes desarrollos y penetración de sus productos en el mercado.

Esfuerzos paralelos en telefonía móvil en Europa y Asia contribuyeron al desarrollo de la industria celular en el mundo. En 1979 la compañía Japonesa NTT *(Nipon Telegraph and Telephone Corp)* lanzó en su país el primer servicio de telefonía celular comercial en el mundo. Durante la década de los ochenta las compañías celulares operaban con tecnologías analógicas de la llamada primer generación (1G), la cual utilizaba el método de acceso al medio por división de frecuencias FDMA *(Frequency Division Multiple Access).*

En los noventa apareció la segunda generación (2G) de telefonía celular, con los primeros servicios digitales móviles mediante la utilización de la tecnología de acceso al medio por división de tiempo TDMA *(Time Division Multiple Access).* Esta tecnología constituyó una plataforma para el desarrollo de la tecnología europea llamada sistema global para comunicaciones móviles GSM *(Global System for Mobile Communications).*

Por otra parte, en Estados Unidos se puso en operación otra tecnología digital importante, conocida como acceso múltiple por división de código (CDMA, *Code Division Multiple Access).* Una década después, en 2001, se constituyó en Japón la primera red celular de tercera generación (3G), operada por la compañía NTT DoCoMo, con base en el estándar Wide CDMA (WCDMA).

La telefonía celular sigue evolucionando hacia la llamada cuarta generación (4G). Dispositivos altamente convergentes son utilizados para servicios de diversa naturaleza. El crecimiento de la telefonía móvil ha sido explosivo. A nivel mundial, los dispositivos móviles han rebasado el número de teléfonos fijos, por lo que se perfilan como plataformas convergentes de acceso a Internet y a su vez, como un elemento potencial en la reducción de la llamada brecha digital.

La telegrafía, la telefonía, la radio, la televisión, las computadoras, las comunicaciones por satélite, el Internet y la telefonía celular constituyen sólo algunos de los tantos ejemplos de desarrollos tecnológicos adoptados por la sociedad. Las comunicaciones hoy en día son cada vez más complejas y la velocidad de información mayor; el reto de transmitir la mayor cantidad de información en el menor tiempo, sigue siendo el mayor desafío de los ingenieros e investigadores en tecnologías de la información para cada uno de los desarrollos ya existentes y los que están por venir.

1.4 Modelo general de comunicaciones

La Figura 1.2 muestra el sistema o modelo general de comunicaciones propuesto por Claude Shannon, en 1948, el cual aplica para cualquier tecnología de comunicación y está compuesto por cinco principales elementos imprescindibles: la fuente, el transmisor, el canal de transmisión, el receptor y el destino.

La **fuente** emite el mensaje hacia el **transductor de entrada**.

El **transmisor** se encarga de enviar el mensaje codificado al canal de comunicación en forma de una señal eléctrica u óptica a través de una antena, en caso de que el medio sea inalámbrico. El proceso del envío del mensaje por la fuente hacia el transmisor incluye varias técnicas de transformación, tales como modulación, ensanchamiento del espectro, codificación, encriptación, etcétera.

El **canal de transmisión**, o medio de comunicación, es el enlace eléctrico u óptico entre el transmisor y el receptor, sirve de puente de unión entre la fuente y el destino. Este medio puede ser un par de alambres, un cable coaxial, fibra óptica o el aire; todos se caracterizan por una característica, la atenuación, que es la disminución gradual de la potencia de la señal conforme aumenta la distancia de propagación de la señal por el canal de comunicación.

La función del **receptor** consiste en extraer del canal la señal deseada, entregarla al **transductor de salida** y finalmente al destino. Como las señales son frecuentemente débiles, resultado de la atenuación, el receptor debe tener varias etapas de amplificación. La función del receptor es aplicar los procesos contrarios efectuados por el transmisor, pueden ser: la demodulación, decodificación, desencriptación, etc., volviendo la señal a su forma original, tal como la envió la fuente.

El **destino**, último eslabón del modelo de Shannon, es quien recibe el mensaje.

Tanto transmisor como receptor deben conocer los mismos lenguajes de comunicación (protocolos), para que el mensaje sea entendido, almacenado y procesado. Las telecomunicaciones son siempre afectadas por otros fenómenos contaminantes, implícitos en cualquier transmisión de información, entre los más importantes destacán: la interferencia, el ruido y la distorsión.

La misión de las telecomunicaciones es transmitir la mayor cantidad de información, en el menor tiempo y de una manera segura, y por ello hay que considerar que la capacidad de un canal es finita. Poder transmitir más *bits* por segundo es posible gracias al desarrollo de nuevas técnicas innovadoras en la transmisión de información, tales como la modulación, la codificación, la compresión de datos, etcétera.

La seguridad es una parte esencial en la transmisión de información. El receptor deberá asegurarse que información recibida no se alteró en el trayecto. Para esto, existen algoritmos de verificación y control de errores. En caso de que los *bits* no lleguen sanos y salvos a su destino, el receptor pedirá al transmisor que vuelva a enviar la información hasta que ésta llegue sin errores.

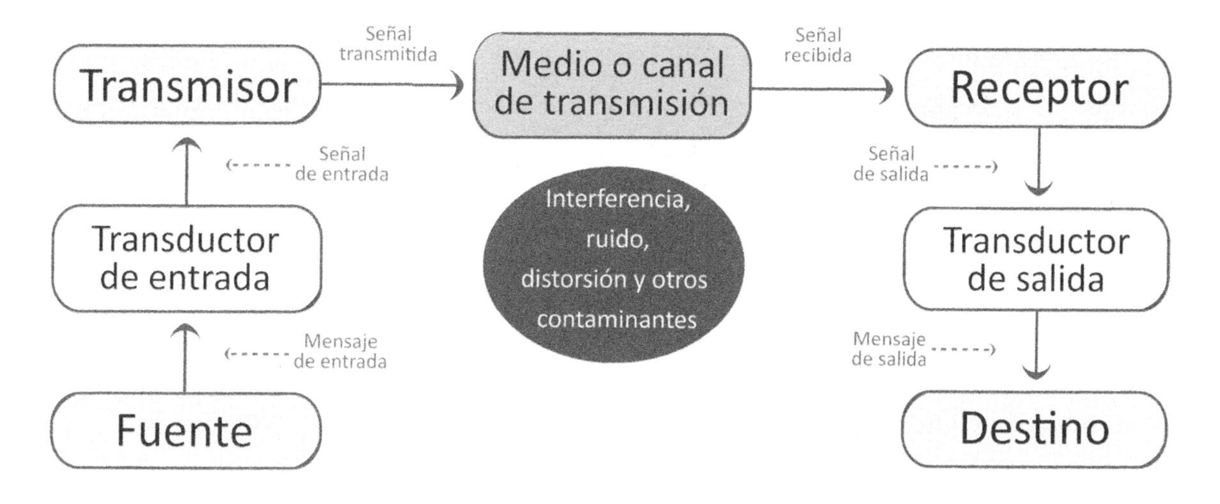

Figura 1.2. Modelo general de comunicaciones

Como se mencionó anteriormente, este modelo general de comunicaciones aplica para todo sistema de transmisión, desde el más sencillo, hasta el más complejo, ya sea analógico o digital. Entender este modelo es clave para conocer los fundamentos de las telecomunicaciones.

Un ejemplo sencillo de la aplicación de este modelo es cuando escuchamos la radio, AM o FM. En este caso la fuente del mensaje es el locutor de la estación de radio, la música o los anuncios comerciales. La voz del locutor se transmite a una frecuencia que está en el intervalo de 0 a 4,000 Hertz. El micrófono hace la función de un transductor de entrada que convierte las señales acústicas en señales eléctricas. Éstas se modulan en AM (modulación en amplitud) o FM (frecuencia modulada). En este proceso de modulación, la señal fuente (original) se mezcla con una frecuencia portadora de alta frecuencia, que es la autorizada para cada estación de radio; por ejemplo: 101.5 MHz, si es FM o 1540 KHz, si es AM.

Esta señal modulada se envía a un transmisor de alta potencia y después a una antena que enviará la señal al aire, que es el medio o canal de comunicación. La señal viaja varios kilómetros y es captada por un radio AM/FM, el cual demodula la señal, filtrando la frecuencia portadora y extrayendo únicamente la información útil, traduciendo las señales eléctricas a ondas acústicas en el intervalo de 0 a 20,000 Hz, que es intervalo de frecuencias del oído humano.

1.5 Estándares

Los estándares se han convertido en un factor importante para el desarrollo de las redes y las telecomunicaciones, ya que dictan las normas para el buen entendimiento de los sistemas de comunicación evitando así las *torres de babel* entre los diferentes fabricantes de equipos, sistemas y *software*. Anteriormente, para poder comunicarse de un lugar a otro se requería adquirir un equipo de la misma marca y modelo en ambos extremos. En la actualidad, sólo será necesario que ambos equipos cumplan con los estándares en cuestión.

Un ejemplo de la importancia de los estándares se puede ver en el desarrollo de los sistemas de videoconferencia. Cuando recién salieron al mercado, los usuarios tenían que comprar equipos de la misma marca y modelo para poder comunicarse en ambos extremos; con el transcurrir de los años llegaron los estándares para la transmisión de video tales como el ITU H.230. Esto facilitó la interoperabilidad de los sistemas y la difusión de la teleconferencia.

Dos son las ventajas de la estandarización:

- Asegura que habrá mercado para un equipo o *software* en particular y por lo tanto, la producción en masa, que se traduce en bajos costos para los consumidores.
- Permite que productos de diversos fabricantes se puedan comunicar, dándole al consumidor una flexibilidad de selección de acuerdo con sus necesidades y posibilidades.

Una desventaja de los estándares es que tienden a retrasar la comercialización de los productos, y que cuando un estándar es desarrollado, éste será sujeto a revisión hasta que sea liberado, lo cual puede tardar mucho tiempo y en ese lapso desarrollarse nuevas técnicas. No obstante, las ventajas de los estándares son tan grandes que vale la pena pagar ese precio.

Un ejemplo característico de las bondades de la estandarización son las tarjetas de crédito y débito utilizadas para hacer compras y obtener dinero de los cajeros automáticos. Existen tres estándares en este rubro:

- El ISO/IEC 7813 define características relacionadas con los materiales, medidas y grosor de las tarjetas.
- El ISO/IEC 7811 establece las técnicas del grabado de datos en las tarjetas y en la banda magnética.
- EL ISO/IEC 7816 especifica las características técnicas de las tarjetas provistas con un chip electrónico.

De esta manera, todos podemos utilizar tarjetas de crédito en un sinfín de establecimientos en todo el mundo, pues los bancos y otras compañías paralelas utilizan estas recomendaciones para su propio beneficio y el de sus clientes. ¿Qué pasaría si cada banco generará sus propias tarjetas con características diferentes a la de sus competidores?

¿Qué es un estándar?

Según la ISO *(International Organization for Standarization)*, "Los estándares son acuerdos documentados que contienen especificaciones técnicas u otros criterios precisos para ser usados consistentemente como reglas, guías o definiciones de características, para asegurar que los materiales productos, procesos y servicios se ajusten a su propósito."

La misma ISO afirma que los estándares son acuerdos en vida que pueden tener una profunda influencia sobre aspectos que merecen ser tomados en serio, como la seguridad, fiabilidad y eficiencia de las máquinas y herramientas, medios de transporte, juguetes y aparatos médicos, entre otros.

La NSPAC *(National Standards Policy Advisory Committee)* de los EUA define los estándares de la siguiente manera: "Son un conjunto de reglas preescritas, condiciones o requisitos relativos a las definiciones de términos; clasificación de componentes; especificación de materiales, el rendimiento u operaciones; delimitación de los procedimientos; o medidas de cantidad y calidad en la descripción de materiales, productos, sistemas, servicios o prácticas."

En relación a las anteriores definiciones se puede agregar que, los estándares tienen que estar por escrito, ya sea en papel o en formato electrónico, y contienen especificaciones que podrán ser usadas como recomendaciones, ya sea de materiales (metal, madera, plástico, etc.), productos *(modems*, puntos de acceso, teléfonos, etc.), procesos (técnicas de proceso, almacenamiento, terminación, ensamblado, etc.) y servicios. Los estándares pueden descargarse en las páginas *web* de las organizaciones que las generan con algún costo o de manera gratuita, en formatos electrónicos como: *ms-word*, *pdf*, *rtf*, *html*, etc., o bien, en disco compacto (CD) o en DVD. Los lenguajes utilizados en los documentos varían según la organización, pero en su mayoría son el inglés, francés y español.

Se propone en esta obra la siguiente definición de estándar: "conjunto de normas y recomendaciones técnicas que regulan y aseguran la transmisión de información e interoperabilidad de los equipos y sistemas de telecomunicaciones y redes de información".

Tipos de estándares

Existen dos tipos de estándares, los *de jure* y los *de facto*: .

- Estándar *de jure*: se establece por convenio en contraposición a un establecimiento por hecho o costumbre. Al ser definido por organizaciones internacionales generadoras de estándares altamente reconocidas, un estándar de jure es un estándar oficial.
- Estándar *de facto*: es un estándar no oficial, pero su penetración en el mercado es inmensa y aceptada. Cuando una organización oficial adopta un estándar *de facto*, éste se convierte en un estándar *de jure*.

Otra clasificación de estándares son los abiertos y los cerrados. Ejemplo de los estándares abiertos son los *de jure*, que son definidos por las organizaciones oficiales y no possen ninguna restricción de uso. Por otro lado, los estándares cerrados tienen restricciones para los usuarios establecidas por las compañías o entidades que los generan. A los estándares cerrados también se les conocen como estándares propietarios o privativos; a continuación los describimos brevemente.

Los estándares propietarios

En el entorno de las TIC los estándares propietarios son las especificaciones de *hardware/software* que pertenecen de manera absoluta a una empresa, entidad o individuo en particular. Son éstos los únicos que pueden controlar el desarrollo de dicha tecnología. Un sinfín de compañías que fabrican productos seleccionan esta opción, para tener más control del mercado y sus clientes; algunas empresas tienen mucho éxito con su estándar propuesto; otras no.

Los estándares propietarios no siguen el principio de cooperación y aprovechamiento en comunidad y excluyen a la competencia. El problema con este esquema es que otras compañías, organizaciones o individuos están excluidos del proceso de desarrollo del estándar, por lo tanto, no tienen interés en cooperar con su propietario. ¿Qué sucede después? El mercado termina con dos o más estándares propietarios incompatibles entre sí.

El ejemplo más claro del beneficio de los estándares abiertos corresponde al conjunto de protocolos TCP/IP, los cuales fueron hechos para comunicar dispositivos de diversas plataformas, arquitecturas y sistema operativo, sin importar marcas o modelos. Compañías como Microsoft, con su estándar propietario de comunicación entre computadoras llamado *NetBEUI (NetBIOS Extended User Interface)*; la compañía Apple, con su protocolo *Appletalk,* entre otras, tuvieron que ceder al incorporar TCP/IP como su protocolo para la comunicación de sus computadoras, para que sus redes no se volvieran islas. El Internet es una muestra del uso de estándares abiertos; las compañías que no adoptan este modelo, corren el peligro de quedarse fuera del mercado.

Organizaciones

Existen organizaciones que se encargan de definir estándares para la industria los cuales son desarrollados por comités técnicos de expertos en los sectores técnico, industrial y de negocios. En las reuniones que hacen regularmente las organizaciones participan representantes de países, empresas y otras organizaciones interesadas en el desarrollo de un estándar en particular. Pueden participar representantes de los entes reguladores de telecomunicaciones, agencias de gobierno, laboratoristas de prueba, asociaciones de consumo, ambientalistas, entre otros.

Existen dos tipos de organizaciones que definen estándares:

- Organizaciones oficiales *(standard body)*
- Consorcios de fabricantes *(vendor consortium)*

Hay organizaciones oficiales nacionales e internacionales ampliamente reconocidas; por ejemplo

ITU, ISO, IETF, IEEE, W3C, ANSI, etc., las cuales describiremos más adelante.

Los consorcios de fabricantes están constituidos por creadores de equipos y tecnologías que requieren organizarse para desarrollar estándares y promover sus tecnologías en el mercado. Un par de ejemplos de organizaciones de este tipo son *Bluetooth SIG (Special Interest Group)* y MPEG *(Moving Picture Experts Group)*. Por ejemplo, *Bluetooth SIG* está compuesto por más de 12 mil compañías interesadas en sacar al mercado tecnologías de comunicación inalámbrica. Después de que salieron los primeros dispositivos con *Bluetooth*, la gente vio sus beneficios inmediatos comparados con la tecnología de entonces (el infrarrojo). Ello trajo como resultado que el estándar de facto, *Bluetooth*, empezará a ganar cada vez más adeptos. Con el transcurrir del tiempo, el IEEE *(Institute of Electrical and Electronics Engineers)* decidió adoptar el estándar de facto para convertirlo en un estándar oficial y asignarlo al grupo de trabajo IEEE 802.15, especializado en redes inalámbricas de área personal WPAN *(Wireless Personal Area Networks)*. Así los estándares de la tecnología *Bluetooth* pueden referirse con el estándar IEEE 802.15.

¿De donde viene el nombre Bluetooth?

Harald I Bluetooth fue un rey vikingo de Dinamarca entre los años 940 y 985 d.C. Nació en el año 910, hijo del Rey Grom the Old, Rey de Jutland, la península principal de Dinamarca. A Harald I Bluetooth, se le atribuye la unión de Dinamarca y Noruega; por tales acontecimientos, el SIG decide honrar a este hombre.

En 1994 *Ericsson Mobile Communications,* inició un estudio para investigar la factibilidad de desarrollar una interface de bajo costo y baja potencia entre los teléfonos móviles y sus accesorios. En febrero de 1998, cinco compañías, Ericsson, Nokia, IBM, Toshiba e Intel forman el Bluetooth SIG. Con el transcurrir del tiempo, se fueron uniendo más compañías interesadas en desarrollar productos con Bluetooth.

Fuente: 13 years of Bluetooth, http://www.kardach.com/bluetooth/harald.html

A continuación se describe brevemente el quehacer de las organizaciones de estándares que se consideran de mayor influencia en el entorno de las telecomunicaciones y redes.

ITU

La estandarización ha sido una tarea ardua de varias organizaciones por tratar de establecer normas y criterios homologados para facilitar las actividades diarias. Un ejemplo de ello, es la Unión Internacional de Telegrafía, hoy conocida como la Unión Internacional de Telecomunicaciones.

La ITU es la organización intergubernamental e internacional más antigua del sector de las telecomunicaciones, creada en París, en 1865. Fue fundada con el propósito de buscar una estructura y un método de funcionamiento que permitiera conocer los problemas planteados por las nuevas tecnologías de comunicación, así como también de las demandas de su heterogénea *clientela*. La historia de la ITU es similar a la de otras organizaciones internacionales. La ITU fue el modelo de todas las subsiguientes organizaciones, incluyendo a la Liga de las Naciones o la Organización de las Naciones Unidas (ONU). La ITU hoy en día tiene una membresía de más de 190 países y más de 700 compañías del sector público y privado, así como entidades de telecomunicaciones regionales e internacionales.

La ITU es el organismo oficial internacional más importante en materia de estándares en telecomunicaciones y está integrado por tres sectores o comités: el primero de ellos, es la ITU-T (antes conocido como CCITT, *Comité Consultivo Internacional de Telegrafía y Telefonía*), cuya función principal es desarrollar bosquejos técnicos y "recomendaciones" para la generación de estándares para telefonía, telegrafía, interfaces, redes y otros aspectos de las telecomunicaciones; ITU-T envía sus bosquejos a ITU y ésta se encarga de aceptar o rechazar los estándares propuestos. El segundo comité es la ITU-R (antes conocido como CCIR, *Comité Consultivo Internacional de Radiocomunicaciones*), encargado de la promulgación de estándares de comunicaciones que utilizan el espectro electromagnético, como la radio, televisión UHF/VHF, comunicaciones por satélite, microondas, etc. El tercer comité ITU-D el sector de desarrollo, está encargado de la organización, coordinación técnica y actividades de asistencia.

La ITU-T clasifica sus estándares con una letra de la A a la Z y un número consecutivo. Algunos ejemplos de estándares de la ITU son los siguientes: ITU V.90, que corresponde al estándar para *modems* sobre la red telefónica a velocidades de 56,000 bps en sentido descendente y hasta 33,600 bps en sentido ascendente; el G.711 corresponde a la modulación por impulsos codificados (MIC) de frecuencias vocales. La lista completa de estándares clasificados de la A-Z, pueden encontrarse en el siguiente enlace: www.itu.int/rec/T-REC/es/.

ISO

La ISO *(International Organization for Standardization)* es una organización internacional que define estándares en casi todas las industrias: metalurgia, minería, medicina, medio ambiente, textil, agricultura, informática, redes y telecomunicaciones, sólo por mencionar algunas de ellas. ISO es una organización nogubernamental establecida en 1947, tiene representantes de organizaciones importantes de estándares alrededor del mundo y actualmente conglomera a más de 160 países miembros. La misión de la ISO es "promover el desarrollo de la estandarización y actividades relacionadas con el propósito de facilitar el intercambio internacional de bienes y servicios y para desarrollar la cooperación en la esfera de la actividad intelectual, científica, tecnológica y económica". Los resultados del trabajo de la ISO son acuerdos internacionales publicados como estándares con dicho alcance. Tanto ISO como ITU tienen su sede en Ginebra, Suiza.

La ISO etiqueta sus estándares con las letras ISO, un número y una fecha. Por ejemplo los estándares en el área de telecomunicaciones se encuentran etiquetados en el número 33. Los estándares en el área de tecnologías de la información están etiquetados en el número 35. Como ejemplo se tienen el estándar ISO 35.100 que corresponde al modelo de referencia OSI *(Open Systems Interconnection)* y dentro de esta clasificación se encuentra el modelo OSI referido como el estándar ISO/IEC 7498-1:1994.

La IEC *(International Electrotechnical Commission)* es una organización de estándares europea establecida en Londres, Inglaterra, en 1906. Colabora conjuntamente con la ISO y la ITU en la definición de estándares, por eso es común que muchos de los estándares de la ISO vengan acompañados como ISO/IEC. La lista completa de estándares ISO pueden encontrarse en el siguiente enlace: http://www.iso.org/iso/iso_catalogue/catalogue_ics.htm

IEEE

Fundado en 1884, el IEEE *(Institute of Electrical and Electronics Engineers)* es una sociedad establecida en los Estados Unidos que desarrolla estándares para las industrias eléctricas y electrónicas. En particular, los profesionales de redes están interesados en el trabajo de los comités 802 del IEEE. El comité 802 (80 porque fue fundado en el año de 1980 y 2 porque fue en el mes de febrero) enfoca sus esfuerzos en desarrollar protocolos de estándares para la interface física de la conexiones de las redes locales de datos, las cuales funcionan en las capas física y de enlace de datos del modelo de referencia OSI. Estas especificaciones definen la manera en la cual se establecen las conexiones de datos entre los dispositivos de red, su control y terminación, así como las conexiones físicas que utilizan cableado y conectores.

A continuación se listan los diversos grupos de trabajo y estudio del comité 802 hasta el año 2012.

Grupos de trabajo activos

- 802.1 Protocolos LAN *(Local Area Network)* de capas superiores y enlaces de seguridad.
- 802.3 Ethernet.
- 802.11 WLAN *(Wireless LAN)*.
- 802.15 WPAN (Wireless Personal Area Network).
- 802.16 Acceso inalámbrico de banda ancha.
- 802.17 Anillo de recuperación de paquetes *(Resilient Packet Ring)*.
- 802.18 Radio regulación.
- 802.19 Coexistencia entre estándares inalámbricos de dispositivos sin licencia.
- 802.20 Acceso inalámbrico de banda ancha móvil.
- 802.21 Servicios de transferencia independientes del medio.
- 802.22 Redes inalámbricas de área regional.

Grupos de trabajo inactivos

- 802.2 Control de enlace lógico LLC *(Logic Link Control)*.
- 802.5 Token ring.

Grupos de trabajo disueltos

- 802.4 Token Bus.
- 802.6 Redes de área metropolitana.
- 802.7 Banda ancha.
- 802.8 Fibra óptica.
- 802.9 Servicios integrados LAN.
- 802.10 Seguridad.
- 802.12 Prioridad de demandas.
- 802.14 *Modems* de cable.

IETF

IETF *(Internet Engineering Task Force)* es una organización enfocada a la ingeniería y la evolución de las tecnologías de Internet; es la organización principal desarrolladora de nuevas especificaciones de estándares de Internet. La misión del IETF incluye las siguientes tareas:

- Identificar y proponer soluciones para resolver los problemas técnicos y operacionales en Internet.
- Especificar el desarrollo, arquitectura o uso de protocolos para resolver problemas a corto plazo de Internet.
- Hacer recomendaciones al IESG *(Internet Engineering Steering Group)* respecto a la estandarización de protocolos y su uso en Internet.
- Facilitar la transferencia de tecnología del IRTF *(Internet Research Task Force)* a la comunidad de Internet.
- Proveer un foro de intercambio de información entre los miembros de la comunidad de Internet: fabricantes, usuarios, investigadores y administradores de red.

El IETF no es una organización de estándares tradicional, no tiene una junta de directores, miembros, más bien está formada por un grupo de voluntarios(as), quienes se reúnen tres veces al año para cumplir con las tareas mencionadas anteriormente. El IETF desarrolla estándares que son comúnmente adoptados por los usuarios, pero no tiene control del uso y monitoreo de Internet. El IETF es ejemplo de una organización que contribuye al funcionamiento de la red de Internet y está al tanto de su evolución.

W3C

El W3C *(World Wide Web Consortium)* es un consorcio internacional que define estándares y pautas de tecnologías *web*. El W3C existe desde 1994, fue fundado por el considerado padre del *World Wide Web*, Tim Berners-Lee y otros personajes. El W3C también está involucrado en tareas de educación y difusión, desarrollo de *software* y sirve también como un foro de discusión abierto sobre tecnologías *web*. La misión del W3C es definir y publicar estándares abiertos para lenguajes y protocolos en la *web*, tratando de evitar la fragmentación de mercado, y por lo tanto, de la *web*.

Diferentes organizaciones, procedentes de diversos campos y regiones del mundo forman parte del W3C con intención de participar en un foro neutral para la creación de estándares *web*. Los miembros del W3C en conjunto con grupos de expertos han hecho posible que el organismo sea reconocido a nivel internacional por su contribución en el desarrollo de la *web*. El W3C trabaja para diseñar tecnologías con el objetivo de asegurar que la *web* continúe evolucionando, adaptándose a la creciente diversidad de usuarios, *hardware* y *software*.

Tabla 1.1. Organizaciones de estándares y consorcios de fabricantes

Organismo	Significado	Enfoque	URL
Broadband Forum	Broadband Forum	Tecnologías de banda ancha	www.broadband-forum.org
ANSI	American National Standards Institute	LAN y WAN	www.ansi.org
ETSI	European Telecommunications Standards Institute	Telecomunicaciones	www.etsi.org
Ethernet Alliance	Ethernet Alliance	Tecnologías Ethernet	www.ethernetalliance.org
IEEE	Institute of Electrical and Electronics Engineers	LANs y WANs	www.ieee.org
IETF	Internet Engineering Task Force	Internet	www.ietf.org
IMTC	International Multimedia Telecommunication Consortium	Televideoconferencia	www.imtc.org
ISO	International Organization for Standarization	Tecnologías de la Información	www.iso.ch
ITU	International Telecommunications Union	Telecomunicaciones	www.itu.ch
EIA	Electronic Industries Alliance	Industria electrónica	www.eia.org
TIA	Telecommunications Industry Association	Telecomunicaciones	www.tiaonline.org
W3C	World Wide Web Consortium	Tecnologías *web*	www.w3c.org
WiFi Alliance	WiFi Alliance	WLAN	www.wi-fi.org
WiMAX Forum	WiMAX Forum	Tecnología WiMAX	www.wimaxforum.org
3GPP	Third Generation Parnership Program	Comunicaciones inalámbricas	www.3gpp.org

A continuación, se dan algunos ejemplos de estándares promulgados por la W3C: diferentes versiones del lenguaje HTML *(HyperText Markup Language)*, el protocolo de los servidores *web* HTTP *(HyperText Transfer Protocol)*, el lenguaje XML *(eXtensible Markup Language)*, los estilos CSS *(Cascade Style Sheets)*, el formato abierto de gráficos PNG *(Portable Network Graphics)*, sólo por nombrar algunos de los más de cien estándares propuestos. El resto de éstos pueden consultarse en: http://www.w3.org/TR/.

En la Tabla 1.1 se listan las organizaciones de estándares más conocidas a nivel mundial. Contiene su nombre, significado, área de enfoque y dirección de Internet URL *(Uniform Resource Locator)*.

RFC

Los RFC *(Request for Comments)* constituyen propuestas para recibir comentarios, son borradores de documentos sobre alguna tecnología que pudiera impactar en Internet y el conjunto de protocolos TCP/IP *(Transfer Control Protocol/Internet Protocol)*. Estos RFC empezaron a publicarse desde 1969, en los inicios del Internet, conocido en ese entonces como ARPANET. Los documentos de propuesta pueden ser enviados a la organización IETF por cualquier persona, pero sólo el IETF decide si el documento se convierte en un RFC. Eventualmente, si este documento gana suficiente interés podrá convertirse en un estándar de Internet. Cada RFC es designado por un número consecutivo. Una vez publicado, un RFC nunca cambia. Si hay modificaciones se asigna un nuevo RFC.

Los RFC son escritos en idioma inglés y en formato ASCII *(American Standard Code for Information Interchange)*. Por ejemplo, el RFC 1543 (http://tools.ietf.org/rfc/rfc1543.txt) es un documento informativo donde se especifica el formato, la estructura y reglas para escribir un documento RFC. El proceso de aceptación de propuesta es estricto; por eso cuando el documento aprobado como RFC, prácticamente se convierte en un protocolo o estándar formal; por lo que el nombre de *propuesta para recibir comentarios*, ya no aplica y el nombre de RFC se mantiene sólo por razones históricas.

Como nota curiosa, dado que cualquier persona puede enviar un documento RFC a revisión al IETF, se han recibido documentos fuera de lo común. Por ejemplo, el RFC 1149 y RFC 2549. El primero propone un estándar para la transmisión de datagramas IP sobre aves o palomas mensajeras; el segundo, es una mejora al RFC 1149 y le añade "calidad de servicio" QoS *(Quality of Service)*. Estos estándares son catalogados como experimentales con el estatus de no recomendados.

Algunos de los RFC son por lo tanto considerados como estándares por el IETF y son los encargados de que los servicios de Internet funcionen para que, por ejemplo, se puedan enviar correos electrónicos o navegar por la *web*. La mayoría de los protocolos que se utilizan en la red Internet, son RFC; por ejemplo, el protocolo que utilizan los navegadores de Internet se llama HTTP *(HiperText Transfer Protocol)* y está definido en el RFC 2616 (http://www.rfc-editor.org/rfc/rfc2616.txt). Todos los RFC pueden ser consultados en el sitio oficial llamado Editor

RFC, el cual edita, formatea y publica borradores de Internet como RFC. El Editor RFC trabaja en conjunto con el IESG *(Internet Engineering Steering Group)*, grupo responsable de la gestión técnica de las actividades del IETF y el proceso de estándares de Internet.

Otra actividad importante del Editor RFC es proveer un repositorio definitivo para todos los RFC (http://www.rfc-editor.org) que una vez publicados, no tienen cambios; si los hubiera, el estándar será publicado nuevamente en otro RFC que hará obsoleto el primero. Uno de los conceptos erróneos más populares en la comunidad IETF, es que el papel del Editor RFC es realizado por la IANA *(Internet Assigned Numbers Authority)*. Aunque en el Editor de RFC y el IANA participan las mismas personas durante muchos años, el Editor RFC representa un trabajo independiente. Cabe señalar que el Editor RFC como una sola entidad dejó de existir a finales de 2009.

A continuación se describen en forma resumida los pasos a llevar a cabo para publicar un RFC:

1. Publicar el documento como un borrador *(draft)*.

2. Recibir comentarios del borrador.

3. Editar el borrador basado en los comentarios.

4. Repetir los pasos del 1 al 3 varias veces.

5. Pedir al director de área que lleve el borrador al IESG, si es una propuesta individual. Si el borrador es producto de un grupo de trabajo, el representante de éste pedirá al director de área que lo llevé al IESG.

6. Leer los comentarios de los miembros del IETF, donde en algunas áreas, se forman equipos de revisión de los borradores que están listos para irse al IESG.

7. Hacer cualquier cambio sugerido por el IESG (esto incluye impedir a convertirse un estándar).

8. Esperar que el documento sea publicado por el Editor de RFC.

Existen 7 tipos de RFC:

- Estándar propuesto.
- Estándar en borrador.
- Estándar de Internet (llamados estándares completos o STD).
- Documentos de mejores prácticas actuales BCP *(Best Current Practice)*.
- Documentos informativos FYI *(For Your Information)*.
- Protocolos experimentales.
- Documentos históricos.

Sólo los tres primeros (propuestos, borradores y completos) son considerados estándares dentro la IETF. Existen también tres subseries de RFC conocidos por sus siglas en inglés como FYI, BCP y STD. Estas subseries fueron creadas para documentar las síntesis y temas que son de introducción o que atraen una mayor audiencia. La subserie FYI se compone de documentos informativos. Los documentos BCP describen la aplicación de varias tecnologías en el Internet. La subserie STD fue creada para identificar los estándares. Algunos de los STD son actualmente un conjunto de RFC y la designación "estándar" aplica para todo el conjunto de documentos.

1.7 Referencias

Freeman, Roger L. (2005). *Fundamentals of telecommunications.* 2nd edition. USA: IEEE Press.

Hernández, M. (2007). *Historia de la Ciencia (vol. II).* España:Fundación Canaria Orotava.

Herrera Pérez, E. (2006). *Introducción a las telecomunicaciones modernas.* México: Limusa.

Huurdeman, A. (2003). *The world history of telecommunications.*USA: John Wiley&Sons.

Levine, G. (2001). *Computación y programación moderna: perspectiva integral de la informática.* México: Pearson Education.

Meucci, S. (2010). *Antonio and the electric sream: the man who invented the telephone.* USA: Branden Books.

Stallings, W. (2000). *Networking Standards: a guide to OSI, ISDN, LAN and MAN standards.* USA: Addison-Wesley.

Páginas de Internet

Encyclopædia Britannica. (2010). Aleksandr Popov. Encyclopædia Britannica Online. Recuperado el 29 Sep 2010, de: <http://www.britannica.com/EBchecked/topic/470141/Aleksandr-Popov>

Models of the Communications Process. Recuperado el 30 septiembre de 2010, de: <http://davis.foulger.info/research/unifiedModelOfCommunication.htm>

O'Brien, D. *5 Famous inventors (Who stole their big idea).* 27 julio 2008, <http://www.cracked.com/article_16072_5-famous-inventors-who-stole-their-bigidea.html>

Protocols. <http://www.protocols.com>

Republican Study Committee, H. Res. 269. "Expressing the sense of the House of Representatives to honor the life and achievements of 19th Century Italian-American inventor Antonio Meucci, and his work in the invention of the telephone", june 11, 2002. Recuperado el 29 septiembre 2010 en: <http://rsc.tomprice.house.gov/PolicyAnalysis/2002_Legislative_Bulletins.htm>.

Ruelas, Ana Luz. (1995). *México y Estados Unidos en la revolución mundial de las telecomunicaciones.* Universidad Autónoma de Sinaloa, Escuela de Historia. Universidad Nacional Autónoma de México. University of Texas at Austin, Institute of Latin American Studies. Austin, Texas. Recuperado el 3 diciembre de 2010 de: <http://lanic.utexas.edu/la/mexico/telecom/Libro_TELECOM.pdf>

The Tao of IETF: A Novice's Guide to the Internet Engineering Task Force. <http://www.ietf.org/tao.html>

CAPÍTULO

2

MEDIOS DE COMUNICACIÓN

La mayoría de las ideas fundamentales de la ciencia son esencialmente sencillas y por regla general pueden ser expresadas en un lenguaje comprensible para todos.
— Albert Einstein.

2.1 Introducción

Recordemos que las telecomunicaciones se definen como *la transferencia de información desde un lugar a otro a través de un medio de comunicación.* La información es transmitida mediante señales electromagnéticas a través de un enlace eléctrico u óptico entre el transmisor y el receptor, y el medio de comunicación puede ser un par de alambres, un cable coaxial, fibra óptica o el aire mismo. Sin importar el tipo, todos los medios de transmisión se caracterizan por tener atenuación, ruido, interferencia, desvanecimiento y otros factores que impiden que la señal se propague libremente por el canal.

En este capítulo describiremos los medios de transmisión más importantes, así como las tecnologías de comunicación alrededor de éstos. Los medios de comunicación se clasifican en general en dos tipos: los medios confinados y no-confinados (inalámbricos).

Los medios confinados son medios conductores o de fibra óptica cubiertos por otros materiales aislantes, como plástico, vinil, fibra de vidrio o contenedores metálicos. En otras palabras, los medios confinados se ven limitados por el medio y las señales que conducen no salen de éste, excepto por algunas pequeñas pérdidas.

En los medios no-confinados, las señales de Radio Frecuencia (RF) originadas por la fuente viajan a través del medio hasta alcanzar su destino. El medio *aire*, es conocido técnicamente como el espectro radioeléctrico o electromagnético. Comúnmente conocemos a este tipo de medios como inalámbricos, del inglés *wireless* o sin alambres.

2.2 Medios confinados

Cable metálico

El cable metálico fue el primer medio de comunicación empleado tras haberse inventado el telégrafo, en 1844. En aquel entonces, los cables conductores de electricidad se fabricaban sin aislar; actualmente, vienen protegidos con materiales aislantes plásticos. El material que transporta la corriente eléctrica puede ser cobre, aluminio u otro conductor para su empleo en diversas aplicaciones en electricidad, telefonía, redes, etc.

Los conductores eléctricos tienen varias características como la resistencia (medida en omhs), cuya definición es "oposición que ejerce el conductor al paso de la corriente." Los conductores con baja resistencia podrán dejarán pasar la corriente más libremente; los conductores con alta resistencia harán la función contraria.

La resistencia depende del tipo de material y del grosor del conductor. Los llamados *superconductores* son capaces de conducir corriente eléctrica con mínima resistencia y pérdidas de energía, en determinadas condiciones.

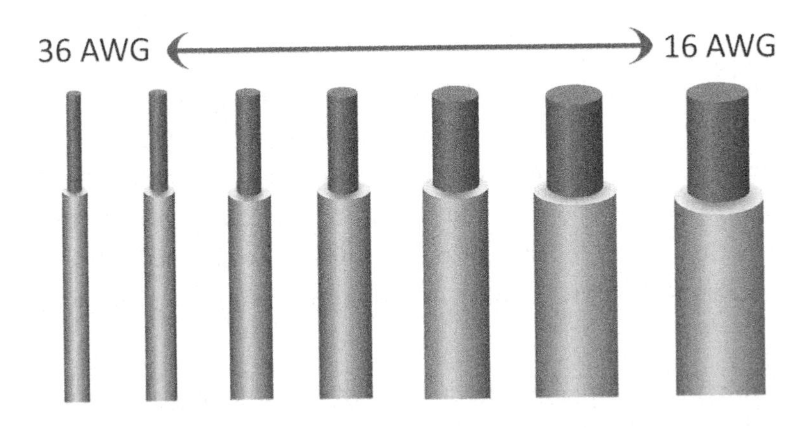

Figura 2.1. AWG Estándar de grosor de conductores

Los *semiconductores* están construidos de materiales que se comportan como conductores y aislantes. Bajo determinadas condiciones esos mismos elementos permiten la circulación de la corriente eléctrica en un solo sentido. Esa propiedad se utiliza para rectificar corriente alterna, detectar señales de radio, amplificar señales de corriente eléctrica, funcionar como interruptores o compuertas utilizadas en electrónica digital. Los semiconductores más empleados son el silicio (Si), el germanio (Ge), el selenio (Se) y Arseniuro de Galio (GaAs), sin embargo, se han desarrollado nuevos materiales compuestos que constituirán los medios de transmisión del futuro.

Los *conductores* ofrecen una baja resistencia al paso de la corriente eléctrica. Entre los mejores conductores empleados se encuentra el cobre (Cu), el aluminio (Al), la plata (Ag), el mercurio (Hg), oro (Au), etc. Aunque, predomina el cobre por sus características eléctricas y su bajo costo, en la conducción de la electricidad en las redes telefónicas y redes de datos.

Otro parámetro del conductor eléctrico es su diámetro o espesor. Los espesores de los cables son medidos de diversas maneras, el método predominante en los Estados Unidos y otros países sigue siendo el estándar *American Wire Gauge* (AWG).

Mediante este sistema se puede distinguir un cable de otro; por ejemplo, los espesores típicos de los conductores utilizados en cables eléctricos para uso residencial son del 8 al 14 AWG; en cables telefónicos, 22, 24 y 26 AWG y en cables para aplicaciones de redes, 24 y 26 AWG. En este sistema, entre mayor sea el número AWG menor será su diámetro (Figura 2.1 y Tabla 2.1).

Tabla 2.1. Conversión: milímetros, pulgadas a AWG

Milímetros	Pulgadas	AWG
0.254	0.010	30
0.330	0.013	28
0.409	0.016	26
0.511	0.020	24
0.643	0.025	22
0.812	0.032	20
1.020	0.040	18
1.290	0.051	16
1.630	0.064	14
2.050	0.081	12
2.590	0.102	10

El cable coaxial

El cable coaxial tiene diversas aplicaciones en televisión por cable, circuitos cerrados de televisión y se utilizó, antes de aparecer el cable par trenzado, en redes locales de datos. El cable coaxial consiste de un conductor central fijo (axial) en un forro de material aislante dieléctrico de polietileno, cubierto de una malla de aluminio como segundo conductor.

La capa exterior evita que las señales de otros cables o la radiación electromagnética afecten la información conducida por el cable coaxial. Su ingeniosa construcción evita pérdidas de baja emisión y provee protección contra la interferencia magnética, permitiendo que las señales con baja potencia sean transmitidas a grandes distancias (Figura 2.2).

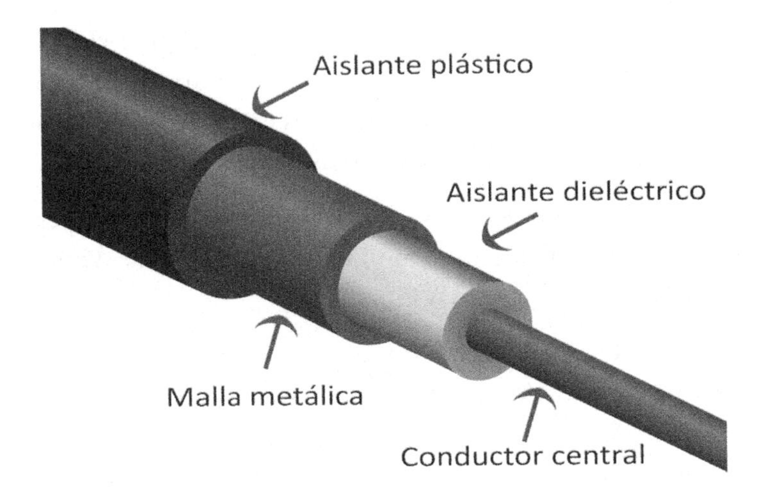

Figura 2.2. Estructura interna del cable coaxial

El uso de cable coaxial aplica en:

- Banda base *(baseband)*
- Banda ancha *(broadband)*

El cable coaxial de banda base[4] se utiliza en redes de datos de área local. El término *banda base* significa que en este tipo de aplicaciones, las señales que viajan por el cable no se modulan. El cable coaxial de banda ancha se utiliza en aplicaciones de video de las compañías de televisión por cable, circuitos cerrados de TV y otras aplicaciones del tipo CATV *(Community Antenna Television)*. El término banda ancha se refiere a que las señales que pasan por el cable son moduladas y amplificadas para aumentar, desde luego, la capacidad de ancho de banda y para extender la distancia de la propagación de la señal.

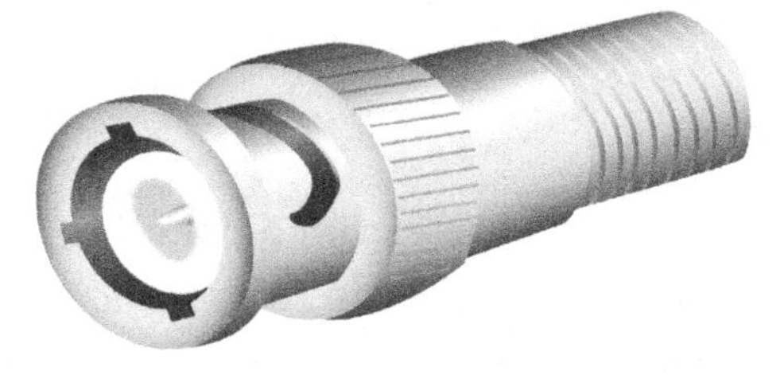

Figura 2.3. Conector tipo BNC para cable coaxial

---

[4] *Se dice que una señal es de banda base cuando no ha pasado por el proceso de modulación. Es decir, su estructura espectral no ha sido modificada y conserva sus frecuencias máxima y mínima sin alteración.*

Los conectores de cable coaxial más utilizados son: el BNC *(Bayonet Network Connector o Bayone-Neill-Concelman)* usado para redes de computadoras y equipos de prueba como analizadores de espectro, generadores de señal y osciloscopios (Figura 2.3) y el conector tipo F, usado ampliamente en aplicaciones de video (Figura 2.4).

El cable coaxial puede transmitir información tanto en frecuencia intermedia *IF (Intermediate Frequency)* como en banda base. La frecuencia intermedia es una frecuencia en la cual la frecuencia portadora es desplazada localmente como un paso intermedio entre transmisión y recepción; es generada al mezclar la señal de frecuencia de radio recibida con la frecuencia del oscilador local.

Figura 2.4. Conector tipo F para cable coaxial

El cable coaxial en banda base se utilizó como medio de transmisión en aplicaciones de redes de área local. Los tipos de cable coaxial para datos son los siguientes:

- Cable coaxial delgado *(thinnet)*
- Cable coaxial grueso *(thicknet)*

Cable coaxial delgado

El cable coaxial delgado es un medio flexible, económico y fácil de instalar. La mayoría de estos cables pertenecen a la familia del RG-58, el cual tiene 50 ohms de impedancia. La impedancia, es la oposición que presenta un conductor o circuito al paso de la corriente, en términos de corriente alterna.

El cable delgado puede transmitir señales confiables hasta una distancia de 185 metros. El cable coaxial delgado típico es conocido como 10Base2. El diámetro del conductor central es de 6 mm (0.25 pulgadas) equivalente a 9 AWG. La tasa de transmisión es de 10 Mbps y permite en términos prácticos un total de 30 nodos, en un segmento de 185 metros.

Cable coaxial grueso

El cable coaxial grueso posee un conductor de mayor grosor, aproximadamente 13 mm (0.5 pulgadas). Tiene también una impedancia de 50 ohms y puede transmitir señales hasta 500 metros permitiendo un máximo de 100 nodos en todo el segmento. El cable estándar es conocido como 10Base5 y permite velocidades de 10 Mbps, al igual que el cable coaxial delgado.

Para conectar cualquiera de los cables, el 10BaseT o el 10Base2, a una tarjeta de red tiene que emplearse un conector BNC en forma de T. Las primeras tarjetas de red traían por omisión un conector de 15 *pins* (DB15). Para conectar el BNC al DB15 era necesario un pequeño dispositivo conocido como AUI *(Attachment Unit Interface)*; posteriormente se fabricaron tarjetas de red que traían directamente el conector BNC macho.

Dado el costo y desempeño en las conexiones del cableado con coaxial, el par trenzado se convirtió en una alternativa viable para los administradores de la red. Este medio de comunicación tiene un amplio uso en la industria de las redes de computadoras y hasta la fecha, aún predomina. A continuación se describen sus cáracterísiticas.

Cable par trenzado

El cable par trenzado *(twisted pair)* sirve en aplicaciones de voz, desde los primeros sistemas telefónicos instalados por Alexander Graham Bell, en 1881. El par trenzado es un medio de comunicación con amplio uso en la industria de las computadoras, su bajo costo y flexibilidad de instalación ha permitido su alta penetración en redes de datos de baja y alta velocidad de transmisión.

El cable par trenzado está compuesto de conductores de cobre aislados trenzados en pares. Esos pares son después entrelazados en grupos llamados unidades, éstas, a su vez, son trenzadas hasta tener el cable terminado cuya cubierta por lo general, es de un material aislante plástico. Este cable tiene en promedio tres trenzas por pulgada, pero para mejores resultados, el trenzado varia de par en par. El trenzado ayuda a disminuir la diafonía, el ruido y la interferencia electromagnética.

En aplicaciones de redes de datos, los cables más comunes contienen ocho conductores o cuatro pares de hilos. Los cables par trenzado pueden clasificarse en dos tipos:

- UTP *(Unshielded Twisted Pair)*
- STP *(Shielded Twisted Pair)*.

Cable UTP

Como su nombre lo indica, el UTP es un cable que no tiene revestimiento o blindaje entre la cubierta exterior y los cables. Su aplicación principal es la conexión de redes de computadoras y de otros dispositivos de red. Los cables de par trenzado están limitados en cuanto a su distancia de propagación de la señal, a 100 metros (Figura 2.5).

Los cables UTP están disponibles en varias categorías:

- **Categoría 1:** son cables de par trenzado utilizados comúnmente por las compañías telefónicas para aplicaciones exclusivas de voz. Funcionan en un intervalo de frecuencia menor a los 100 KHz.
- **Categoría 2:** funcionan en aplicaciones de voz y datos, con velocidades de información de hasta 1 Mbps en un intervalo de frecuencias de 1 MHz.
- **Categoría 3:** permite aplicaciones de voz y datos permitiendo velocidades de hasta 10 Mbps en un intervalo de frecuencias de 16 MHz.
- **Categoría 4:** posee características similares a la categoría anterior, pero alcanza velocidades de información de hasta 16 Mbps en un intervalo de frecuencias de 20 MHz.
- **Categoría 5:** actualmente, es la categoría más utilizada en redes locales de datos (LAN), permite velocidades de información de hasta 100 Mbps en un intervalo de frecuencias de 100 MHz. El cable más utilizado es el 100BaseT
- **Categoría 5e:** es una mejora *(enhanced)* de la categoría 5, tolera velocidades de hasta 1000 Mbps (1 Gigabit por segundo) en un intervalo de frecuencias de 100 MHz. Sus aplicaciones se centran en la interconexión de redes locales en el ambiente de redes de campus. El cable más utilizado es el 1000BaseT.
- **Categoría 6:** permite velocidades semejantes a la categoría 5e de 1000 Mbps pero cubre un intervalo de frecuencias de 250 MHz. La categoría 6 corresponde al estándar ANSI/TIA/EIA-568-B.2-1.
- **Categoría 6a:** llamada comúnmente como 6 aumentada *(Augmented)* alcanza velocidades de información de 10 Gigabits en un intervalo de frecuencias de 550 MHz. Este tipo de cable ya permite aplicaciones de video y está cobijada bajo el estándar ANSI/TIA/EIA-568-B.2-10.

Por lo general, los cables UTP categoría 5 (CAT5) utilizan sólo 2 pares (4 hilos), el resto de los conductores queda para otros usos y aplicaciones. Las categorías 5e, 6, 6a aprovechan por lo general los 4 pares de conductores para permitir velocidades más altas. Este tipo de cables, tienen mejoras notables en lo que respecta a la atenuación, NEXT *(Near-End Crosstalk)* y PSELFEXT *(Power Sum Equal-Level Far End Crosstalk)*.

NEXT es la diferencia en amplitud en decibeles entre una señal transmitida y la diafonía recibida en el otro par, en el mismo extremo del cable; dicho de otra manera, es la interferencia en dos pares de conductores medidos en el mismo extremo del cable del transmisor. Mayores valores de NEXT corresponden a mejor desempeño en el cable.

FEXT *(Far End Crosstalk)* es similar a NEXT, excepto que ocurre en el lado receptor del cable. Por lo tanto, PSELFEXT es la suma de los valores FEXT de los 3 pares de conductores que afectan al par restante.

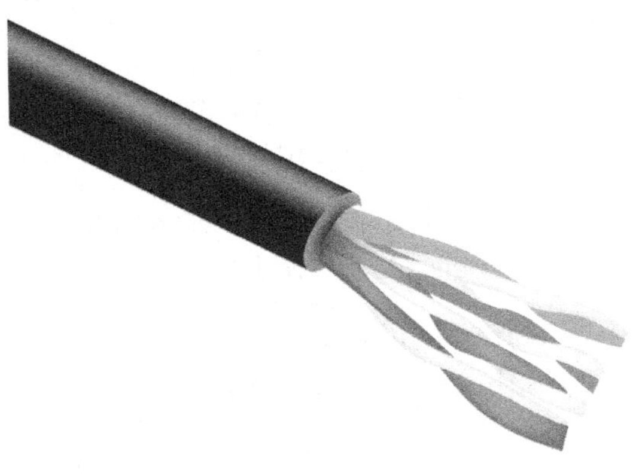

Figura 2.5. Cable par trenzado UTP

Cable STP

Los cables STP, como su nombre lo indica, tienen un blindaje entre los conductores y el aislante exterior. El blindaje sirve para proteger al cable de la radiación electromagnética y la diafonía. Este tipo de cables se usaron en las primeras redes *Token ring* de la compañía IBM. Dada las características del STP es ligeramente más caro que el UTP. Su uso es recomendable para ambientes exteriores expuestos a los elementos, estructuras y equipos eléctricos que puedan introducir interferencia adicional (Figura 2.6).

Para usos más comunes, como la interconexión de redes de área local, ambos tipos de cable darán un buen desempeño.

Figura 2.6. Cable par trenzado STP

Guía para conectar cables UTP/STP

Los conectores más comunes para cables par trenzado son los RJ-45 de 8 posiciones (el término RJ significa *Registered Jack*). También existen *Jacks* de 6 y de 4 posiciones (e.g. el *jack* telefónico de 4 hilos es conocido como RJ11).

La configuración o la asignación de los colores en un cable par trenzado se basa en los estándares EIA/TIA 568A y 568B. La diferencia entre ambos estándares sólo radica en el orden de los conductores según su color. Ambos estándares son empleados para conectar los cables a los conectores y, como veremos más adelante, son complementarios. Los colores utilizados son: azul, blanco/azul, verde, blanco/verde, naranja, blanco/naranja, café y blanco/café (Figuras 2.7 y 2.8).

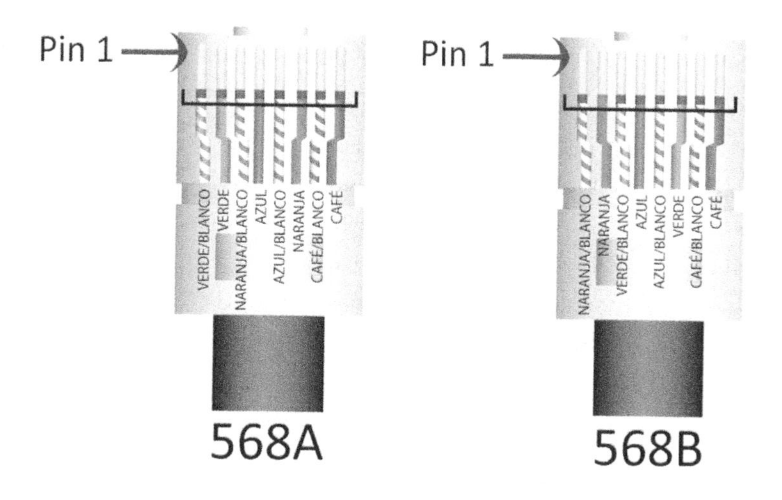

Figura 2.7. Estándares EIA/TIA 568A y 568B

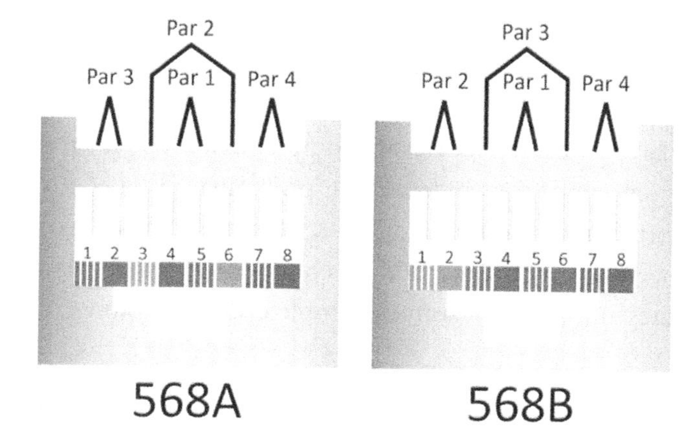

Figura 2.8. Pares en los estándares EIA/TIA 568A y 568B

En la parte plana del conector tipo RJ-45 podemos numerar los conductores del 1 a 8, de izquierda a derecha, tal como se muestra en la Figura 2.7. A cada una de estas posiciones les llamaremos PIN. En la Tabla 2.2 se muestra la correspondencia de colores para ambos estándares. Como vemos, sólo se están utilizando los *pins* 1, 2, 3 y 6; los *pins* 4,5, 7 y 8 no se utilizan en el par trenzado CAT 5 para 100 Mbps.

En la Figura 2.8 se muestran los pares de cada uno de los estándares. Para 568A y 568B, en el estándar Ethernet 100BaseT, sólo se utilizan los pares 2 y 3.

Tabla 2.2. Guía de posiciones en el conector RJ45

Pin #	Señal	568A	568B	Ethernet 10BASE-T 100BASE-T
1	Tx+	Blanco/Verde	Blanco/Naranja	√
2	Tx-	Verde	Naranja	√
3	Rx+	Blanco/Naranja	Blanco/Verde	√
4	N/A	Azul	Azul	No utilizado
5	N/A	Blanco/Azul	Blanco/Azul	No utilizado
6	Rx-	Naranja	Verde	√
7	N/A	Blanco/Café	Blanco/Café	No utilizado
8	N/A	Café	Café	No utilizado

La Tabla 2.2 es de gran ayuda para construir cables UTP para múltiples aplicaciones. Existen cables directos y cables cruzados. Los directos, que son los más empleados, se utilizan para conectar un dispositivo como un *hub* o *switch* a una computadora o equipo terminal; los cables cruzados sirven para conectar en cascada *hubs* o *switchs,* entre ellos y otras aplicaciones.

Para hacer un cable directo o 1 a 1 (uno a uno) se utiliza en ambos extremos el mismo estándar. Para hacer un cable cruzado *(crossover)* hay que utilizar en cada extremo los dos estándares. Cómo dijimos antes, los estándares 568A y 568B son complementarios. ¿Por qué no usar un orden diferente a los descritos en ambos estándares? El problema es que cuando se utilizan otros accesorios del cableado estructurado, como tomas RJ-45, paneles de parcheo *(patch panel)*, *Jacks* RJ-45, etc., éstos funcionan con el estándar 568A o con el 568B. Por tal motivo, se recomienda siempre seguir los estándares aunque éstos sean un simple orden de colores.

Cable de fibra óptica

La fibra óptica, como medio de comunicación de alta capacidad, ha influido de manera sustancial en la evolución de las telecomunicaciones y redes. Esta tecnología consiste en una fibra de vidrio de dimensiones del orden de los nanómetros ($1x10^{-9}$ metros), diseñada para guiar un haz de luz sobre ella. La propiedad de guiar la luz fue demostrada por primera vez en 1870 por John Tindall (Figura 2.9). A largo de la historia otros inventores han contribuido en materia de propagación de la luz, como es el caso de William Wheeling quien, en 1880, patentó un método para transferir la luz, llamado *light piping*. Ese mismo año, Alexander Graham Bell desarrolló un sistema de transmisión óptico de voz al que llamó fotófono, el cual transportaba la voz humana a 200 metros valiéndose de transmisión de la luz en el espacio libre.

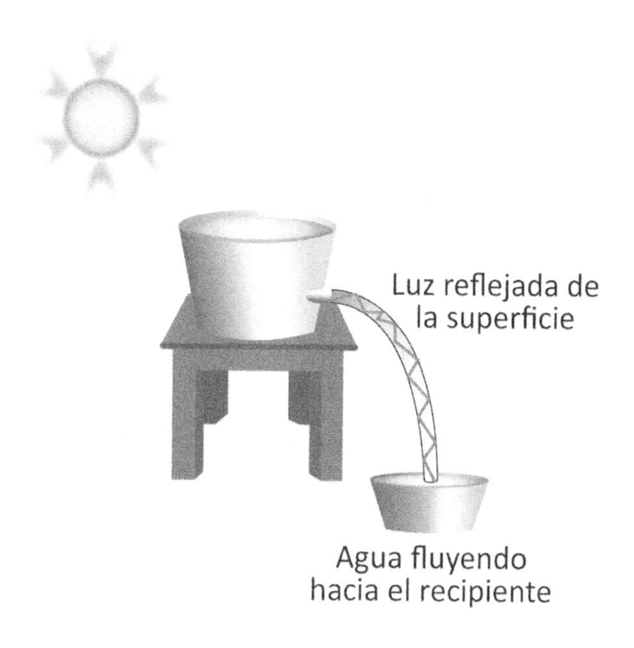

Figura 2.9. Experimento de John Tindall

La tecnología de fibra óptica experimentó un gran progreso en la segunda mitad del siglo XX. Un ejemplo es el fibroscopio *(fiberscope)*, desarrollado en los años cincuenta, el cual es un dispositivo transmisor de imágenes que fue utilizado en las primeras aplicaciones prácticas en fibras de vidrio y creado por Brian O'Brien, de la *American Optical Company*. ¿Pero quiénes acuñaron el término fibra óptica? Narinder Kapany y sus colegas del Imperial College of Science and Technology de Londres, en 1956.

Las primeras fibras ópticas experimentaban pérdidas ópticas excesivas que a su vez limitaban la distancia de transmisión de la luz. Esto motivó a los científicos a desarrollar fibra de vidrio que incluyera un revestimiento de vidrio por separado. La región interna de la fibra o núcleo *(core)* era aprovechada para transmitir la luz, mientras que el revestimiento *(cladding)* prevenía la salida de la luz fuera del núcleo al reflejar la luz al interior de sus paredes (Figura 2.10).

Este concepto es explicado mediante la *Ley de Snell*, que establece que el ángulo en el cual la luz es reflejada depende de los índices de refracción de los dos materiales que componen la fibra, en este caso, el núcleo y el revestimiento.

Otra tecnología importante en el desarrollo de las comunicaciones ópticas es el diodo emisor de luz LED *(Light-Emitting Diode)*. El haz de luz generado por el LED permitió excitar la fibra óptica para sus aplicaciones en comunicaciones.

En 1957, Gordon Gould exploró las posibilidades técnicas para utilizar láseres como fuente de luz intensa. Tiempo después, Charles Townes y Arthur Schawlow, de los Laboratorios Bell, llevaron a cabo desarrollos importantes para fortalecer y adoptar la tecnología LASER *(Light Amplification by Stimulated Emission Radiation)* en diferentes disciplinas científicas. Los láseres y los LED son actualmente dos tecnologías fundamentales utilizadas en los sistemas de fibra óptica.

En 1970, los investigadores de la compañía *Corning Glass*, Robert Maurer, Donald Keck y Peter Schultz diseñaron y produjeron la primera fibra óptica con bajas pérdidas, hecha de sílice fundida, para su uso en telecomunicaciones. El método y los materiales inventados por Maurer, Keck y Schultz abrieron la puerta a la comercialización de la fibra óptica para los primeros enlaces telefónicos de larga distancia y, posteriormente, para las comunicaciones relacionadas con redes de área local. .

Desarrollos posteriores, como la amplificación óptica mediante los llamados amplificadores de fibra óptica dopados con erbio EDFA *(Erbium Doped Fiber Amplifier)* y los sistemas de multicanalización por división de longitud de onda DWDM *(Dense wavelength Division Multiplexing)* permitieron aumentar la distancia de cobertura y la capacidad de la fibra óptica, respectivamente.

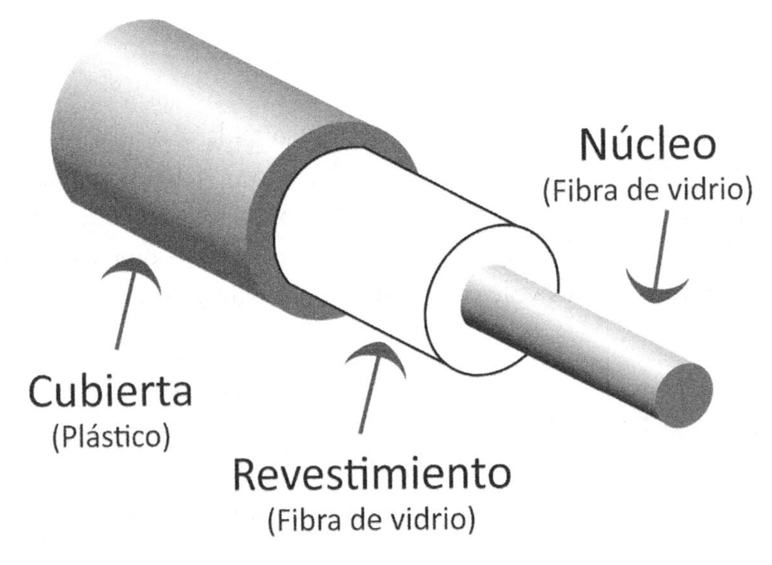

Figura 2.10. Estructura interna de la fibra óptica

En 1990 investigadores de los laboratorios Bell transmitieron señales de 2.5 Gbps sobre 7.5 km sin regeneración. Posteriormente, en 1998, en los mismos laboratorios Bell se logró transmitir más de 100 señales ópticas simultáneas, cada una a velocidades de 10 Gbps a una distancia de 400 km. En este experimento, la tecnología DWDM permitió incrementar la capacidad total de un cable de fibra óptica a velocidades combinadas de un terabit (10^{12} *bits* por segundo).

Las fibras ópticas utilizan el intervalo del espectro del infrarrojo y de la luz visible (850 nm a 1550 nm). Debido a sus altas frecuencias de operación en el entorno de las fibras ópticas se trabaja en términos de longitud de onda, ya sea en nanómetros o micrómetros. Debido a que el revestimiento no absorbe luz del núcleo, el haz de luz puede viajar a más distancia; sin embargo, algo de la señal de luz se degrada dentro de la fibra debido a impurezas en está. Las pérdidas o atenuación en la señal están relacionadas con la pureza del material de la fibra y la longitud de onda del haz de luz transmitido. A mayor longitud de onda del haz de luz, resultan menores pérdidas en la señal.

Índice de refracción

El índice de refracción es la relación de la velocidad de propagación de un haz de luz en el espacio libre, entre la velocidad de propagación del rayo en determinado material.

La ecuación del índice de refracción (n) correspondiente es:

$$n = \frac{c}{v} \qquad (2.1)$$

Dónde c es la velocidad de la luz en el espacio libre ($3x10^8$ m/s), y

v es la velocidad de la luz en determinado material (m/s)

n es siempre mayor que la unidad, puesto que v es menor que c. El índice de refracción del aire, para propósitos prácticos se puede considerar la unidad, ya que su valor es 1.000293.

Ángulo de refracción

El ángulo de refracción en la interface entre dos medios; está gobernado por la ley de Snell, mediante la siguiente ecuación:

$$n_1\, sen\theta_1 = n_2\, sen\theta_2 \qquad (2.2)$$

Dónde n_1 es el índice de refracción en el primer medio

n_2 es el índice de refracción en el segundo medio

θ_1 es el ángulo de incidencia

θ_2 es el ángulo de refracción

Despejando el ángulo de refracción en la ecuación 2.2 obtenemos:

$$sen\theta_2 = \frac{n_1}{n_2} sen\theta_1 \qquad (2.3)$$

En el caso de una fibra óptica, el primer medio es el núcleo; el segundo, el revestimiento, y $n_1$es siempre mayor que n_2.

Modos de propagación

Puesto que una fibra óptica es en realidad una guía de haz de luz, ésta se propaga en varios modos específicos. Si el diámetro de la fibra es relativamente grande, la luz que entra a diferentes ángulos excitará diferentes modos. Por otro lado, si una fibra es suficientemente estrecha podría soportar sólo un modo.

Existen dos modos de propagación en la fibra óptica: monomodo y multimodo. Ambas fibras tienen un diámetro exterior de 125 micrones; un micrón es una millonésima parte de un metro, un poco más grueso que el cabello humano.

La fibra multimodo se caracteriza porque a través de ella pueden viajar múltiples haces de luz, con varias longitudes de onda. El diámetro de su núcleo es de 50 a 62.5 micrones y se utiliza con fuentes LED a longitudes de onda de 850 y 1300 nm. Tanto la fibra multimodo de 50 µm (micrones), como la de 62.5 µm, tienen un revestimiento de vidrio del mismo diámetro (125 micrones). Las fibras multimodo son descritas por el diámetro de su núcleo y revestimiento. Por ello, la descripción 50/125 µm se refiere a una fibra multimodo de 50 µm con un revestimiento de 125 µm (Figura 2.11).

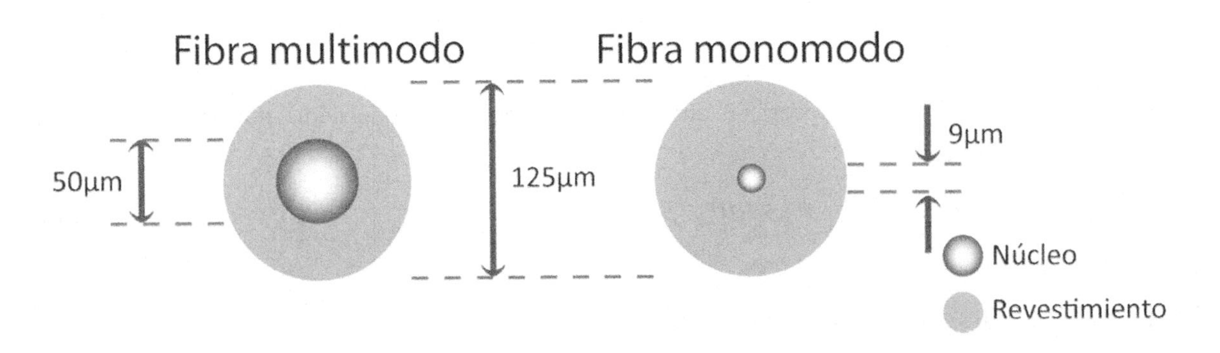

Figura 2.11. Diámetros de las fibras monomodo y multimodo

La fibra multimodo, a su vez, se divide en dos tipos según el índice de refracción del haz de luz. El índice de refracción es un término empleado para determinar la velocidad a la que la luz viajará en un medio homogéneo; es el cambio de fase por unidad de longitud, que nos servirá para calcular la diferencia entre el ángulo de incidencia y el ángulo de refracción del haz de luz.

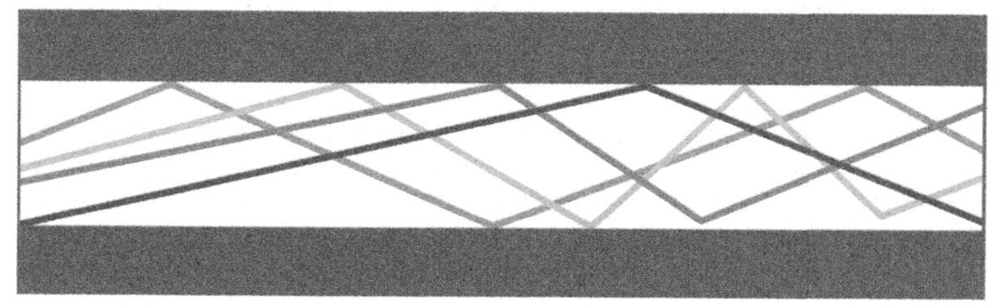

Fibra multimodo de índice escalonado

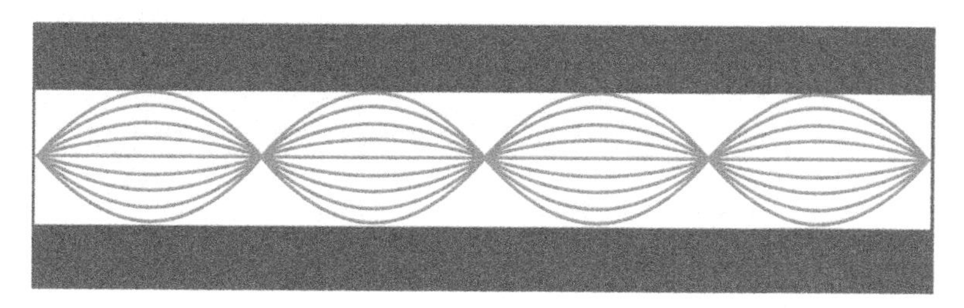

Fibra multimodo de índice gradual

Figura 2.12. Fibras multimodo de índice escalonado y gradual

Fibra multimodo de índice escalonado

En este tipo de fibra, cada haz de luz tiene un índice de refracción constante en línea recta hasta que alcanza el revestimiento o cubierta de la fibra, entonces cambia bruscamente su ángulo. Este cambio brusco experimentado por el haz de luz es conocido como *escalonado*. Debido a que múltiples haces pueden ser transmitidos al mismo tiempo, éstos pueden ser transmitidos y reflejados a diferentes ángulos y desfasados en su viaje dentro del filamento de fibra. Dado a que hay un límite de inserción del haz de luz dentro de la fibra, si se alcanza este límite la luz ya no se reflejará, sino que se refractará frenando su curso.

Fibra multimodo de índice gradual

Este tipo de fibra es una mejora notable a la de índice escalonado, utiliza variaciones en la composición de la fibra para compensar las diferentes trayectorias, es decir, utiliza un índice de refracción variable. La densidad es mayor en el centro del núcleo y va decreciendo de manera gradual conforme se va acercando a la cubierta o revestimiento de la fibra.

Fibra monomodo

La fibra monomodo tiene un núcleo más pequeño, de tan sólo 9 micrones. Con una sola longitud de onda de luz pasando por el núcleo, la luz es alineada hacia el centro del núcleo en vez de rebotar por las paredes, como las fibras multimodo. La fuente de luz son láseres con una longitud de onda de 1330 a 1550 nm.

Este tipo de fibra es utilizada en aplicaciones de larga distancia, tales como interconexión de redes telefónicas y otras aplicaciones del orden de decenas de kilómetros (Figura 2.13).

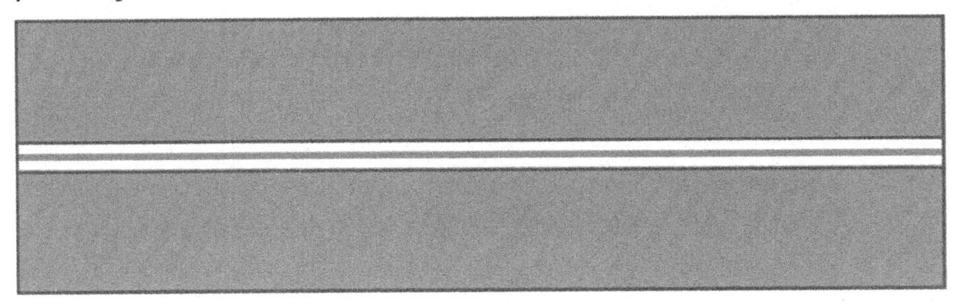

Figura 2.13. Fibra monomodo

Para permitir que las fibras multimodo y monomodo cumplan con las normas del llamado cableado estructurado, organizaciones como ISO y TIA (ISO/IEC 11801:2002 y EN50173:2002) crearon un sistema de clasificación —OM1, OM2, OM3, OM4, OS1 y OS2— basado en el ancho de banda de la fibras. Los estándares OM1, OM2, OM3 y OM4 se refieren a la fibra multimodo; los estándares OS1 y OS2, a las fibras monomodo.

Las ventajas de la fibra óptica

Debido a sus bajas pérdidas y capacidad de canal, la fibra óptica puede ser empleada a distancias más grandes que los cables de cobre. En el caso de redes de computadoras, la fibra puede alcanzar varios kilómetros sin el uso de repetidores. Utilizando multicanalizadores y técnicas de modulación un solo filamento de fibra podría reemplazar cientos de cables de cobre.

Debido a que la fibra de vidrio no es un conductor eléctrico, resulta ser un medio de comunicación inmune a la interferencia electromagnética.

Por sus propiedades no-eléctricas la fibra óptica es utilizada en ambientes peligrosos como la industria química dónde las chispas (eléctricas) podrían generar una explosión. Por lo anterior, la fibra óptica es el medio más empleado en las redes de telecomunicaciones alrededor del mundo y constituye la dorsal de comunicación de la red Internet. Existen en la actualidad miles de kilómetros de fibra instalados en el mundo.

Las aplicaciones de las fibras ópticas no se limitan a las telecomunicaciones, sino también tienen gran trascendencia en el área de la medicina, aeronáutica, industria espacial y automotriz, entre otras.

Guía de onda

Para completar la lista de medios de comunicación confinados vamos a describir brevemente a la guía de onda, la cual es un medio de comunicación limitado a aplicaciones en el intervalo de las microondas y son utilizadas ampliamente en comunicaciones de radio de microondas y comunicaciones vía satélite.

Su distancia de propagación también es limitada dependiendo de la aplicación y frecuencia. Es utilizada en los alimentadores de las antenas de microondas y vía satélite. La estructura de la guía de onda es una carcasa fabricada de un material metálico que puede tomar diferentes formas y tamaños. En el centro hay un canal hueco por donde pasan las señales de microondas. Los conocidos LNB *(Low Noise Block)* o LNA *(Low Noise Amplifier)*, amplificadores de bajo ruido, tienen en su estructura una guía de onda que se conecta directamente al alimentador de la antena para reducir al mínimo el ruido en el sistema.

2.3 Medios no-confinados

Los medios no-confinados, a los que de aquí en adelante nos referiremos como medios inalámbricos, transportan señales electromagnéticas que utilizan el espacio libre como medio de comunicación. Por lo tanto, la radio, la televisión, las comunicaciones por satélite, la telefonía celular, etc. son servicios que utilizan medios no-confinados. Las señales luminosas, además de transportarse a través de un filamento de fibra de vidrio, pueden ser transmitidas por el aire. Señales en el intervalo del infrarrojo, por ejemplo, pueden utilizar el aire como medio de comunicación.

El espectro electromagnético

Las señales electromagnéticas requieren de un medio de propagación para llegar de un lugar a otro. Estas señales viajan como vibraciones de campo eléctrico y magnético. Un cambio en el campo magnético también ocasiona un cambio en el campo eléctrico, y viceversa. Cuando un campo vibra, el otro también, y da como resultado una onda electromagnética.

El espacio libre es el medio de transporte en medios no-confinados, y el espectro electromagnético es el conjunto de valores de frecuencias que puede tomar un grupo de ondas electromagnéticas transportadas en ese medio.

Estas ondas viajan a la velocidad de la luz, equivalente a $3x10^8$ metros/segundo aproximadamente.

La radiación electromagnética también tiene las propiedades de las ondas, pero también puede ser vista como un pulso de partículas, un ejemplo de ello es la luz. Ésta se comporta como una onda transversal la cual puede ser filtrada por medio de lentes polarizados. A la luz vista como una partícula golpeando electrones fuera del átomo, se le llama fotón.

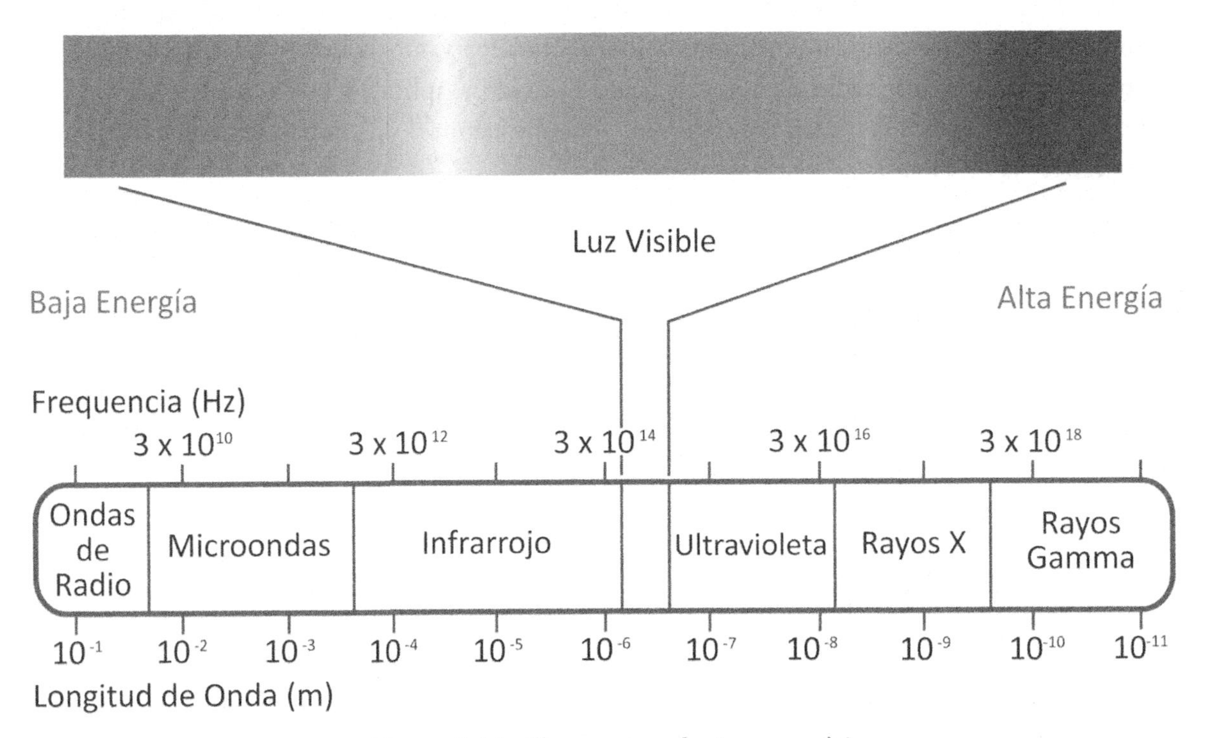

Figura 2.14. El espectro electromagnético

Para poder armonizar todos los servicios y frecuencias que utilizan el aire como medio de comunicación, diversas organizaciones nacionales, regionales e internacionales se dieron a la tarea de elaborar un plan para administrar y asignar frecuencias a los nuevos servicios y tecnologías móviles. A este plan se le conoce como espectro electromagnético. Las frecuencias en el espectro están catalogadas como si fueran notas musicales distribuidas en un piano, empezando por las notas de baja frecuencia hasta llegar a las de alta frecuencia. En el espectro de frecuencias se encuentran las ondas de radio, microondas, infrarrojo, luz visible, ultravioleta, rayos x, y rayos gamma (Figura 2.14).

Para los gobiernos, el espectro electromagnético o el radio espectro de frecuencias es considerado un recurso nacional y es propiedad exclusiva del estado, como el petróleo, la electricidad y otros recursos, por lo que debe ser administrado por una entidad dependiente del gobierno. Todas las frecuencias son propiedad del estado y su uso tiene un costo. Absolutamente nadie puede transmitir al aire señal ninguna sin tener una concesión o un permiso. En la gama del espectro electromagnético existen intervalos de frecuencias de uso libre; dos de ellos son: el conocido como ISM *(Industrial Scientifical & Medical)* y la banda civil, utilizada por los radioaficionados.

Dependiendo del servicio que brindan con respecto a la cobertura de las señales, las frecuencias pueden ser de uso local, regional, nacional o internacional. Por ejemplo, los servicios de radiodifusión (AM, FM) y televisión (UHF, VHF) son de uso local, si sólo cubren una ciudad.

La cobertura de las señales puede cubrir más de una ciudad, e incluso más de un país. Las comunicaciones vía satélite, son frecuencias de uso internacional, ya que puede cubrir más de un país o continente.

Las comunicaciones inalámbricas pueden dividirse, respecto al espacio de propagación de las señales, de la siguiente manera:

- Terrestre.
- Marítimo.
- Espacial.

Las comunicaciones inalámbricas de tipo terrestre son las que se propagan en la superficie de Tierra firme, abarcando países y continentes; por ejemplo, la radio, la televisión, la telefonía celular, la radio de dos vías, etc. Las comunicaciones inalámbricas de tipo marítimo corresponden a las transmisiones por embarcaciones de menor y mayor calado, incluyendo los submarinos. Las comunicaciones inalámbricas espaciales suceden a través de un satélite artificial, que recibe y retransmite señales desde la tierra o el mar.

La administración del espectro radioeléctrico incluye la racionalización y optimización del uso del espectro de radio frecuencias, para evitar y resolver conflictos de interferencia entre diferentes operadores o países.

Los gobiernos y las organizaciones internacionales como la ITU y CEPT (Conferencia Europea de Administraciones de Correos y Telecomunicaciones), en Europa; CITEL (Comisión Interamericana de Telecomunicaciones) en América, y los entes reguladores de las telecomunicaciones en cada país, deben ponerse de acuerdo para coordinar las frecuencias, la introducción de nuevas tecnologías y servicios, los cruces fronterizos, etcétera.

La clasificación de las frecuencias

El sector de radiocomunicaciones de la ITU, emitió la recomendación ITU-R V.431-6 en la cual presenta una clasificación muy general de las frecuencias del espectro radioeléctrico, las cuales que se muestran en la Tabla 2.3 y se resumen a continuación:

- **VLF** *(Very Low Frequency)*. Las frecuencias muy bajas son utilizadas generalmente por sistemas de navegación y comunicaciones en grandes distancias. Las tormentas con rayos también ocurren en esta banda.
- **LF** *(Low Frequency)*. Las comunicaciones en esta banda son posibles, debido a la refracción de la ionósfera y por reflexión de la superficie de la Tierra. Las frecuencias bajas son usadas por la radio AM, RFID *(Radio Frequency IDentification)*, etc.
- **MF** *(Medium Frequency)*. Las frecuencias medias pueden ser usadas gracias a la refracción de la ionósfera, pero sólo de noche. Es utilizada por la radio AM, radio amateur y radio navegación.
- **HF** *(High Frequency)*. Esta banda también es conocida como onda corta SW *(Short Wave)*. Las altas frecuencias son utilizadas para comunicaciones de largo y mediano alcance, tales como comunicaciones marítimas, aviación, radio amateur y RFID.
- **VHF** *(Very High Frequency)*. Las frecuencias muy altas son utilizadas por la radio en FM y televisión a cortas distancias. Las frecuencias VHF también son aprovechadas por comunicaciones móviles terrestres, radio astronomía, teléfonos inalámbricos, radio amateur, navegación, comunicaciones vía satélite y trenes.
- **UHF** *(Ultra High Frequency)*. Las frecuencias ultra altas son aptas para la televisión, teléfonos móviles, comunicaciones vía satélite, RFID, sistemas de localización satelital (GPS), Bluetooth, WLAN, etc.
- **SHF** *(Super High Frequency)*. Las frecuencias súper altas corresponden a comunicaciones por satélite, enlaces de microondas y radar. Se utilizan para comunicaciones con línea de vista.
- **EHF** *(Extremely High Frequency)*. Esta banda se utiliza principalmente para comunicaciones vía satélite.
- **IR.** El infrarrojo es utilizado por comunicaciones inalámbricas de corta distancia, en el intervalo de metros y en astronomía.
- **La luz visible.** Utilizada por comunicaciones ópticas a grandes distancias (fibra óptica monomodo) y cortas distancias (fibra óptica multimodo). VLC *(Visible Light Communications)* es una tecnología que utiliza la luz visible para comunicaciones en distancias cortas. Debe tener línea de vista y sufre de interferencias de otras fuentes de luz.
- **Los rayos ultravioleta, *x* y gamma**, aunque son radiaciones electromagnéticas, no tienen por el momento usos específicos en las telecomunicaciones.

Tabla 2.3. Las bandas de frecuencias del espectro electromagnético

Banda de frecuencia	Nomenclatura
3-30 KHz	VLF
30-300 KHz	LF
300- 3000 KHz	MF
3-30 MHz	HF
30-300 MHz	VHF
300-3000 MHz	UHF
3-30 GHz	SHF
30-300 GHz	EHF
0.3 THz - 400 THz	Infrarrojo (IR)
400 - 790 THz	Luz visible
750 THz - 30 PHz	Ultravioleta (UV)
30 PHz - 30 EHz	Rayos X
30 EHz - 30 ZHz	Rayos Gamma

T=Tera $1x10^{12}$ Hz, P=Peta $1x10^{15}$Hz , E=Exa $1x10^{18}$ Hz,

Z= Zetta $1x10^{21}$ Hz

2.4 Conclusión acerca de los medios de comunicación

Cómo hemos visto, los medios de comunicación juegan un papel importante en las telecomunicaciones, cada uno de ellos tiene sus bondades y limitaciones, lo importante es saber seleccionar el más adecuado a nuestras necesidades. Al utilizar algún servicio de telecomunicaciones se deben tomar en cuenta los siguientes factores:

- La distancia máxima de cobertura.
- Atenuación.
- El ancho de banda.
- La inmunidad al ruido y la interferencia.
- El costo asociado.
- Los requerimientos de instalación.

Considerando estos factores podremos seleccionar el medio que más nos conviene para satisfacer nuestras necesidades de comunicación. Si nuestra necesidad es instalar una red local de datos, utilizaremos el cable par trenzado en vez del cable coaxial. También podríamos utilizar fibra óptica, ya que nos brinda mayor capacidad, distancia de cobertura, ancho de banda, mayor inmunidad al ruido y la interferencia, de todas formas, un análisis de costo-beneficio es recomendable.

Si deseamos hacer un enlace local de una decena de kilómetros dentro de una ciudad, tenemos varias opciones: enlaces de microondas, fibra óptica, coaxial, etc. ¿Cuál escogeríamos? Para tener un enlace de microondas se requiere la participación de un concesionario autorizado por parte del regulador de telecomunicaciones[5]; además, hay que llevar a cabo una inversión significativa en equipos de radiocomunicación, torres, aspectos de ingeniería civil, etc. Si deseamos instalar fibra óptica nos veríamos con la problemática de solicitar los permisos de derechos de vía para pasar por los diferentes puntos; por ejemplo, si es fibra enterrada, tendríamos que hacer un estudio del suelo por dónde se pretende instalar los hilos de fibra y pagar los permisos correspondientes. Al final de cuentas, se requiere de un análisis que tome en cuenta los aspectos técnicos y económicos y regulatorios de cada caso.

Cómo conclusión podemos decir que hay un medio de comunicación a la medida de cada necesidad. Hay que tomar en cuenta sus ventajas y desventajas para obtener el mayor provecho. Los medios de comunicación son tan sólo eso; nos ofrecen el transporte de lo más valioso que existe en las telecomunicaciones, la información. Está en nosotros seleccionar aquél que tenga el menor costo y el mayor beneficio en desempeño y operación.

2.5 Referencias

Blake, R. (2004). *Sistemas electrónicos de comunicaciones.* México: Cengage Learning Editores.

Burnano de Ercilla, S. (2003). *Física general.* España: Editorial Tebar. 2003.

Carr, Joseph J. (1997). *Microwave & wireless communications technology.* United Kingdom: Newnes, 1997.

Maini, Anil K. y Agrawal, Varsha. (2007). *Satellite technology: principles and applications.* USA: John Wiley & Sons.

Malaric, K. (2009). *EMI protection for communication systems.* USA: Artech House Publishers.

Tomasi, W. (2004). *Electronic communications system: fundamentals through advanced.* 5th edition.USA: Prentice Hall.

[5] *Cada país establece su regulación respecto a concesiones o permisos para uso del espectro.*

Whithers, D. (1999). *Radio spectrum management: management of the spectrum and regulation of the radio services*. 2nd edition. United Kingdom: IET.

Xiao, Yang y Pan, Yi. (2009). *Emerging wireless LANs, wireless PANs, and wireless MANs: IEEE 802.11, IEEE 802.15, IEEE 802.16 wireless standard family*. USA: John Wiley & Sons.

Páginas de Internet

Martínez, Evelio. *El abc de las redes inalámbricas WLAN*. Eveliux.com <http://www.eveliux.com/mx/el-abc-de-las-redes-inalambricas-wlans.php>

Microwave 101. *Basic concepts of microwave engineering*. Recuperado el 3 de febrero de 2009 de: <http://www.microwaves101.com/>

Microwave Site Monitoring: *A Guide to Achieving Total Visibility of Your Very Remote Sites*, DPS Telecom, <http://www.dpstele.com/pdfs/white_papers/microwave_site_monitoring.pdf>

Microwave Communication, Science Clarified, <http://www.scienceclarified.com>

Naone, Erica. "El 4G deja de ser sólo para los teléfonos". *Technology Review Magazine*. <http://www.technologyreview.com/es/read_article.aspx?id=1170>

The Canadian Enciclopedia. *Satellite communications*. <http://thecanadianencyclopedia.com/>

We Focus Fiber Optic Tech, How Fiber Optics Works, Advantages, Transmission and Made. Recuperado el 11 de abril de 2010, de: < http://fiber-optic-tech.blogspot.mx/2010/04/how-fiber-optics-worksadvantagestransmi.html>

CAPÍTULO

3

TRANSMISIÓN DE INFORMACIÓN

El verdadero progreso es poner la tecnología al alcance de todos
— Henry Ford.

3.1 Introducción

La transmisión de información constituye la función principal de las telecomunicaciones. Existen diferentes técnicas para poder transportar la información desde un punto de origen, el transmisor (Tx), a un punto de destino, el receptor (Rx). En este trayecto del Tx al Rx se involucran múltiples factores que analizaremos más adelante.

Una de las interrogantes más importantes en la transmisión de información es *¿cómo se transportará la información?* La respuesta inmediata es: *la información se transportará por medio de señales*, pero cuando hablamos de señales, hay que entender otros conceptos involucrados: frecuencia, amplitud, fase, longitud de onda, ancho de banda, decibeles, relación señal a ruido, etcétera. Muchas veces debemos transformar las señales de analógicas a digitales y para eso necesitamos entender el teorema de Nyquist y la modulación, entre otros temas.

Dedicaremos este capítulo a la descripción de conceptos clave en las telecomunicaciones: señal, ondas, modo de transmisión, decibel, etcétera, así como la explicación de los teoremas más relevantes en la transmisión de información.

3.2 Concepto de señal

Una señal puede definirse como cualquier manifestación que lleva implícita cierta información. Si nos remontamos a las telecomunicaciones primitivas mediante el uso de espejos, antorchas o señales de humo, nos damos cuenta que estas acciones llevaban implícita cierta información que sólo el transmisor y el receptor debían conocer. En las telecomunicaciones modernas de naturaleza digital, basadas en señales eléctricas u ópticas, la información implícita se envía en forma de *bits* de información, 1s (unos) y 0s (ceros), ya sea en forma de voz, datos, imágenes, video o cualquier otro formato que sea entendido por la fuente y el destino.

En telecomunicaciones, las señales empleadas pueden ser eléctricas u ópticas. Las primeras pueden transmitirse a través de un cable de cobre o utilizando el aire como medio; las señales ópticas por medio de un cable, una fibra de vidrio, o a través del aire, mediante un haz de luz.

Para iniciar el tema, se utilizarán señales senoidales las cuales facilitan el manejo matemático y apoyan al entendimiento de los conceptos claves en el proceso de envío y recepción de información.

Una señal senoidal se puede expresar de manera general mediante la siguiente ecuación:

$$s(t) = A\,sen(2\pi f t + \varphi) \qquad (3.1)$$

Donde $s(t)$ tiene la forma de una función trigonométrica senoidal o cosenoidal; al ser una señal en función del tiempo, t puede tomar los valores de menos infinito a más infinito ($-\infty < t < +\infty$).

Una señal senoidal se caracteriza por tener tres parámetros importantes:

Amplitud (A), frecuencia (f) y fase (φ):

- La **amplitud** es el valor máximo de la señal en el eje vertical.
- La **frecuencia** representa el número de ciclos por segundo en un periodo (T) de un segundo y se representa en Hertz. Un periodo es la cantidad de tiempo (T) transcurrido entre dos repeticiones consecutivas de la señal, de tal manera que $T=1/f$.
- La **fase** es el desplazamiento relativo de una señal dentro de un periodo de la misma sobre el eje horizontal. Este desplazamiento es medido en grados o radianes. Por ejemplo, una señal coseno está desfasada ±90 grados con respecto a la función trigonométrica seno (Figura 3.1).

Las señales en general pueden ser periódicas y no periódicas. Las periódicas se repiten cada *N* muestras:

$$x[n+N] = x[n] \qquad \textit{Siendo N el periodo} \qquad (3.2)$$

Por otro lado, las señales no periódicas son aquellas en las que no existe un valor entero *N* que cumpla la condición anterior. Existen otras clasificaciones de señales que veremos más adelante en este capítulo. En la Tabla 3.1 se describen las magnitudes de frecuencias.

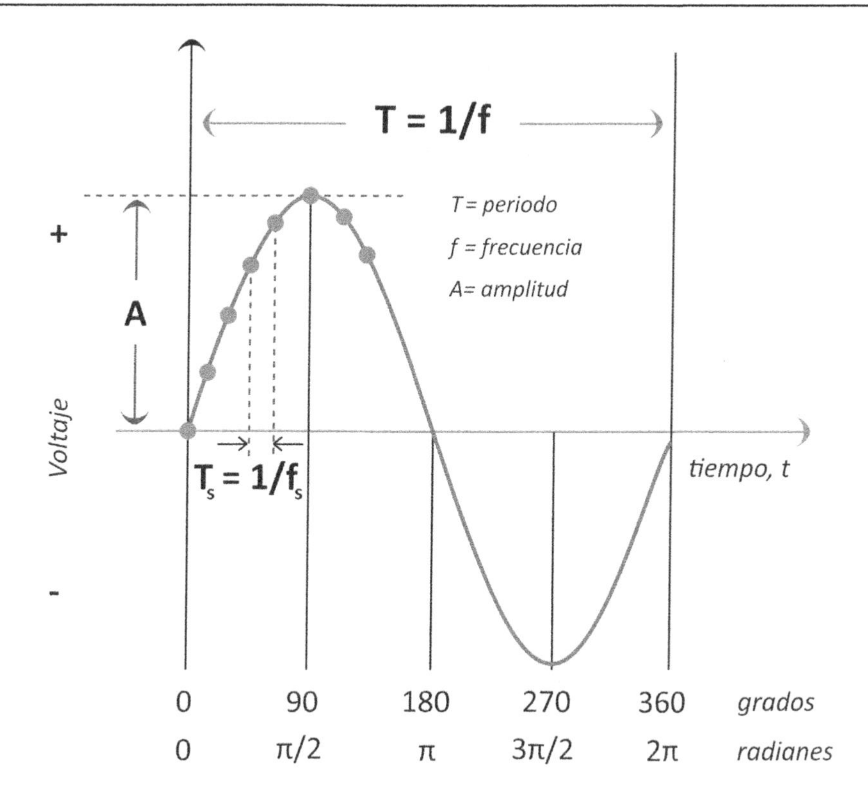

Figura 3.1. Representación gráfica de una señal

Tabla 3.1. Magnitudes de frecuencias			
1 Hz	$1x10^0$	1 Hertz	Hertz
1,000 Hz	$1x10^3$	1 KHz	Kilo Hertz
1,000,000 Hz	$1x10^6$	1 MHz	Mega Hertz
1,000,000,000 Hz	$1x10^9$	1 GHz	Giga Hertz
1,000,000,000,000 Hz	$1x10^{12}$	1 THz	Tera Hertz

Formas de onda

Las ondas son patrones que se repiten en alguna dimensión, ya sea en el tiempo, en el espacio o en la frecuencia. Existen ondas de sonido o acústicas, oceánicas, cerebrales y desde luego, ondas eléctricas y electromagnéticas. Una forma de onda *(waveform)* es la representación gráfica de una onda. Una forma de onda de una señal eléctrica se representará convencionalmente considerando el tiempo en el eje horizontal (*x*) y la amplitud en el eje vertical (*y*). Las formas de onda nos proporcionan información valiosa sobre una señal para conocer su comportamiento.

Los generadores de onda *(wave generator)* son circuitos electrónicos que son usados para generar señales a alguna determinada frecuencia y magnitud. Técnicamente hablando, las formas de onda son básicamente una representación visual de una señal en los dominios del tiempo, espacio o frecuencia. Si graficamos las variaciones de magnitud de la señal en eje *y* o vertical y el tiempo sobre eje *x* u horizontal, el resultado será la forma de onda de esa señal.

Una clasificación de las formas de onda según su variación en el eje vertical (magnitud) es la siguiente:

- **Formas de onda unidireccionales:** son siempre positivas o negativas, es decir, nunca cruzan el punto cero del eje horizontal. Las formas de onda más comunes son las señales cuadradas, rectangulares, dientes de sierra, pulsos de reloj y de disparo.
- **Formas de onda bidireccionales:** llamadas alternas o alternadas, ya que varían constantemente, cruzando el punto cero del eje horizontal y generando cambios en la amplitud. Tres de las formas de onda más comunes son: las senoidales, cuadradas y las triangulares.

En la Figura 3.2 se muestran algunas formas de onda. Las formas de onda cuadradas con ancho de los pulsos (negativos y positivos) que muestran el mismo periodo de tiempo (T), son simétricas, mientras que las ondas rectangulares son asimétricas. El pulso con la mayor amplitud es la parte negativa y el pulso con valor cero es la parte negativa. Las formas de onda de diente de sierra son una especie de triángulos rectángulos. La forma de onda senoidal es la más común y está representada por una onda tipo seno o coseno que toma valores positivos (0-180 grados) y negativos (180-360 grados). La forma de onda triangular son triángulos isósceles que fluctúan entre valores negativos y positivos. Independientemente de su forma de onda, todas incluyen tres características comunes: periodo, frecuencia y amplitud.

Representación de una señal

Una señal puede representarse en diferentes dominios o contextos. Sin embargo, en telecomunicaciones, la representación más común de una señal es en los dominios del tiempo y la frecuencia[6]. En el dominio del tiempo, el eje horizontal corresponde al tiempo medido en segundos (s), mientras que el eje vertical corresponde al voltaje. En el dominio de la frecuencia, el horizontal corresponde a la frecuencia medida en Hertz (Hz), mientras que el eje vertical corresponde a la potencia de transmisión, medida en Watts o decibeles (dB).

---

[6] *Una representación utilizada ampliamente en telecomunicaciones es la llamada "constelación", que permite conocer las componentes en fase y en cuadratura de las señales moduladas digitalmente.*

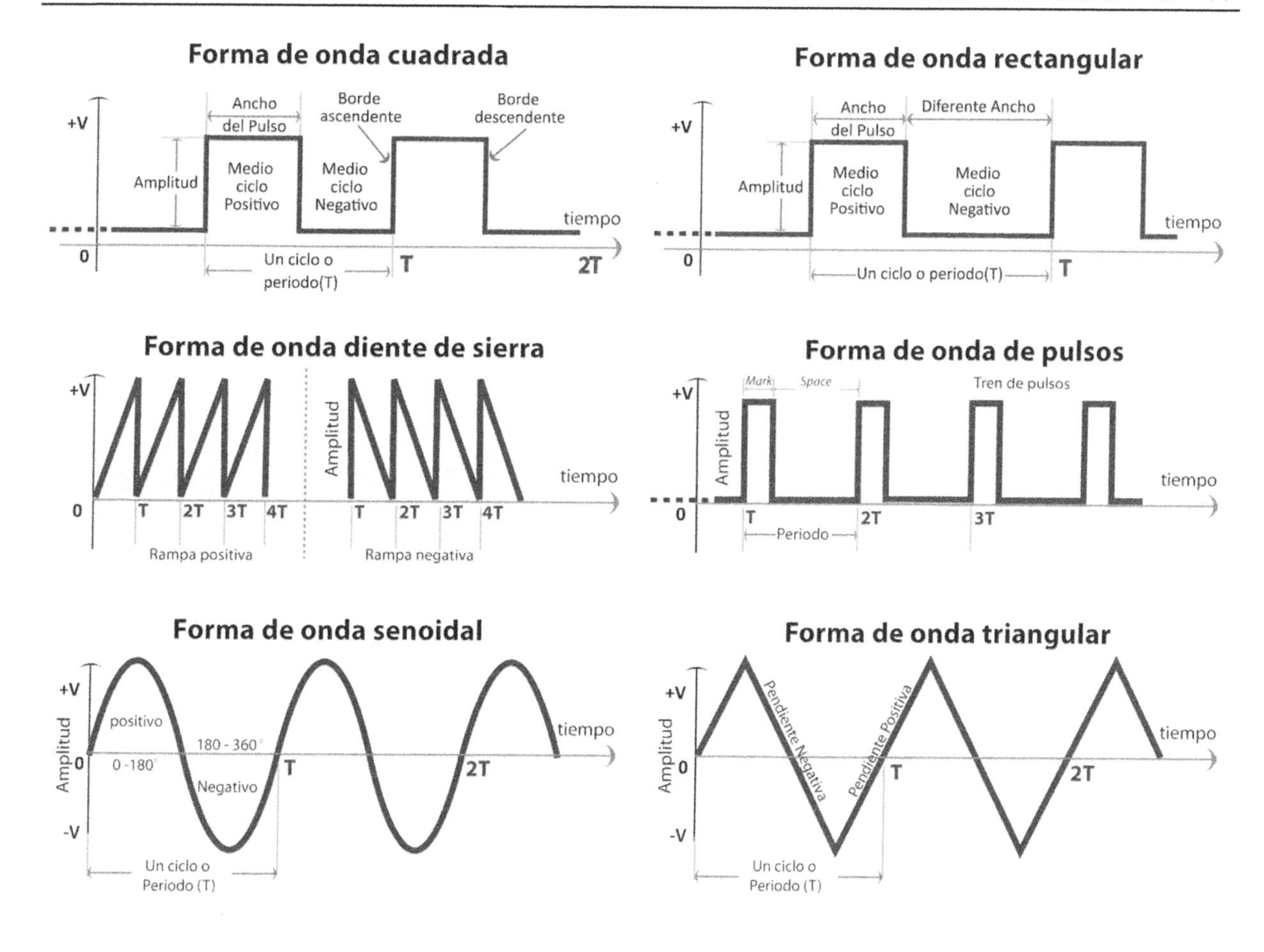

Figura 3.2. Formas de ondas más distintivas

Los equipos conocidos como osciloscopios se utilizan para representar gráficamente las señales en función del tiempo, mientras que los equipos de medición conocidos como analizadores de espectro *(espectrum analyzer)* sirven para representar las señales en función de la frecuencia.

Un osciloscopio es un equipo electrónico de prueba que permite la observación de señales que varían constantemente en el tiempo. La gráfica desplegada es usualmente de dos dimensiones. En el eje vertical, se despliegan las magnitudes de una señal. En el eje horizontal se despliega el tiempo en segundos.

Un osciloscopio puede realizar las siguientes funciones:

- Determinar el periodo y el voltaje de una señal.
- Establecer la frecuencia de una señal.
- Calcular el tiempo relativo entre señales.
- Medir la fase entre señales.

- Discernir qué parte de la señal es de corriente directa DC *(Direct Current)* y cuál corriente alterna AC *(Alternate Current)*.
- Estimar qué parte de la señal es ruido y cómo varía éste en el tiempo.
- Detectar la distorsión o fallas en el funcionamiento de un circuito electrónico.

Un analizador de espectro es un equipo utilizado para examinar la composición espectral de señales de naturaleza eléctrica, acústica u óptica. Esta representación en el dominio de la frecuencia permite visualizar parámetros de la señal que no son observables mediante un osciloscopio.

Los analizadores de espectro son útiles para medir la respuesta en frecuencia de equipos de telecomunicaciones, tales como amplificadores, filtros, acopladores, etc.; sirven también para comprobar la distribución y posición espectral de una frecuencia portadora con la ayuda de una antena.

El analizador de espectro utiliza el algoritmo conocido como transformada rápida de Fourier FFT *(Fast Fourier Transform)* para obtener la información espectral de una señal, es decir, el analizador de espectro efectúa una transformación del dominio del tiempo al dominio de la frecuencia. En la actualidad existe *software* disponible que simula la operación tanto de un osciloscopio como de un analizador de espectro.

Señales analógicas y digitales

Las señales eléctricas se clasifican también como analógicas y digitales. Las analógicas son aquéllas en las que la intensidad de la señal varía continuamente en el tiempo. En una señal digital la magnitud se mantiene continua durante un tiempo determinado, tras el cual la señal cambia a otro valor. Una señal digital puede ser representada por valores discretos, mientras que una señal analógica puede tomar una infinidad de valores en el tiempo o en amplitud.

La información contenida en una señal digital está relacionada con los estados discretos de la señal, tales como la presencia o ausencia de un voltaje, luz o cualquier suceso que represente un cambio entre dos estados.

Para convertir una señal analógica en una señal digital será necesario como paso inicial descifrar los valores asignados de los estados de la señal. En general, se asigna uno (1) cuando existe un estado de presencia de una magnitud, y cero (0) en el caso contrario. La combinación de estos dos estados se conoce como formato binario (0,1) y nos permitirá representar cualquier valor o conjunto de valores de la señal original.

A pesar de que vivimos en la era digital de las comunicaciones, no debemos hacer a un lado las señales analógicas, ya que se siguen usando ampliamente en las redes de comunicaciones. Las transmisiones sobre un cable coaxial, par trenzado o el aire son analógicas, y en algún momento hay que convertirlas a digital para su procesamiento en un equipo o en una computadora. De la misma manera, la información digital que sale de una computadora para ser transmitida vía satélite, cable o cualquier otro medio de comunicación, generalmente tendrá que ser convertida al formato analógico. A este proceso se le conoce como *conversión analógico-digital* y lo abordaremos más adelante.

Cuando escuchamos términos como televisión digital o telefonía digital nos referimos a que internamente los dispositivos procesan las señales digitalmente, pero la transmisión de la información por el medio de comunicación puede ser analógica. Más adelante veremos las ventajas de las señales digitales respecto a las analógicas.

La longitud de onda de una señal

La longitud de onda (λ) es un parámetro fundamental de una señal y se define, tomando como ejemplo una señal senoidal, como la distancia que existe entre cresta y cresta (los puntos más altos) o valle y valle (los puntos más bajos). Se mide en metros, pero también se representa en centímetros, milímetros o nanómetros. También puede verse, en el ejemplo de una señal senoidal, como la distancia entre los picos adyacentes en una serie de ondas periódicas (Figura 3.3).

La longitud de onda está representada por la siguiente fórmula:

$$\lambda = \frac{c}{f} \qquad (3.3)$$

Donde c es la velocidad de la luz (aproximadamente $3x10^8$ m/s, y f es la frecuencia en Hz (1/s).

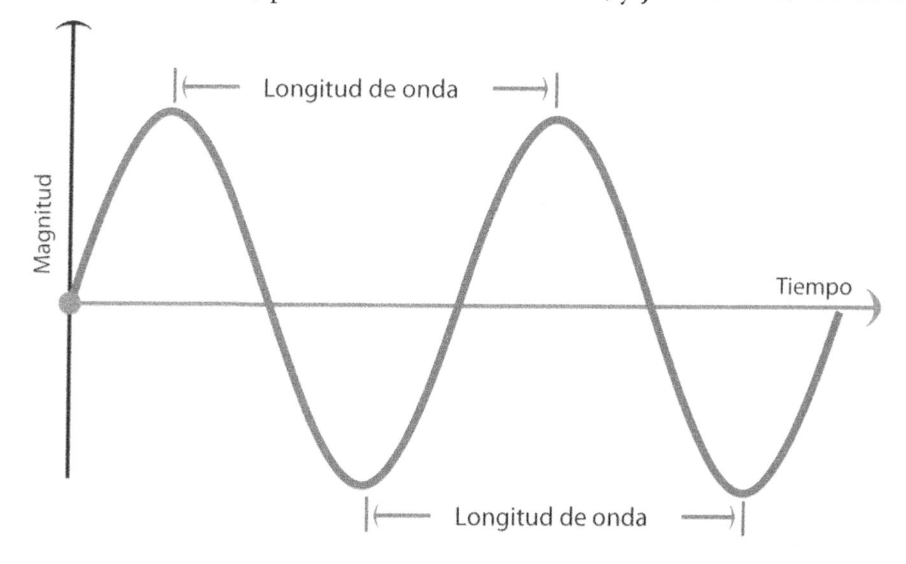

Figura 3.3. Longitud de onda de una señal

Cómo 1 Hz = 1/segundo, entonces, en la fórmula se elimina el tiempo (s) quedando únicamente la unidad de longitud (metros o sus submúltiplos). Como se ve claramente en la fórmula, la longitud de onda es inversamente proporcional a la frecuencia, lo cual significa que a mayor frecuencia, menor longitud de onda y viceversa.

Tenemos el ejemplo de una frecuencia de 100 MHz, que cae en el intervalo de la frecuencia modulada (FM). Utilizando la fórmula 3.3 tenemos:

$$\lambda = \frac{c}{f}$$
$$= 3x10^8\ m/s / 100x10^6\ (Hz=1/s)$$
$$= 3\ metros$$

Esto significa que una señal de FM de 100 MHz tiene una longitud de onda de 3 metros.

Ahora veamos una señal en el intervalo de frecuencias de satélite, f= $14x10^9$ GHz

$$\lambda = \frac{c}{f}$$
$$= 3x10^8\ m/s / 14x10^9\ (1/s)$$
$$= 0.0214\ metros$$
$$= 21.4\ milímetros$$

Las frecuencias utilizadas en las comunicaciones vía satélite caen dentro del intervalo de *microondas.*

En el caso de los llamados radios de dos vías, al usar la fórmula 3.3 con la frecuencia utilizada por este tipo de dispositivos (alrededor de 150 MHz) se tiene el siguiente resultado:

$$\lambda = \frac{c}{f}$$
$$= 3x10^8\ m/s / 150x10^6\ (1/s)$$
$$= 2\ metros$$

Una antena puede verse como un filtro llamado pasa banda, que acepta o rechaza ondas electromagnéticas en un intervalo específico de frecuencias. Una antena de recepción en FM sólo aceptará aquellas frecuencias en el intervalo de 88-108 MHz. En términos prácticos, una señal puede captarse a partir de un décimo de su longitud de onda (λ/10), y como la longitud de onda de una señal de FM es aproximadamente 3 metros, ésta dividida entre 10, resulta en antenas receptoras de 30 centímetros, que es el tamaño aproximado de una antena de radio casero.

3.3 Modos de transmisión

En las telecomunicaciones existen varios modos de transmisión, conocidos comúnmente por su terminología en inglés como *simplex*, *half duplex* y *full duplex*. Éstos determinan cómo se transmite o recibe la información de un punto A a un punto B, de acuerdo con el número de canales disponibles. A continuación se describen estos 3 modos.

- **Simplex (SX):** en una comunicación *simplex,* el flujo de la información es unidireccional: de A hacia B, o de B hacia A (Figura 3.4).

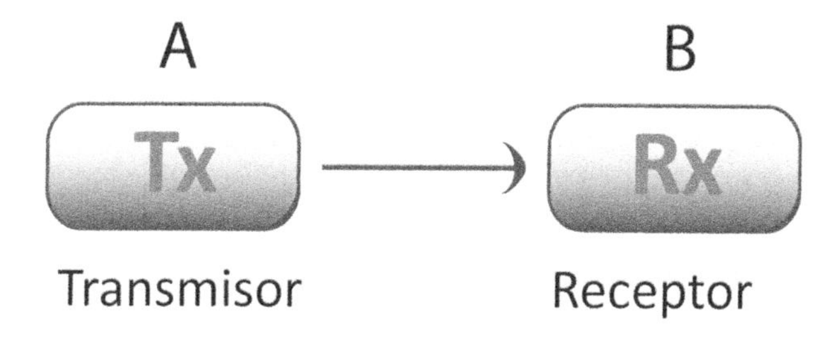

Figura 3.4. Modo de transmisión Simplex

- **Half duplex (HDX):** en una comunicación *half duplex,* el flujo de los mensajes es bidireccional. Aunque A y B tienen la capacidad de transmitir y recibir, sólo existe un canal en común por lo que deben turnárselo (Figura 3.5).

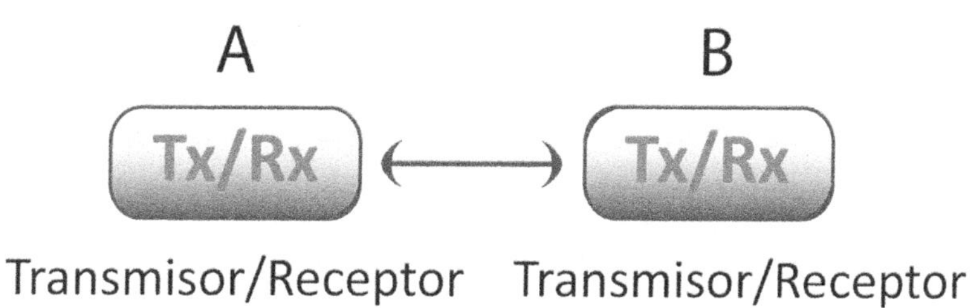

Figura 3.5. Modo de transmisión half duplex

- **Full duplex (FDX):** se caracteriza por una comunicación bidireccional, con la ventaja de que existe un canal para recibir y otro para transmitir; los cuales son independientes, el uno del otro (Figura 3.6).

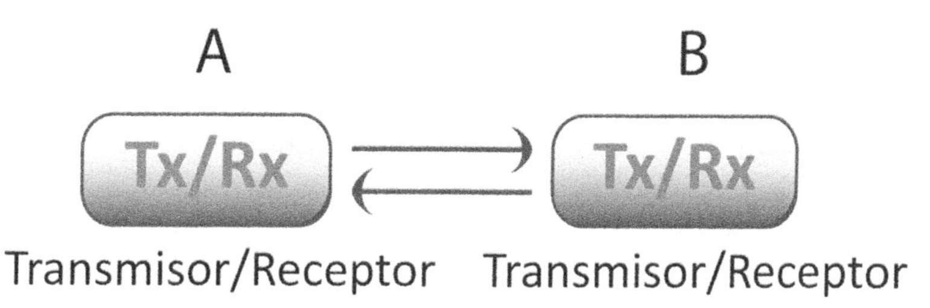

Figura 3.6. Modo de transmisión full duplex

Los ejemplos más comunes en el modo simplex son la televisión y el radio, donde el usuario sólo recibe la señal, pero no hay un canal de retorno. El ejemplo más típico del modo *half duplex* es el radio de dos vías y los llamados *walkie talkies*, en donde dos o más usuarios comparten un canal, pero sólo uno puede hablar. Por último, en la comunicación *full duplex* se tienen muchos ejemplos como la telefonía fija o móvil, donde ambos comunicantes pueden hablar al mismo tiempo, sin interrumpirse, ya que cada usuario lo hace por una canal diferente.

3.4 Ancho de banda

Ancho de banda es un concepto que se escucha bastante en el entorno de las telecomunicaciones y las redes. El concepto tiene dos significados:

- Ancho de banda de señal (ABS)
- Ancho de banda de canal (ABC)

Ancho de banda de señal

El ancho de banda de señal es medido en Hertz y se representa en el dominio frecuencial en el intervalo donde una señal tiene su mayor potencia (el eje vertical). Por ejemplo, el ancho de banda de una señal de FM (Frecuencia Modulada) es de 200 KHz. Si tomamos por ejemplo una frecuencia portadora de 101.5 MHz (frecuencia media), la frecuencia más alta estará en f_2=101.6 MHz y la más baja en f_1=101.4 MHz. La resta de f_2 - f_1 nos da precisamente el ancho de banda de señal esperado de 200 KHz.

En estos términos, el ancho de banda de señal es la diferencia de la frecuencia máxima y la frecuencia mínima (ABS= f_2-f_1), ver Figura 3.7.

Ancho de banda de canal

Cuando hablamos de ancho de banda de canal (ABC) nos referimos al intervalo de frecuencias que un canal puede soportar o procesar. Es de nueva cuenta la diferencia entre la frecuencia máxima y mínima. Por ejemplo el ancho de banda de un canal telefónico es 4 KHz y el de un canal de TV es de 6 MHz.

Para entender el concepto de ABC vamos a hacer una analogía con el concepto de "Gasto" que se utiliza en la energía hidráulica. El gasto es el volumen de un líquido que atraviesa una sección de un conductor en un segundo.

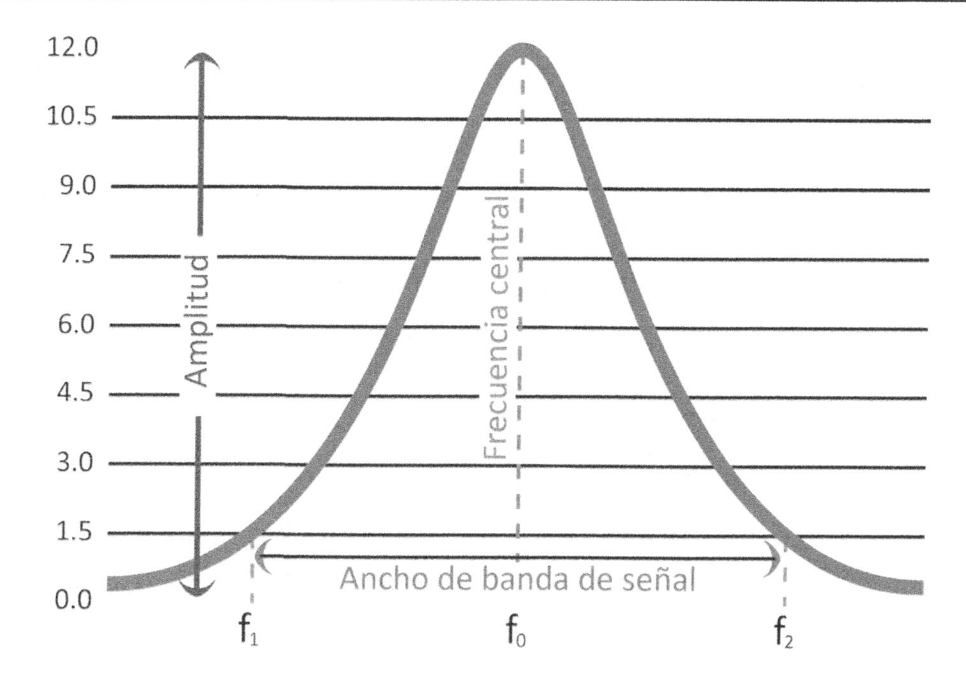

Figura 3.7. Ancho de banda de señal

Al gasto, también se le denomina flujo y su símbolo es:

$$Q = A \bullet v \qquad (3.4)$$

Donde A= área del conductor y v = velocidad con que fluye.

Entre mayor sea el área (diámetro) del tubo, mayor será la cantidad de líquido que lo atraviese en un segundo. De la misma manera, en telecomunicaciones, el ABC es la cantidad en Hz que un canal puede procesar; entre más capacidad tenga el canal, más *bits* por segundo pasarán por el. En resumen, cuando hablamos de ancho de banda, sus las unidades son Hertz, cuando nos referimos a capacidad de canal, las unidades son *bits* por segundo (bps). Los bps también se pueden expresar como Kbps (Kilobits por segundo), Mbps (Megabits por segundo), Gbps (Gigabits por segundo) o Tbps (Terabits por segundo). Excepto que como los *bits* son números binarios cuya base es 2, un Kbps no son 1,000 *bits*, sino 1024 *bits* o 2^{10} bps.

Si comparamos el ancho de banda de una señal de amplitud modulada (AM) de 10 KHz con uno de frecuencia modulada FM (200 KHz), observamos que el ancho de banda de la señal de FM es 20 veces mayor al de AM. ¿Qué representa esto? La señal de FM ocupa un mayor espacio para acomodar información y por lo tanto una mejor calidad del audio en las señales de FM.

3.5 La importancia de las radio frecuencias

Comprender el concepto de frecuencia es útil para entender las telecomunicaciones, ya que ésta es una parte importante en la transmisión de información; todos los servicios de telecomunicaciones (telefonía celular, televisión por cable, televisión vía satélite, etc.) y cualquier sistema de señales con frecuencias localizadas en alguna posición del espectro electromagnético.

Los sistemas de telecomunicaciones en el intervalo de radiofrecuencias son importantes en áreas como la aeronáutica, medicina, entretenimiento y otras. En la aeronáutica, las frecuencias de radio ayudan en la navegación de los aviones; en los aeropuertos, los operadores controladores de radio con la ayuda de un radar, guían a las aeronaves. En la medicina, tecnologías como ultrasonido, ultrasonido *Doppler*, rayos x y tomografías, ayudan a prevenir y diagnosticar enfermedades. En la música, las señales en frecuencias audibles son procesadas por los ingenieros de sonido en estudios de grabación, conciertos, etc. Tanto los instrumentos musicales como las diferentes tonalidades de la voz humana tienen sus intervalos de frecuencia específicos. Esto hace posible la grabación por separado de instrumentos y voces, para posteriormente integrarlos sin que exista interferencia entre ellos; en la música la suma de las diferentes frecuencias genera una melodía agradable a nuestros oídos.

Tabla 3.2. Intervalo de frecuencias (Hz) de audición (a 60 dB) de animales

Animal	Frecuencia (Hz)		
Pez gato	50	-	4,000
Atún	50	-	1,100
Caimán	20	-	6,000
Salamandra	10	-	10,000
Elefantes	16	-	12,000
Humano	20	-	20,000
Pingüino	100	-	15,000
Perro	67	-	45,000
Gato	45	-	64,000
Rata	500	-	64,000
Rató	2,300	-	85,500
Delfín del atlántico	75	-	150,000
Ballena beluga	1,000	-	123,000
Murciélago	2,000	-	131,000
Lepidópteros *(noctid moth)*	1,000	-	240,000

Fuente: The Nature of Sound - The Physics Hypertextbook
http://physics.info/sound/

La voz humana genera frecuencias en el intervalo de 300 Hz a 3,400 Hz, aunque para fines prácticos (e.g. telefonía) se considera un ancho de banda de 4,000 Hz. Las frecuencias de 0-300 Hz no son procesadas por los equipos de comunicación; las de 3,300 a 4,000 Hz son usadas por las compañías telefónicas para funciones de control y señalización.

La voz humana tiene diferentes registros aproximados. Las *sopranos* tienen un registro de voz en el intervalo de 250-1,175 Hz; las *mezzo-Soprano,* 222-880 Hz; las *contraalto,* 200-700 Hz; los *tenores,* 130-500 Hz; los *barítonos,* 110-425 Hz; los *bajos,* 80-350 Hz, etc. Algunos instrumentos musicales tienen los siguientes intervalos de frecuencia: *flauta* (261-2,349 Hz), *clarinete* (165-1,568 Hz), *trompeta* (165-988 Hz), *violín* (196-3,136 Hz), *piano* (28-4,196 Hz), etc.

En lo que respecta al oído humano, los seres humanos somos capaces de escuchar sonidos en el intervalo de frecuencias entre 20 Hz y 20,000 Hz. Los sonidos con frecuencias por encima del intervalo de recepción del oido humano son ultrasonidos; aquellos por debajo del intervalo del oído humano, infrasonidos.

Resulta interesante conocer las frecuencias que perciben algunos animales y nos asombraremos de su capacidad para percibir frecuencias que los humanos jamás alcanzaríamos (Tabla 3.2).

3.6 El decibel

Los decibeles son unidades utilizadas en las telecomunicaciones y la electrónica (así como en otras disciplinas) para representar relaciones entre magnitudes de señal. El nombre decibel deriva de *deci* (diez) y *bel* del apellido de Alexander Graham Bell, es decir, una décima parte de un bel.

Tabla 3.3. Nivel de decibeles para distintos eventos

Intensidad (dB)	Evento
0	Silencio total
20	Susurro
30	Conversación
50	Conversación en exteriores
70	Ruido en la calle
85	Umbral de audición del ser humano
90	Paso del trén
100	Taladro neumático
110	Despegue de un avión
120	Despegue un Jet, concierto Rock

Los decibeles son unidades relativas, es decir, representan a otra unidad absoluta como potencia en watts (dBW), voltaje (dBV), amperaje (dBA), intensidad de sonido, etc. El decibel no es una unidad lineal, sino logarítmica. La ventaja de los logaritmos es que pueden ser fácilmente sumados o restados, y además, el oído humano responde naturalmente a niveles de señal en una forma aproximadamente logarítmica.

En las telecomunicaciones y la electrónica, los decibeles son comúnmente utilizados para representar la potencia en Watts (dBW), o miliWatts (dBm). Para entender el comportamiento no lineal (logarítmico) de los dB, analicemos la Tabla 3.3 donde se presentan las intensidades de sonido de diferentes eventos.

Debido a que los decibeles no se comportan linealmente, un taladro neumático de 100 dB no tiene el doble de intensidad que un sonido de 50 dB. Más adelante, con unas sencillas ecuaciones nos daremos cuenta que cada 3 dB se dobla la magnitud de la potencia, es decir, un sonido con 53 dB tiene una magnitud del doble que un sonido de 50 dB.

Para el oído humano el umbral de audición permisible es 85 dB; expertos en audición aseguran que un ser humano no puede exponerse por más de 8 horas a este nivel de ruido, pues tendrá repercusiones en la salud.

De manera general, la relación en decibeles está dada por la siguiente fórmula:

$$Relación\,(dB) = 10log(\frac{P_2}{P_1}) \qquad (3.5)$$

Donde $\frac{P_2}{P_1}$ es la relación de la potencia medida o calculada (P_2) con respecto a la potencia de referencia (P_1).

Si la referencia son unidades de voltaje, sustituimos $P = V^2R$ en la fórmula anterior y obtenemos la ecuación 3.6:

$$Relación\,(dB) = 20log(\frac{V_2}{V_1}) \quad o\ dBV\ (referidos\ a\ 1\ Volt) \qquad (3.6)$$

Otros valores de referencia utilizados son:

dBμV Para denotar microvolts ($1x10^{-6}$ Volts).

dBmV Para remitir a milivolts ($1x10^{-3}$ Volts).

dBm Para señalar potencias menores a un Watts, expresadas en miliWatts ($1x10^{-3}$ Watts).

dBi El decibelio isotrópico mide la ganancia de una antena.

dB/Hz Indica la potencia de ruido de un ancho de banda de 1 Hz.

Para los ejercicios de esta unidad, utilizaremos únicamente el dBW (o simplemente dB) y dBmW (o simplemente dBm), referenciados a 1 Watt y un miliWatt, respectivamente.

Ganancia en potencia en decibeles

La ganancia en Potencia G de un amplificador es la razón entre la potencia de salida (P_2) y la potencia de entrada (P_1), donde $P_2 > P_1$

$$G = \frac{P_2}{P_1} \tag{3.7}$$

Figura 3.8. Ganancia de potencia en decibeles

Por ejemplo, si la potencia de salida (P_2) es de 15 Watts y la de entrada (P_1) de 0.5 Watts.

$$G = \frac{15\,W}{0.5\,W} = 30$$

Este resultado significa que la potencia de salida es 30 veces mayor que la de entrada; en otras palabras, la salida aumenta 30 veces la potencia de entrada y la caja negra G resulta ser un amplificador de potencia.

La ganancia en decibeles se puede definir como:

$$G = 10log_{10}(P) \tag{3.8}$$

Donde P es la potencia en Watts y G es la ganancia en potencia.

La ganancia G es adimensional tal y como se observa en la ecuación 3.7.

Esta misma fórmula se utiliza para convertir Watts a decibeles. Donde P es la potencia en Watts.

$$P(dB) = 10log_{10}(P(Watts)) \tag{3.9}$$

Para convertir decibeles a Watts, utilizamos el antilogaritmo.

$$P(Watts) = 10^{P(dB)/10} \qquad (3.10)$$

donde P está dado en decibeles

Si le ponemos valores a la fórmula para darnos cuenta del comportamiento de los decibeles, tenemos:

$P(dB) = 10 \cdot log10(P(Watts))$
$Si\ P = 2\ Watts,\ P(dB) = 10 \cdot log\ (2) = 3\ dB$
$Si\ P = 4\ Watts,\ P(dB) = 10 \cdot log\ (4) = 6\ dB$
$Si\ P = 8\ Watts,\ P(dB) = 10 \cdot log\ (8) = 9\ dB$
$Si\ P = 16\ Watts,\ P(dB) = 10 \cdot log\ (16) = 12\ dB$
$Si\ P = 32\ Watts,\ P(dB) = 10 \cdot log\ (32) = 15\ dB$

Con estos cinco ejemplos nos damos cuenta que cuando aumentamos al doble la potencia en Watts, la potencia en decibeles se aumenta 3 dB. Mientras los Watts se comportan linealmente, los decibeles se comportan logarítmicamente.

Ahora bien:

$Si\ P = 10\ Watts,\ P(dB) = 10 \cdot log\ (10) = 10\ dB$
$Si\ P = 100\ Watts,\ P(dB) = 10 \cdot log\ (100) = 20\ dB$
$Si\ P = 1000\ Watts,\ P(dB) = 10 \cdot log\ (1000) = 30\ dB$
$Si\ P = 10000\ Watts,\ P(dB) = 10 \cdot log\ (10000) = 40\ dB$

Bajo el mismo comportamiento anterior, vemos en estos cuatro ejemplos que cada vez que aumentamos al cuadrado la potencia en Watts, la potencia en decibeles se aumenta 10 dB.

Pérdida de potencia en decibeles

¿Hay decibeles negativos? Cuando existen, la ganancia de potencia es menor que la unidad, por lo tanto, la caja negra (G) se comporta como un atenuador de potencia (Figura 3.9).

Por ejemplo, si la potencia de salida es 1.5 Watts para una potencia de entrada de 3 Watts se tiene:

$$G = \frac{P_2}{P_1} \qquad donde\ P_2 > P_1 \qquad (3.11)$$

Figura 3. 9. Pérdida de potencia en decibeles

Ejemplo: $G = 1.5\ W / 3\ W = 0.5$

Utilizamos la fórmula siguiente para ver el comportamiento de los decibeles:

$P(dB) = 10 \cdot \log_{10}(P(Watts))$
$Si\ P = 0.50\ Watts,\ P(dB) = 10 \cdot \log(0.5) = -3\ dB$
$Si\ P = 0.25\ Watts,\ P(dB) = 10 \cdot \log(0.25) = -6\ dB$
$Si\ P = 0.125\ Watts,\ P(dB) = 10 \cdot \log(0.125) = -9\ dB$
$Si\ P = 0.0625\ Watts,\ P(dB) = 10 \cdot \log(0.0625) = -12\ dB$

¿Qué observamos en estos ejemplos? Cada vez que disminuimos a la mitad la potencia en Watts, los decibeles disminuyen 3 decibeles. En telecomunicaciones y electrónica se utilizan unidades llamadas dBm (o dBmW). Es decir, los decibeles están referidos ahora a un miliWatt (mW). En lo sucesivo nos referiremos a los dBmW, simplemente como dBm.

La ecuación para transformar miliwatts a dBm sería la siguiente:

$$P(dBm) = 10 log_{10} \frac{P(Watts)}{1\ mW} \qquad (3.12)$$

Por ejemplo, si la potencia es de 0.5 Watts, entonces:

$P = 10 \log(0.5/0.001) = 10 \log 500 = 27\ dBm$
$Si\ P = 0.25\ W,\ P(dBm) = 10 \cdot \log(250) = 24\ dBm$
$Si\ P = 0.125\ W,\ P(dBm) = 10 \cdot \log(125) = 21\ dBm$
$Si\ P = 0.0625\ W,\ P(dBm) = 10 \cdot \log(62.5) = 18\ dBm$

Es decir -3 dB = -27 dBm; -6 dBm = 24 dBm; - 9 dB = 21 dBm, y así sucesivamente.

Ahora veremos a ver la importancia y facilidad de utilizar dB en vez de unidades absolutas (Watts o miliWatts).

Suponga que tenemos 2 amplificadores en cadena. El primero tiene una ganancia de 20 dB y el segundo, de 25 dB.

Figura 3.10. Ejemplo de dos amplificadores en cadena

Si la potencia de entrada es de 10 dB, ¿cual será la potencia de salida en dB?

Primero hagamos las operaciones utilizando sólo Watts.

Para determinar la ganancia del amplificador, tenemos que multiplicar sus potencias en Watts; para eso transformaremos los valores a Watts.

$$P_{entrada}(Watts) = 10^{10\,dB/10} = 10\ Watts$$
$$G_{amp1}\,(Watts) = 10^{P(dB)/10} = 10^{20\,dB/10} = 10^{2} = 100$$
$$G_{amp2}\,(Watts) = 10^{P(dB)/10} = 10^{25\,dB/10} = 10^{2.5} = 316.227$$
$$G = G_{amp1}\ x\ G_{amp2} = 100\ x\ 316.\ 227 = 31600.227$$
$$P_{salida} = P_{entrada}\ x\ G = 10\ x\ 31600.227 = 316{,}000.227\ Watts$$
$$= 10 \cdot log(316{,}000.227) = 55\ dB$$

Ahora, sí hacemos la operación utilizando puros decibeles, sin olvidar que no podemos mezclar unidades absolutas con unidades relativas (dB) al hacer operaciones.

En este caso, la ganancia total del amplificador resulta:

$$G = G_{amp1} + G_{amp2}$$
$$P_{salida} = P_{entrada} + G = 10\ db + (20\ dB + 25\ dB) = 55\ dB$$

Con decibeles se necesitó una simple suma de ganancias para obtener el resultado final. Ésta es la razón del uso amplio de los decibeles en las telecomunicaciones y en la electrónica. En una ecuación donde aparezcan decibeles, las sumas de éstos son *ganancias* y las restas, son *pérdidas*. La potencia final en un circuito es básicamente la sumatoria de ganancias menos las pérdidas en decibeles.

3.7 Teorema de Nyquist

Harry Nyquist (1889-1976) nació en Nilsby, Suecia. En 1907 emigró a los EUA; poco después, en 1912, entró a laborar a la Universidad de Dakota del Norte. En 1917 recibió un Ph.D en física por la Universidad de Yale. Entre los años 1917 y 1934 ingresó a trabajar a los laboratorios Bell de AT&T donde desarrolló varias investigaciones muy importantes relacionadas con el ruido térmico en conductores eléctricos, regeneración de amplificadores, telegrafía, facsímil, televisión, etcétera.

En 1927, Nyquist determinó que el número de pulsos independientes que podrían pasar a través de un canal telegráfico estaba limitado por dos veces el ancho de banda del canal. Este teorema *(Certain topics in telegraph transmission theory)* fue publicado en 1928 y demostrado formalmente por Claude E. Shannon en 1949 *(Communication in the presence of noise)*.

El teorema del muestreo *(sampling theorem)*, como se le llamó posteriormente, o bien, teorema del muestreo de *Whittaker-Nyquist-Kotelnikov-Shannon, Teorema de Shanon-Nyquist* o simplemente teorema de Nyquist es fundamental en las telecomunicaciones y en especial en la transmisión de información.

El teorema de Nyquist afirma: "una señal analógica puede ser reconstruida, sin error, de muestras tomadas en iguales intervalos de tiempo. La razón de muestreo debe ser igual o mayor, al doble del ancho de banda de la señal analógica."

En otras palabras, el teorema del muestreo define que para una señal de ancho de banda limitado, la frecuencia de muestreo (f_m) debe ser mayor o igual a dos veces su ancho de banda.

$$f_m \geq 2B \tag{3.13}$$

Donde f_m es la frecuencia de muestreo y B es el ancho de banda de señal medido en Hertz.

Si tomamos como ejemplo la voz humana, su ancho de banda es de aproximadamente 4,000 Hz. Entonces, su razón de muestreo será $2 \cdot B$= 2·(4,000 Hz) = 8,000 Hz = 1/8,000 segundos, recordemos que 1 Hz = 1/s.

Entonces, la frecuencia de muestreo para la voz humana debe ser mayor o igual a 8,000 Hz, equivalente a 8,000 muestras por segundo; se deben tomar muestras a la señal de voz, al menos cada a 0.000125 segundos.

Como habíamos visto anteriormente, los sistemas de telecomunicaciones y redes son una combinación de sistemas analógicos y digitales. Por lo tanto, hay que realizar conversiones de analógico a digital (o viceversa), cuantas veces sean necesarias.

Para que una señal analógica pueda ser transmitida por un sistema de telecomunicaciones y recibida con calidad, será necesario que ésta sea muestreada correctamente. Si se toman pocas muestras (submuestreo) a la señal, el resultado será una señal diferente a la original; si son excesivas (sobremuestreo), la señal recibida tendrá información innecesaria o redundante (Figura 3.11). En los casos de submuestreo o sobremuestreo se generan efectos nocivos en la señal conocidos como interferencias entre símbolos *(intersymbol interference)*.

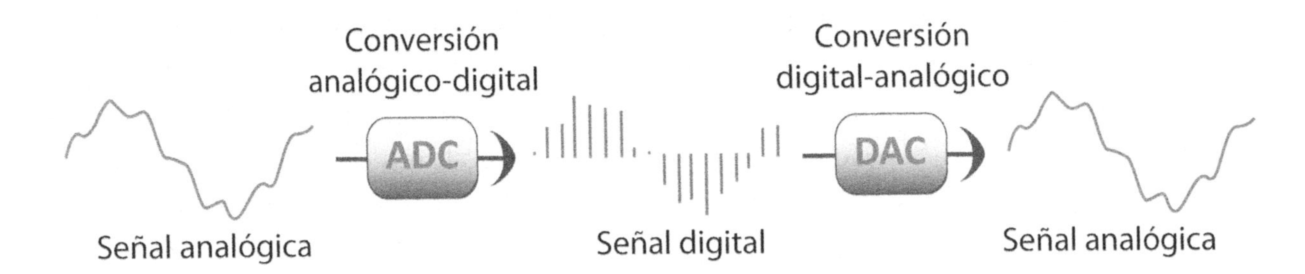

Figura 3.11. Aplicación del teorema de Nyquist

Un ejemplo de aplicación del teorema del muestreo lo podemos ver en la industria de cine. En este caso, las imágenes en movimiento son muestreadas en el tiempo en 24 cuadros por segundo. ¿Cómo se vería una película con 15 cuadros por segundo o con 50 cuadros por segundo? En el primer caso, con menos cuadros, la película se vería como en cámara rápida, como las películas del cine mudo de *Charles Chaplin* y *Buster Keaton*. En el segundo caso, una película a 50 cuadros por segundo, se vería bien, pero serían muchos cuadros innecesarios, desperdiciando más película o más ancho de banda. Para el ojo humano es suficiente percibir una película de 24 cuadros en un segundo.

En las telecomunicaciones, se debe encontrar el muestreo correcto para que una señal pueda ser transmitida y recuperada con el mínimo error en el otro extremo. Todo esto es posible si se observa y se aplica adecuadamente el Teorema de Nyquist.

El teorema de Nyquist en la música

El teorema de Nyquist encuentra aplicaciones prácticas en la industria musical. En la música al convertir formatos analógicos (acetato, *cassettes*, cintas magnéticas) a formatos de almacenamiento digital como el CD o DVD se utiliza el muestreo la técnica de muestreo para convertir formatos sin compresión a otros con compresión como el MP3.

Recordemos que el oído humano es capaz de detectar sonidos en el intervalo de frecuencias de 20 Hz a 20 KHz. De acuerdo con el teorema de Nyquist, uno puede muestrear la señal al menos a 40 KHz para reconstruir la señal musical aceptable al oído humano. Los componentes a más KHz no podrán ser detectados y contaminarían la señal.

El estándar *de facto* establecido para la industria de la música es la frecuencia de muestreo de 44,100 Hz[7]. Cualquier músico conoce el trabajo de los Beatles, pero pocos saben acerca de Harry Nyquist, su teorema y su gran legado a la industria de la música.

3.8 Conversión analógico-digital

En una red de transmisión de información se encuentran muchos dispositivos que funcionan con señales analógicas como digitales; por lo tanto, si se quiere transmitir una señal en un formato digital será necesario convertir la información de analógico a digital y viceversa. Esta función le corresponde a un dispositivo conocido como ADC *(Analog to Digital Converter)* que convierte las señales continuas (analógicas) a señales discretas (digitales). La función inversa de convertir señales digitales a analógicas es desempeñada por el DAC *(Digital to Analog Converter)* (Figura 3.11).

Para comprender mejor las diversas conversiones que se hacen de digital-analógico-digital en un sistema, veremos un ejemplo con un servicio que utilizamos a diario, la telefonía celular. Cuando se hace una llamada, el equipo móvil envía la petición de comunicación por el aire a la radio base más cercana. Esta señal es convertida de analógica a digital en tal radio base y después, otra vez, a analógica para transmitirla a la oficina central de conmutación móvil. Aquí vuelve a convertirse a digital, luego a analógica para así enviarse a la radio base más cercana al celular destino. (Figura 3.12).

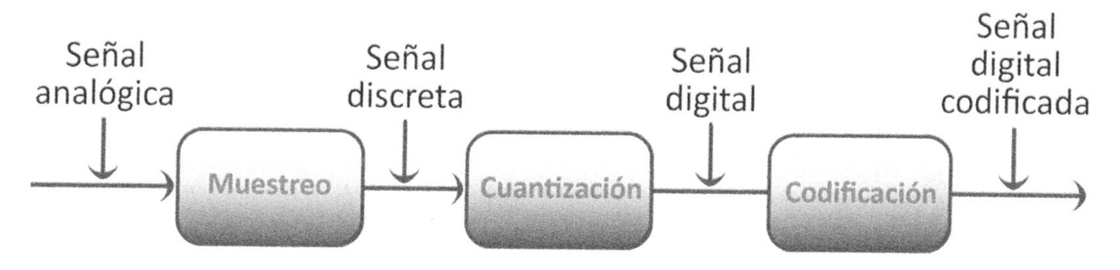

Figura 3.12. Diagrama esquemático de la conversión analógico-digital

¿Contaron la cantidad de veces que se utilizó un ADC y un DAC en este sencillo proceso de hacer una llamada de celular a celular? Quizá hayamos olvidado algunos procesos de conversión en este ejemplo, pero lo básico es que cuando se inicia la conversación, la voz humana en formato analógico es convertida a digital, por los circuitos del celular, y viceversa: el celular digital convierte dicha señal a analógica para finalmente hacerla llegar a la bocina del teléfono y ser escuchada por el usuario.

---

[7] *Estándar establecido por la compañía Sony en 1979 para discos compactos, tras un debate con la compañía Phillips.*

Procesos en la conversión analógico-digital

Existen tres fases o procesos importantes en la conversión de una señal analógica a otra digital.

- Muestreo
- Cuantización
- Codificación

El **muestreo** consiste en aplicar el Teorema de Nyquist a la señal en particular, en otras palabras: "el muestreo convierte una señal continua en una señal discreta tomando muestras de las señales continuas en el tiempo a instantes de tiempo discretos" (Figura 3.13).

La **cuantización** es el proceso de aproximar o "mapear" un intervalo de valores continuos a un intervalo de valores discretos (Figura 3.14).

La **codificación** es la representación numérica de la cuantización utilizando códigos ya establecidos y estándares. (Figura 3.14).

En la Tabla 3.4 se representan los números del 0 al 7 con su respectivo código binario. Nótese que, con 3 *bits*, podemos representar ocho estados o niveles de cuantización.

En general:

$2^{(n)}$ = Niveles o estados de cuantización, donde n es el número de *bits*.

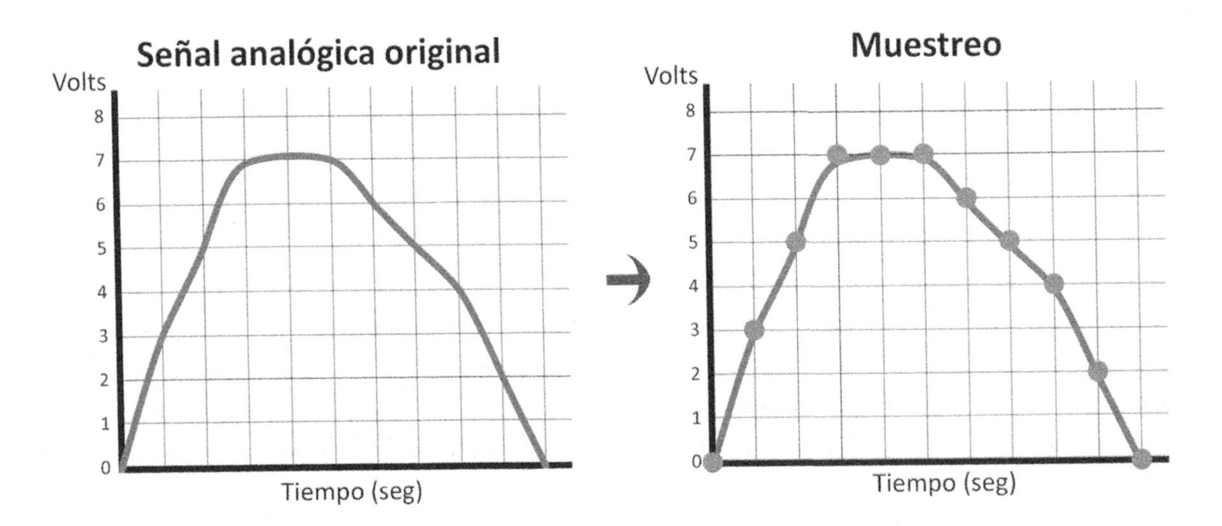

Figura 3.13. Muestreo de una señal analógica

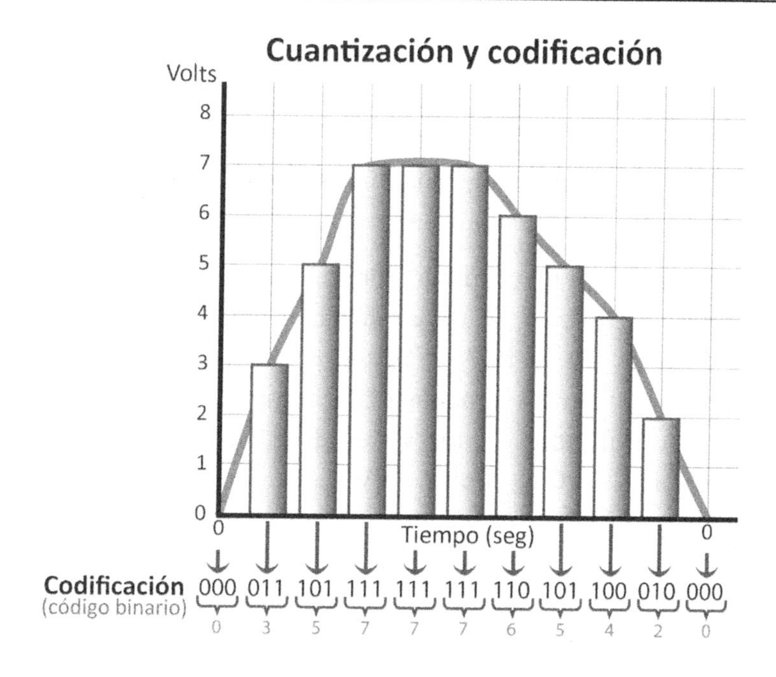

Figura 3.14. Cuantización y muestreo de una señal

Dependiendo de la aplicación, pueden utilizarse códigos de 8, 16, 32 o 64 *bits*. La voz en una conversación telefónica se codifica a 8 *bits*[8], la música a 16 *bits*. Entre más *bits* hay, más niveles de cuantización y mejor calidad de la señal, pero también se utiliza mayor ancho de banda.

Tabla 3.4. Representación decimal-binaria a 3 *bits*

Número decimal	Código binario
0	000
1	001
2	010
3	011
4	100
5	101
6	110
7	111

[8] *Formato PCM básico*

Para entender mejor los conceptos, veamos un ejemplo con la música y los formatos digitales de compresión de audio. Un Disco Compacto CD (*Compact Disc*) de audio es un formato de almacenamiento digital que diseñó la compañía Phillips y que permite un almacenamiento aproximado de 700 Mbytes. La música grabada en un CD es codificada a 16 *bits*, con 44,100 muestras por segundo y en calidad estereofónica (2 canales).

El formato para almacenar audio en una computadora se llama WAV *(Waveform Audio file format)*, desarrollado por Microsoft e IBM. El WAV es sin compresión y utiliza el mismo formato de codificación que en la telefonía fija, el PCM *(Pulse Code Modulation)*. El tamaño de los archivos WAV sin compresión coincide con los tamaños de las pistas de audio en los CD de audio. Los archivos WAV pueden ser codificados en una variedad de formatos de audio, tales como MP3, WMA *(Windows Media Audio)*, Ogg Vobis, AAC *(Advanced Audio Coding)*, MIDI *(Music Instrument Digital Interface)*, ATRAC *(Adaptive Transform Acoustic Coding 3)*, entre los más conocidos.

La capacidad de un disco compacto, según las especificaciones del formato PCM está dada por la siguiente fórmula:

$$\textit{Capacidad del CD} = \textit{Codificación} \cdot \textit{muestreo} \cdot \textit{No.Canales (bps)} \qquad (3.14)$$
$$\textit{Capacidad del CD} = 16\ \textit{bits} \cdot 44{,}100\ \textit{Hz} \cdot 2\ \textit{canales} = 1{,}411{,}200\ \textit{bps} = 1.4\ \textit{Mbps}$$

Los archivos WAV ocupan alrededor de 10 Megabytes de espacio por cada minuto de tiempo de reproducción.

$$\textit{1 minuto de audio} = 2\ \textit{bytes}^{9} \cdot 44{,}100\ \textit{Hz} \cdot 2\ \textit{canales} \cdot 60\ \textit{segundos} = 10{,}584{,}00\ \textit{bytes} \approx 10\ \textit{Megabytes}$$

En la Tabla 3.5 se muestra la conversión a diferentes tasas de bit en formato MP3 comparado con el formato WAV sin comprimir. El proceso de convertir una o varias pistas de un disco compacto se le conoce como *"rip"*. Muchas aplicaciones o programas para convertir formatos de música tienen varios parámetros:

- Formato (MP3, WMA, OGG, etc.).
- Frecuencia de muestreo (Nyquist está presente, 11025 Hz, 22050 Hz, 32000 Hz, 44100 Hz, 48000 Hz).
- Tasa de *bits* (64 Kbps, 96 Kbps, 128 Kbps, 160 Kbps, 320 Kbps).

---

[9] *2 bytes es equivalente a 16 bits*

- Número de canales (2 estéreo, 1 monoaural).

Para llevar a cabo el *ripping* es común en la música utilizar la tasa de *bits* de 128 Kbps que es aproximadamente una onceava parte de 1.4112 Mbps (11:1), lo cual nos da aproximadamente un Megabyte por minuto. Se pueden utilizar tasas de *bits* más altas o más bajas. Una tasa de *bits* más alta nos dará mejor calidad, pero más megabytes por minuto; una menor tasa redundará en una menor calidad y espacio en términos de ancho de banda. La tasa de *bits* de 128 Kbps nos da una buena calidad con merma de espacio en disco. El oído humano cómun es incapaz de percibir diferencias entre un audio grabado en WAV o en MP3 con 128 Kbps, pero los ingenieros de sonido y los músicos sí logran percibir claras diferencias.

Tabla 3.5. Comparación de conversiones WAV-MP3 a diferentes tasas de *bits*

Formato	Tasa de *bits*	Razón de compresión	Tamaño/minuto	Calidad
WAV	1.4112 Mbps	1:1	10 Mb	Excelente
MP3	320 Kbps	5:1	2 Mb	Excelente
MP3	160 kbps	9:1	1.5 Mb	Muy Buena
MP3	128 kbps	11:1	1 Mb	Calidad CD estándar
MP3	96 kbps	15:1	700 Kb	Casi calidad CD
MP3	64 kbps	22:1	400 Kb	Calidad FM radio

Gracias a la compresión se pueden obtener calidades equivalentes optimizando el ancho de banda o el espacio en disco. Un CD con MP3/128 Kbps daría alojamiento a más de 200 canciones, mientras que un CD/WAV a menos de 20 canciones.

Como práctica para el lector resultaría interesante descargar por Internet un programa de *ripping* y jugar con los parámetros (frecuencia de muestreo, tasa de *bits* y el número de canales) y probar la calidad del audio y el espacio en disco (Mbytes) en cada prueba.

La tendencia en los codificadores de audio es bajar la tasa de *bits* para optimizar el espacio en disco, pero sin sacrificar la calidad.

Ventajas de la comunicación digital

Trabajar con información digital tiene ventajas significativas respecto a las señales analógicas. Algunas son las siguientes:

- **Inmunidad al ruido:** las señales analógicas son más susceptibles al ruido de amplitud, frecuencia y variaciones de fase que los pulsos digitales. Con la transmisión digital no se necesita evaluar esos parámetros con tanta precisión como en la transmisión analógica. En cambio, los pulsos recibidos se evalúan durante un intervalo de muestreo y se hace una sola determinación si el pulso está arriba (1) o abajo (0) de un umbral específico.
- **Almacenamiento y procesamiento:** con los dispositivos disponibles en la actualidad, las señales digitales pueden guardarse y procesarse más fácilmente que las señales analógicas. Al ser las señales digitales valores discretos, 0 ó 1, éstos pueden almacenarse en medios de gran capacidad como los CD, DVD, memoria *flash*, etc. Los paquetes de 0s y 1s pueden comprimirse utilizando algoritmos para optimizar su ancho de banda.
- **Regeneración:** los sistemas digitales utilizan la regeneración de señales para recuperar la señal en el receptor; por lo tanto, producen un sistema resistente al ruido.
- **Medición y evaluación:** con el avance de equipos y técnicas de medición digitales y *software* de medición de nueva generación, la medición de señales digitales se puede llevar a cabo con precisión y exactitud. Estos equipos permiten evaluar el desempeño de los sistemas en relación a la detección y corrección de errores.
- **Mayor eficiencia:** los equipos que procesan digitalmente consumen menos potencia, son más pequeños y en general de menor costo.

3.9 Relación señal a ruido

La relación señal a ruido SNR o S/N *(Signal to Noise Ratio)* es la razón entre el valor máximo de la potencia de una señal y el valor de la potencia del ruido existente en el sistema. La relación señal a ruido es una medida de la calidad de una señal donde se relaciona a la potencia máxima con el ruido (Figura 3.15).

$$SNR = S/N \tag{3.15}$$

En decibeles, SNR es equivalente a:

$$SNR = 10\, log_{10}\, (\frac{S}{N}) \tag{3.16}$$

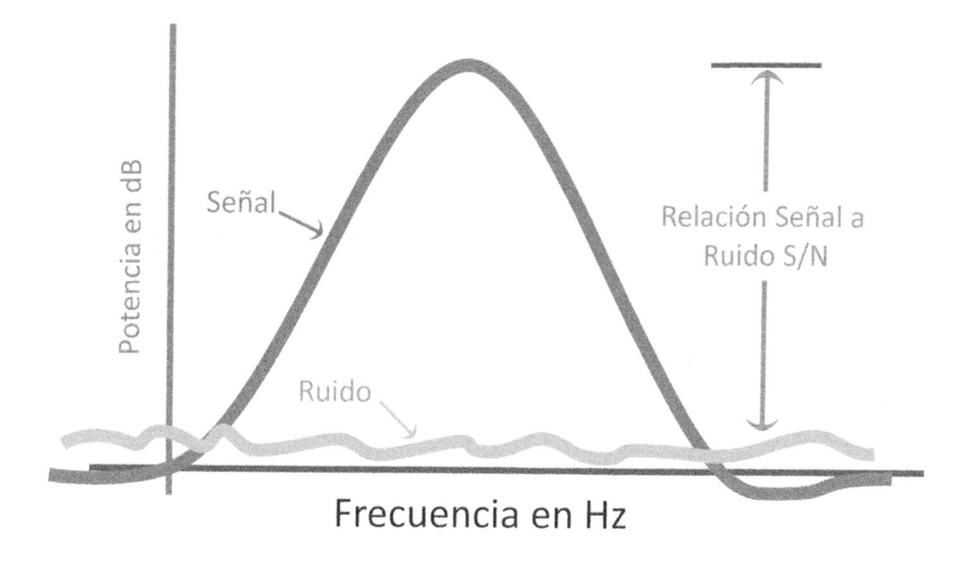

Figura 3. 15. Relación señal a ruido

La relación señal a ruido puede considerarse como *una medida de calidad de una señal*, ya que a mayor separación de la señal con respecto al ruido, mejor calidad del sistema.

Otro término importante es el factor conocido como C/N, donde C es la potencia de la portadora *(carrier power)* y N es la potencia del ruido de piso. En este caso, cuando la señal es transportada sobre una señal conocida como portadora *(carrier)* —por ejemplo una comunicación satelital o microondas terrestre— la medida de la calidad es llamada CNR o C/N.

$$CNR = C/N \quad (Carrier\ to\ Noise\ Ratio) \tag{3.17}$$

La relación C/N (en decibeles) se expresa usando la siguiente ecuación.

$$Log(A/B) = Log\,A - Log\,B \tag{3.18}$$

Por lo tanto la fórmula de C/N en decibeles se expresa como:

$$C/N = C - N \quad dB \tag{3.19}$$

Por ejemplo si una señal tiene un nivel máximo de potencia de 90 dB y el ruido está en su nivel mínimo o de piso de 13 dB, la relación portadora a ruido será:

$$C/N = 90\,dB - 13\,dB = 87\,dB$$

Para comprender el concepto de SNR, veamos el ejemplo de dos medios de almacenamiento de audio: el *cassette* y el disco compacto. El *cassette* tiene un nivel de S/N de 45 dB, mientras que el CD de 90 dB.

En la Figura 3.16 se muestra que a pesar que la máxima potencia de ambos medios *(Cassette* y CD) están al mismo nivel de referencia, o la misma potencia (imagínese dos aparatos de sonido al mismo volumen), la calidad de una señal no es determinada por su intensidad de volumen, sino por la diferencia entre el máximo nivel de potencia y el ruido. Un *cassette* "genera" más señal de ruido que un disco compacto. En el *cassette* existe un contacto directo entre la cinta magnética y la pastilla de reproducción.

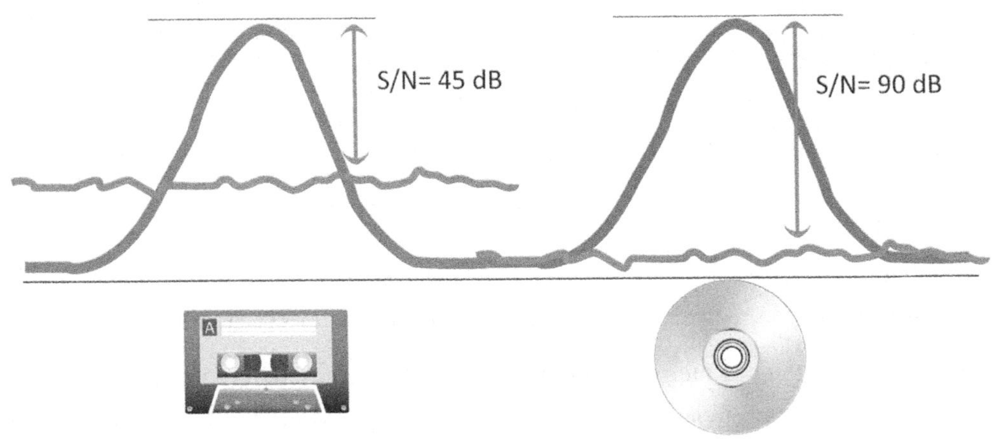

Figura 3.16. Comparación de dos medios de almacenamiento de audio

En el disco compacto no existe un contacto físico entre el disco y el haz de luz. El CD tiene menos pérdidas, por lo que su calidad de reproducción es mayor. El *audio-cassette*, una tecnología alemana introducida en los años sesenta por la compañía Phillips, fue mejorada con la introducción de tecnologías para la reducción del ruido, incrementándose su calidad en la década de los setenta. Esta tecnología patentada es conocida comercialmente como *Dolby Noise Reduction* (DNR), desarrollada por los Laboratorios Dolby de su fundador Ray Dolby. Los métodos de reducción de ruido de Dolby son utilizados en la industria del cine y en los sistemas de reproducción de audio y de televisión vía satélite. Reducir los efectos del ruido ha sido una labor de los ingenieros para brindar la mejor calidad en la transmisión de información y, en este caso, en la reproducción de audio y video.

En comunicaciones digitales, la relación señal a ruido esta relacionada a la relación de errores de bit BER *(Bit Error Rate)*. La medición del BER es crítica en los equipos de fibra óptica, radio enlaces o cualquier sistema donde se transmitan datos sobre una red y estén expuestos al ruido, interferencia y otros factores externos que degraden la calidad de la señal.

El BER es una medición del número de errores que se producen en una cadena de *bits*. La tasa de error de *bits* se puede representar con la siguiente fórmula.

$$BER = número\ de\ errores\ /\ número\ total\ de\ bits\ transmitidos \quad (3.20)$$

Por ejemplo, un BER de $1x10^{-3}$ (1/1000) equivale a un error por cada 1000 *bits* enviados. Un BER de $1x10^{-9}$ equivale a un error por cada mil millones de *bits* transmitidos. Un sistema con un BER de $1x10^{-9}$ tendrá más calidad que uno de $1x10^{-3}$. El BER también puede ser visto como la probabilidad de error del sistema.

Otro parámetro utilizado en comunicaciones digitales es el Eb/N_0. La energía del bit (Eb) puede ser determinada al dividir la potencia de la portadora por la tasa de bit y es una medida de energía en Joules. La densidad espectral de la potencia del ruido (N_0) es la potencia del ruido a 1 Hz de ancho de banda.

La relación señal a ruido S/N, el BER y el Eb/N_0 son indicadores de la calidad de una señal en un enlace de comunicaciones digitales. Particularmente la relación señal a ruido tiene gran importancia para determinar la capacidad de un canal, como lo veremos más adelante en el teorema de Shannon.

3.10 Teorema de Shannon

Las investigaciones de Claude Shannon enfocadas al estudio de cómo el ruido afecta la transmisión de información derivaron en el desarrollo del teorema de la máxima capacidad o teorema de Shannon.

El teorema de Shannon, o de la máxima capacidad de un canal, fue publicado en 1948 por Claude Shannon, quien es conocido como el *padre de la teoría de la información*. El teorema demuestra la capacidad teórica máxima del número de *bits* libres de error, que pueden ser transmitidos sobre un canal con ruido.

El teorema de la capacidad máxima de un canal está definido con la siguiente ecuación:

$$C = B \cdot log_2 \left(1 + {}^{S}/_{N}\right)\ bps \quad (3.21)$$

Donde B es el ancho de banda del canal expresado en Hertz, S/N es la relación señal a ruido expresada en decibeles y C es la capacidad resultante del canal expresada en *bits* por segundo.

Para comprender el teorema analicemos un ejemplo característico de un canal telefónico e imaginemos que se está transmitiendo información a través de un *modem* analógico. Aunque este tipo de *modems* ya no son utilizados, el ejemplo ayuda a entender las implicaciones del Teorema de Shannon. Supongamos que el ancho de banda de la voz es de 3,400 Hz y la relación señal a ruido del canal es de 30 dB.

Para hacer la operación tendremos que convertir el *S/N* a valores absolutos, mediante la fórmula:

$$P = 10^{P(dB)/10} \quad (3.22)$$

Entonces $P= 10^{30/10} = 1000$

Ahora, para calcular el logaritmo base 2 utilizaremos la siguiente identidad, donde ln es el logaritmo natural.

$$Log_{2(x)} = \frac{Ln(x)}{Ln(2)} \quad (3.23)$$

Sustituyendo valores en la ecuación 3.21:

$$C= 3{,}400 \cdot ln\,(1+1000)/ln(2) = 3{,}400 \cdot ln(1001)/ln(2) =$$
$$= 3{,}400 \cdot (6.91/0.69) = 3{,}400 \cdot 10.01 = 34{,}034 \text{ bps}$$

Un *modem* con el estándar ITU V.34 advierte una tasa de *bits* de 33.6 Kbps y un *modem* ITU V.90 tiene una capacidad máxima de 56 Kbps.

El ancho de banda del canal es fijo y limitado, por lo tanto no lo podemos cambiar; en cambio, sí podemos cambiar la calidad del canal (S/N). Así que aumentando el nivel de S/N podremos llegar o rebasar los 56,000 Kbps del *modem.* Para mejorar S/N se utilizan técnicas de modulación y codificación que permiten alcanzar mayores velocidades de transmisión a pesar de la limitación del canal.

Los canales de comunicación no son perfectos, ya que están limitados principalmente por el ruido y el ancho de banda. El teorema de Shannon nos dice que "es posible transmitir información libre de ruido siempre y cuando la tasa de información no exceda la capacidad del canal". Por lo tanto, si el nivel de S/N es menor, o sea, la calidad de la señal es más cercana al ruido, el desempeño del canal disminuirá.

Por lo anterior se concluye que el teorema de Shannon es fundamental en el desarrollo y despliegue de tecnologías digitales avanzadas, donde el modular y codificar es crítico para lograr transmisión de información a pesar de la existencia del ruido.

3.11 Las limitaciones de la transmisión de información

Una infinidad de factores están implícitos en la transmisión de información, dos de los más importantes son el ruido y el ancho de banda. Como ya se mencionó anteriormente, el ancho de banda es un recurso limitado y previamente asignado para diferentes servicios y aplicaciones por acuerdos internacionales, así que los sistemas de transmisión deberán adecuarse a esos parámetros previamente establecidos. Si la misión de las telecomunicaciones es transmitir la mayor cantidad de información con calidad y eficiencia en costo, esta aseveración debe darse teniendo en cuenta la limitación en el espectro electromagnético. Si bien podemos aumentar la calidad de un canal o enlace mejorando su SNR, debemos considerar aspectos que pudieran arbitrariamente perjudicar a usuarios de las frecuencias adyacentes a nuestro enlace.

Las bandas de guarda que se utilizan para limitar las portadoras adyacentes proveen una separación real que minimiza las interferencias de usuarios contiguos. Además existen regulaciones nacionales e internacionales que limitan el SNR para un específico servicio, dígase televisión por cable, vía satélite, telefonía celular, etcétera.

A continuación vamos a explicar brevemente las dos limitaciones fundamentales de las telecomunicaciones.

La limitación ancho de banda

Existen servicios como la radiodifusión en AM donde el ancho de banda es limitado, de apenas 10 KHz, mientras que un canal de FM tiene un ancho de banda de 200 KHz, es decir, 20 veces más que el de AM. Dada la saturación de frecuencias en las grandes ciudades, muchas estaciones AM y FM han tenido que emigrar a una nueva tecnología de radiodifusión conocida como HD radio *(Hybrid Digital)*, la cual permite enviar señales analógicas y digitales de audio y datos por el mismo canal. La radio HD es la versión estadounidense de la radio híbrida; en Europa existen dos tecnologías similares: DAB *(Digital Audio Broadcasting)* y DRM *(Digital Radio Mondiale)*.

En el servicio de telefonía celular pasó algo similar. Debido al limitado ancho de banda asignado en el intervalo de 800-900 MHz de la telefonía analógica, se tuvo que emigrar a las bandas de 1,700 MHz en adelante. Los canales iniciales de 30 KHz sólo permitián a la telefonía celular analógica proveer servicios de voz. Otro gran problema era el bloqueo de llamadas por las escasas frecuencias. Tras la introducción de la telefonía digital y nuevos servicios de transmisión de información, fue obligatoria la migración a otro espacio más adecuado en el espectro electromagnético. Estos ejemplos nos dan una perspectiva de que el ancho de banda es una limitación importante.

La limitación ruido

El ruido y otros contaminantes siempre estarán presentes en cualquier sistema de transmisión de información. El aumentar la potencia de la señal es insuficiente ya que el ruido se amplificará junto con la señal y no mejoraría la relación señal a ruido. Si incrementamos la potencia, para tratar de aumentar el SNR más allá de los valores de SNR previamente establecidos en las normas en materia de telecomunicaciones, podríamos perjudicar los canales adyacentes.

3.12 Topologías de los enlaces de comunicaciones

Comunicación punto-punto y punto-multipunto

En las redes de la actualidad los nodos terminales están dispersos geográficamente. Todos los dispositivos conectados en una red de comunicaciones, de alguna manera, se conectan entre sí. Este tipo de comunicación puede ser punto-punto o punto-multipunto.

El enlace o **comunicación punto-punto** es el más simple, ya que sólo intervienen dos nodos, sistemas o procesos conectados entre sí. Por ejemplo dos personas conectadas a través de una línea telefónica, fija o celular, conectadas mediante un cable o un enlace inalámbrico sin importar donde estén localizadas (Figura 3.17).

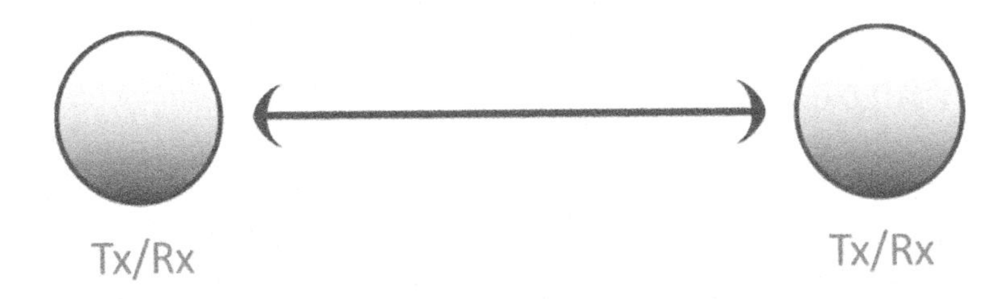

Figura 3.17. Comunicación punto-punto

En los enlaces **punto-multipunto** intervienen más de dos nodos o terminales que están conectadas entre sí de alguna manera. En este caso, un nodo transmite un mensaje y éste puede ser recibido por múltiples nodos. Este tipo de comunicación también se conoce como difusión *(broadcast)*. Cuando se emplean líneas multipunto, se pueden reducir los costos globales puesto que porciones comunes de la línea son compartidos para uso de todos los dispositivos conectados al mismo enlace. Para prevenir que los datos transmitidos de un dispositivo interfieran con la información transmitida por otro, se debe establecer una disciplina o control sobre el enlace. La radio y la televisión son dos claros ejemplos de la comunicación punto-multipunto. En este ejemplo, sólo existe un transmisor y muchos receptores, pero vía computadoras, la comunicación punto-multipunto puede ser en ambos sentidos, es decir, los nodos receptores pueden convertirse en transmisores (Figura 3.18)

Cuando se diseña una red de comunicaciones se pueden combinar tanto enlaces punto-punto como punto-multipunto, y la transmisión se puede efectuar en modo *simplex, half-duplex* o *full-duplex.*

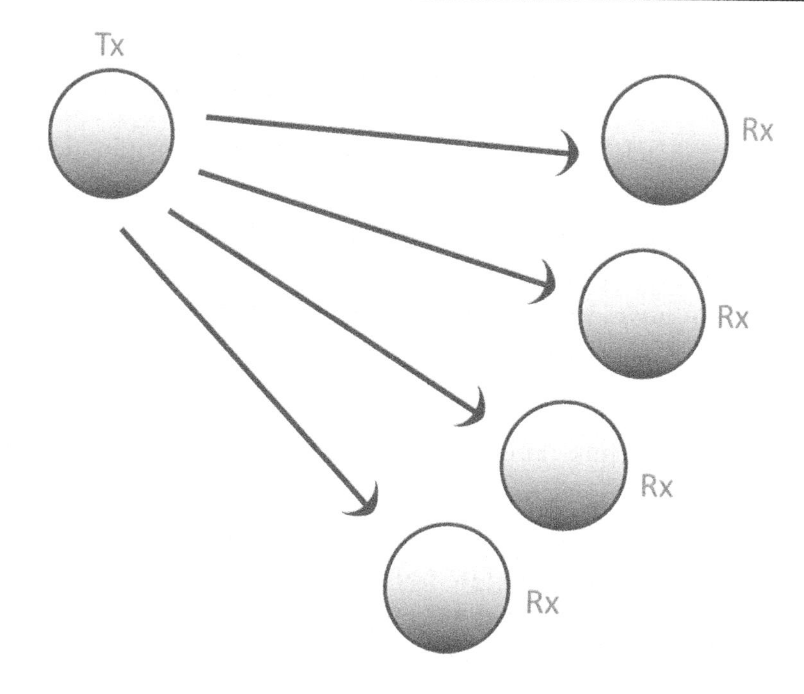

Figura 3.18. Comunicación punto-multipunto

Comunicación en serie y paralelo

Existen dos tipos de transmisión en un sistema digital de comunicaciones, en serie y paralelo. En la transmisión serie los *bits* son transmitidos secuencialmente (un bit tras otro) sobre un canal de transmisión; mientras que en la transmisión en paralelo los *bits* son transmitidos, al mismo tiempo, en grupos de 4 *bits*, 8 *bits*, 16 *bits*, u otra convención. La transmisión en paralelo se usa extensamente en transmisiones de computadora a periféricos, comunicación dentro de circuitos digitales integrados y en centros de datos *(data centers)* para interconectar equipos de comunicación.

Una ventaja significativa de la transmisión en serie respecto a la paralela es un menor costo del cableado, pues se necesita un cable con menos conductores. Este ahorro se vuelve más significativo conforme sean mayores las distancias requeridas para la comunicación. Otra ventaja importante de la transmisión en serie es la habilidad de transmitir a través de líneas telefónicas convencionales a largas distancias.

Comunicación síncrona y asíncrona

La comunicación asíncrona, utilizada en la época de los *modems* analógicos, es aquella que transmite o recibe un caracter, bit por bit añadiéndole *bits* de inicio y *bits* que indican el término de un paquete de datos, para separar así los paquetes que se van enviando/recibiendo y sincronizar el receptor con el transmisor. El bit de inicio indica al dispositivo receptor que sigue un caracter de datos; similarmente el bit de término anuncia que el caracter o paquete ha sido completado.

Los protocolos modernos de telecomunicaciones siguen el mismo principio, tienen un indicador de inicio y término del paquete; de esta manera el transmisor y el receptor no necesitan sincronizarse antes de cada transmisión. En resumen, en la comunicación asíncrona, ni transmisor ni receptor, requieren de sofisticados relojes para sincronizar el envío de los paquetes, así que durante la transmisión de los mismos podrá variar la velocidad de información. El transmisor podrá enviar los paquetes de manera arbitraria en tiempo, y el receptor estará listo para recibirlos cuando éstos arriben.

En la comunicación síncrona, tanto transmisor como receptor deberán sincronizar sus relojes antes de cada envío de la información. Para esto, antes de enviar los datos se envían un grupo de caracteres especiales de sincronía. Una vez que logrado esto, se pueden transmitir los datos. En este tipo de transmisión el envío de un grupo de paquetes es un flujo continuo de *bits*. Para lograr la sincronización de ambos dispositivos (receptor y transmisor) se hace uso de una señal de reloj para establecer la velocidad de transmisión de información y para habilitar los dispositivos conectados y así identificar los caracteres apropiados mientras estos son transmitidos o recibidos. Por lo general, los dispositivos que transmiten en forma síncrona son más caros que los asíncronos, porque requieren de un *hardware* más complejo.

A nivel mundial es más empleada la transmisión asíncrona por su simplicidad. La red Internet se comporta de esta manera; por la naturaleza y complejidad de las conexiones, la velocidad de transmisión es variable y los paquetes llegan a su destino en tiempos no determinados.

3.13 Principales efectos que sufren las señales al propagarse por el medio

Existen varios obstáculos que enfrenta la señal de información al propagarse por el medio. Si el medio de comunicación es inalámbrico, la señal está expuesta a más efectos negativos que cuando se emplean medios confinados. El ruido y la atenuación son dos de los efectos que sufre un canal de comunicación.

La atenuación es un obstáculo que acompaña a cualquier señal que es transmitida y propagada por los medios de comunicación. La atenuación es la disminución gradual de la potencia de una señal al propagarse por el medio, es decir, en cero metros la señal tiene la potencia más alta. Conforme va a aumentando la distancia al transmisor, la potencia de la señal va disminuyendo gradualmente hasta llegar a ser imperceptible por el receptor. La atenuación es medida en decibeles/metro (dB/m); en otras palabras, se mide en términos de pérdida de potencia en decibeles por unidad de distancia.

El ruido es cualquier señal no deseada que interfiere con la señal transmitida en el canal de comunicación, el cual puede ser producido naturalmente o hecho por el hombre. Prácticamente cualquier equipo eléctrico o electrónico genera ruido, las líneas eléctricas, motores eléctricos, etc. El ruido producido naturalmente viene de los relámpagos, la lluvia, el calor y otros factores atmosféricos, así como cualquier movimiento aleatorio de electrones y descargas eléctricas. El ruido es producido por radiación, inducción y conducción. Y como habíamos mencionado anteriormente, en el tema "relación señal a ruido", el ruido es inevitable en las telecomunicaciones; el reto es minimizarlo.

El ruido es resultado de características no lineales de la trayectoria de la señal. Estas características no lineales crean ruido que afecta la energía de la señal. Además, las diferentes frecuencias en la señal y el ruido son afectadas de manera diferente en la propagación de la señal por el medio. La reflexión, la difracción y la dispersión son tres de los principales fenómenos que impactan la señal al propagarse por un canal de comunicación inalámbrico. Estos fenómenos se describen brevemente a continuación.

Reflexión: se produce cuando una onda electromagnética impacta sobre un objeto con dimensiones grandes comparadas con la longitud de onda de la señal. Esta señal es rebotada o reflejada cambiando su trayectoria.

Difracción: ocurre en la trayectoria entre el transmisor y el receptor cuando ésta es obstruida por un objeto causando la desviación de ondas secundarias en varias direcciones. Estas ondas difractadas, sin embargo, tienen menos potencia que la señal original. Las ondas secundarias se forman detrás del objeto obstruyente a pesar de la falta de línea de vista *(line of sight)* entre el transmisor y el receptor. El impacto de la difracción depende de la frecuencia de radio utilizada, las señales de baja frecuencia se difractan más que las señales de alta frecuencia. Por lo tanto, las señales de alta frecuencia, especialmente las señales de UHF y microondas requieren que la línea de vista entre el transmisor y receptor sea la adecuada. Este fenómeno es también conocido como *sombra o sombreado* ya que el campo difractado puede alcanzar al receptor aún cuando la trayectoria es obstruida por un objeto impenetrable, por ejemplo, bordes de un edificio.

Dispersión: se registra cuando la señal está obstruida por objetos con dimensiones del orden de la longitud de onda de la onda electromagnética. Este fenómeno hace que la energía de la señal reflejada se disperse en todas direcciones. En un entorno urbano, las obstrucciones típicas de la señal que generan dispersión son las farolas, señales de tránsito y los árboles.

La luz es afectada por el fenómeno de dispersión y es causada por muchos factores, pero principalmente por las imperfecciones de los materiales empleados en la elaboración de la fibra óptica, y por la longitud de onda empleada al transmitir el haz de luz. Una longitud de onda menor es más susceptible a la dispersión, una longitud de onda mayor es menos perjudicada por este fenómeno.

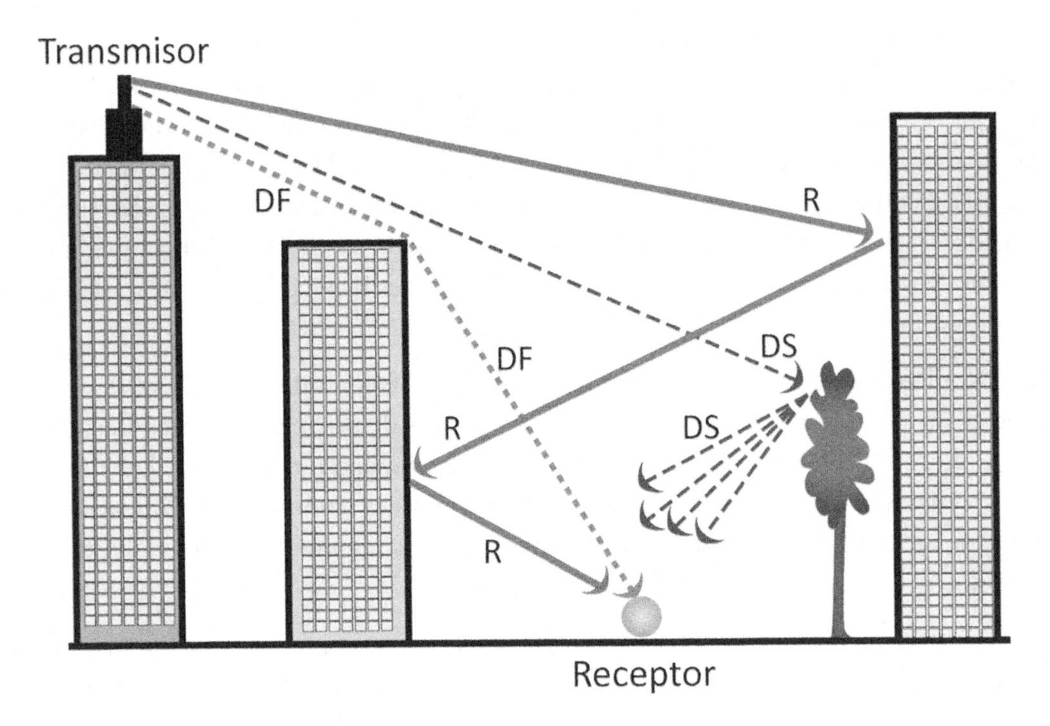

Figura 3.19. Reflexión (R), difracción (DF) y dispersión (DS) de señales

Por tal motivo, la fibra óptica monomodo puede soportar mayores distancias de propagación del haz de luz. En la Figura 3.19 se representan estos tres fenómenos: la reflexión (R), la difracción (DF), la dispersión (DS) y su efecto sobre unos edificios.

En el capítulo 6 (Redes inalámbricas) se explica con mayor detalle el fenómeno de propagación de señales.

3.14 Modulación[10]

La modulación es un proceso crítico en las telecomunicaciones. Las señales de información tienen que propagarse y recorrer grandes distancias a través de medios de comunicación como la fibra óptica, vía satélite y cables. Para lograr transmitir la señal a grandes distancias, es necesario modular la información de la fuente agregándole una señal de mayor frecuencia, la cual es llamada *portadora*. La señal de información *modula* a la señal portadora variando cualquiera de sus parámetros

[10] *Se recomienda consultar las obras Tomasi (2004), Yadav (2009) y Nair (2009) presentados en la sección de referencias de este capítulo y el video de introducción a las telecomunicaciones en http://www.fundacionteleddes.org/videos.html.*

(amplitud, frecuencia o fase, o una combinación de éstos). Por lo tanto, la modulación es el proceso de cambiar una o más propiedades de la portadora en proporción con la señal de información.

La modulación es entonces el proceso de variar uno de los parámetros (amplitud, frecuencia, fase, intensidad, polarización) de una señal de información de acuerdo con la amplitud instantánea de una señal de mayor frecuencia llamada onda portadora.

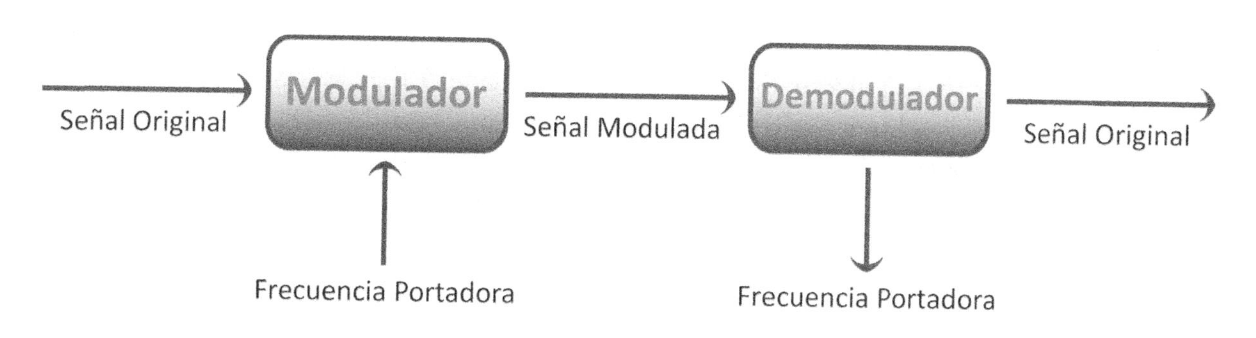

Figura 3.20. Proceso de modulación y demodulación de una señal

Es interesante destacar que muchas formas de comunicación no eléctricas también encierran un proceso de modulación, y la voz es un buen ejemplo de esto. La voz humana es generada por el aire que generan nuestros pulmones. Cuando una persona habla, los movimientos de la boca ocurren de una manera más bien lenta, del orden de los 10 Hz sin producir ondas acústicas que se propaguen. La transmisión de la voz se hace por medio de la generación de tonos portadores de alta frecuencia en las cuerdas vocales, tonos que son modulados por los músculos y órganos de la cavidad oral. Lo que el oído capta como voz, es una onda acústica modulada similar a una onda eléctrica.

El proceso de la modulación se lleva a cabo en un transmisor mediante un circuito llamado *modulador*. El producto de la señal de información (señal original) y la señal portadora generan en el modulador una onda o *señal modulada*. El proceso inverso a la modulación, llamado *demodulación*, reconvierte la señal modulada en la señal original, filtrando la frecuencia portadora. La demodulación se hace en el receptor, con un circuito llamado *demodulador* (Figura 3.20).

En resumen, el proceso de modulación consiste en alterar la señal de información original modificando alguno (o una combinación) de sus tres parámetros:

- Amplitud.
- Frecuencia.
- Fase.

Una señal, como vimos anteriormente en la ecuación 3.1, puede representarse con la siguiente fórmula:

$$s(t) = A\,cos(2\pi f t + \varphi)$$

En la ecuación, A es la amplitud de la señal de información, f es la frecuencia medida en Hz y el ángulo φ es la fase medida en radianes.

Veamos el caso más simple de una señal portadora tipo senoidal. Al multiplicar esta señal por la señal de información se va a afectar la amplitud de la ecuación 3.1. A este proceso se le conoce como modulación en amplitud. Si se afecta la fase tenemos el caso de modulación en fase; a sí mismo, si se afecta la frecuencia de dicha señal de información, se produce una señal de frecuencia modulada. A la señal de información no modulada se le denomina señal en banda base.

Tipos de modulación

Existen básicamente dos tipos de modulación:

1) **Modulación Analógica**: AM *(Amplitude Modulation)*, FM *(Frequency Modulation)*, PM *(Phase Modulation)*.
2) **Modulación Digital:** ASK (Amplitude Shift Keying), FSK (Frequency Shift Keying), PSK (Phase Shift Keying), QAM (Quadrature Amplitude Modulation), QPSK (Quadrature Phase Shift Keying), MSK (Minimum Shift Keying), entre otras.

La eficiencia espectral

En los últimos años se ha visto una transición de las técnicas analógicas AM y FM a técnicas de modulación digital tales como QPSK, FSK, MSK y QAM. Para los diseñadores de enlaces terrestres de microondas, su mayor prioridad es la eficiencia en ancho de banda con bajos errores de *bits* (BER). Por otro lado, los diseñadores de sistemas de telefonía celular ponen a la eficiencia en potencia como la prioridad principal, ya que los teléfonos móviles utilizan baterías y necesitan optimizar la carga. El costo también es una prioridad ya que los teléfonos deben accesibles a más usuarios. En consecuencia, estos sistemas deben sacrificar eficiencia de ancho de banda para conseguir eficiencia en potencia y costo. Cada vez que uno de estos parámetros de eficiencia (ancho de banda, potencia o costo) se modifica, se afecta a los otros, es decir están interrelacionados haciendo que el sistema de comunicaciones se comporte como un sistema complejo. La elección de una buena modulación es esencial para el buen funcionamiento de los sistemas de comunicación; a veces debe sacrificarse ancho de banda para obtener potencia, o viceversa.

La *eficiencia espectral* en comunicaciones digitales puede ser definida como la relación de la velocidad de información con respecto al ancho de banda ocupado por la portadora, la cual depende del espectro modulado de la portadora y el filtraje experimentado.

Tabla 3.6. Eficiencia en ancho de banda

Modulación	Eficiencia espectral
MSK	1 bit/segundo/Hz
BPSK	1 bit/segundo/Hz
QPSK	2 *bits*/segundo/Hz
8PSK	3 *bits*/segundo/Hz
16 QAM	4 *bits*/segundo/Hz
32 QAM	5 *bits*/segundo/Hz
64 QAM	6 *bits*/segundo/Hz
256 QAM	8 *bits*/segundo/Hz

En la Tabla 3.6 se muestra la eficiencia espectral de diversos tipos de modulación digital, se ve claramente que cambiando el número de las fases o la amplitud se pueden obtener más *bits* por segundo por Hertz (bit/segundo/Hz).

¿Por qué se modula?

Existen varias razones para modular, entre otras:

- Facilita la propagación de la señal de información por un medio de comunicación.
- Evita interferencia entre canales.
- Ordena el espectro electromagnético, distribuyendo canales a cada tipo de servicio.
- Contribuye a disminuir las antenas.
- Protege la información de las degradaciones por ruido.
- Optimiza el ancho de banda de cada canal.

La modulación entonces ayuda a que las señales se puedan propagar de una manera más eficiente por el medio de comunicación, así podrán llegar a una mayor distancia.

La modulación evita la interferencia entre los diferentes canales. Cada proveedor de servicios de telecomunicaciones, que emplea el espectro electromagnético para brindar un servicio, transmite en una frecuencia diferente. Esta organización espectral se lleva a cabo mediante técnicas de modulación que proveen herramientas que distribuyen las señales en posiciones específicas del espectro electromagnético.

Para transmitir ondas electromagnéticas eficientemente se usan antenas a cierta altura (h), según la siguiente ecuación:

$$h = \lambda/2 \tag{3.24}$$

Donde λ es la longitud de onda.

Si se emplean frecuencias bajas para transmitir, por ejemplo 30 KHz, y si aplicamos la ecuación 3.3, obtendríamos una λ de 10,000 metros. Entonces, tendríamos que construir antenas de 5,000 metros, lo cual resulta impráctico; sin embargo, podemos reducir la altura de las antenas aumentando la frecuencia de la señal para ser transmitida.

Otra de las ventajas de la modulación es proteger la información contra el ruido, esto se logra empleando algunas técnicas de modulación digital; por ejemplo, la modulación PCM *(Pulse Code Modulation)* ayuda a reducir el ruido en la transmisión de señales de voz.

Una de las mayores contribuciones de la modulación es la optimización del ancho de banda de canal. Empleando ciertos esquemas de modulación es posible aumentar la cantidad la información que transmitimos por el medio; en otras palabras, la modulación ayuda a mejorar la llamada eficiencia espectral.

3.15 Referencias

Bartlett, B. Bartlett, J. (2008). *Telecommunications and data communications handbook.* 5th edition, USA: Focal Press.

Bertrán Albertí, E. (2006). *Procesado digital de señales.* España: Ediciones UPC.

Chartrand, Mark R. (2004). *Satellite Communications for the nonspecialist.* USA: SPIE Press.

Das, Sakal K. (2010). *Mobile handset design.* USA: Wiley.

Freeman, Roger L. (2005). *Fundamentals of telecommunications.* 2nd edition. USA: IEEE Press.

Gibson, Jerry D. (1997). *The communications handbook.* USA: CRC-Press.

Hartley, R. V. L. (1928). *Transmission of Information.* Bell System Technical Journal.

Malvino, A. y Bates, D. (2007). *Principios de electrónica.* 7ma. edición, España: McGrawHill.

Maral, Gerad. Bousquet, Michel y Sun Zhli. (2009). *Satellite Communications Systems: systems, techniques and technology.* UK: John Wiley & Sons.

Nair, B. Somanathan y Deepa, S.R. (2009). *Basic communication and information engineering.* USA: IK International.

Nicopolitidis, P. (2003). *Wireless networks.* USA: John Wiley and Sons.

Nyquist, Harry. (2004). *Certain factors affecting telegraph speed.* Bell System Technical Journal. p. 324

Nyquist, Harry. (2002). *Certain topics in telegraph transmission theory.* Proceedings of the IEEE. 280-305p.

Rogers, A.J. (2001). *Understanding optical fiber communications.* USA: Artech House Inc.

Shannon, Claude E. (1948). *A mathematical theory of communication.* The Bell System Technical Journal. Vol. 27.

Tomasi, Wayne. (2004). *Electronic Communications System: fundamentals through advanced.* 5th edition. USA: Prentice Hall.

Yadav, A. (2009). *Digital Communications.* 2nd edition. USA: Firewall Media.

Páginas de Internet

Agilent Technologies. *Digital Modulation in Communications Systems —An Introduction* <http://cp.literature.agilent.com/litweb/pdf/5965-7160E.pdf>

All about Modulation. <http://www.complextoreal.com/chapters/mod1.pdf>

Digital Modulation Techniques. <http://www.digitalmodulation.net/introduction2.html>

Electrónica fácil - uso del osciloscopio.
<http://www.electronicafacil.net/tutoriales/Uso-del-osciloscopio.php>

Electronics tutorial. Waveform.
<http://www.electronics-tutorials.ws/waveforms/waveforms.html>

Video de modulación
http://www.fundacionteleddes.org/videos.html.

CAPÍTULO

4

LAS REDES DE DATOS

Cualquier tecnología suficientemente avanzada es indistinguible de la magia.
— Arthur C. Clarke.

4.1 Introducción

En el primer capítulo de este libro definimos el concepto de telecomunicaciones como el transporte de la información de un punto A a un punto B a través de un medio de comunicación utilizando algún tipo de señal. Las redes, en general, utilizan los sistemas de telecomunicaciones para que los nodos (que componen estas redes) puedan comunicarse entre sí. Una red se forma con un mínimo de dos nodos, y puede extenderse a un número ilimitado de éstos.

La primera red de telecomunicaciones fue la telegráfica. Las ciudades empezaron a conectarse unas con otras a través de alambres sobre postes que conducían señales eléctricas desde cabinas telegráficas donde se enviaban y recibían los mensajes. Después siguió la red telefónica, las redes de radio AM y FM, las de televisión, las redes conectadas vía satélite y microondas, las de fibra óptica, las de computadoras y las redes de telefonía celular. En la primera década del siglo XXI las redes sociales basadas en interacciones en Internet penetran explosivamente en este tejido social. En la tabla 4.1 se muestran en forma cronológica el surgimiento de las redes de telecomunicaciones.

4.2 Concepto de una red

Una red de comunicaciones es un conjunto de nodos que están interconectados a través de un medio de comunicación, que comparten recursos e intercambian información por medio de reglas de comunicación, conocidas como protocolos.

Una red se compone de uno o varios transmisores o receptores que intercambian mensajes e información, para eso deben utilizar un canal de comunicación el cual puede ser un medio confinado o no confinado. Para efectuar una comunicación exitosa, los nodos conectados a la red, deben tener el mismo idioma o código. Los nodos en una red se basan en protocolos de comunicación comunes para que éstos puedan entenderse. Los protocolos proveen mecanismos de control y verificación de errores, así como control de flujo de la información, entre otras funciones. Los mensajes y la información están en una variedad de formatos, por ejemplo voz, datos y video. Los sistemas que forman los nodos pueden ser computadoras, enrutadores, conmutadores de paquetes, conmutadores telefónicos, puntos de acceso, multicanalizadores, teléfonos, etcétera.

Tabla 4.1. Evolución histórica de las redes de comunicaciones

Año	Evento
1844	Nace la telegrafía (Samuel Morse)
1861	Primera red telegráfica en EUA
1866	Primera red telegráfica EUA-Inglaterra
1876	Nace la telefonía
1878	Primera red telefónica local en New Haven, EUA
1892	Primera red telefónica entre New York-Chicago, EUA
1897	Primera red telefónica nacional en EUA
1898	Surge la comunicación inalámbrica (Marconi)
1915	Comienza la radiodifusión en AM
1918	Primer estación AM (KDKA en Pittsburgh, EUA)
1923-1938	Nace la televisión
1937	Primera red de televisión (BBC de Londres)
1941	Primera estación en FM (WKCR en Univ. de Columbia, EUA)
1950	Primera red de microondas terrestre
1960s	Primeras redes vía satélite
1969	Primer red de computadoras (ARPANET)
1980s	Primeras redes de computadoras personales (Ethernet, Token ring, Arcnet)
1981	Incursionan las primeras redes de telefonía celular
1997	Abren mercado las primeras redes de DTH (Televisión Directa al Hogar)
2002	Redes inalámbricas de área local (WLAN)
2010	Redes de telefonía celular de 4G (LTE, WiMAX)

Las redes de los proveedores de servicios de telecomunicaciones por ejemplo, las redes telefónicas y de telefonía celular deben incluir sistemas para operar, monitorear y administrar los recursos de la red. De esta manera, aseguran a sus usuarios servicios con un nivel de calidad que cumpla con la normatividad correspondiente.

4.3 Tipos de redes según la información que transmiten

Las redes se clasifican según el tipo de información que transmiten:

- Redes de voz
- Redes de datos
- Redes de video
- Redes de audio
- Redes multimedia

Las *redes de voz* fueron pioneras en el mundo de las comunicaciones. Transmitir la voz humana a grandes distancias fue la primera necesidad de comunicación y recibió respuesta de las redes telefónicas para ofrecer diversos servicios. Las redes telefónicas públicas conmutadas *(Public Switched Telephone Network*) y las redes de telefonía celular son un ejemplo de redes de voz.

Las *redes de datos* son aquellas que transportan información en forma paquetizada que usa un protocolo de comunicación. Por ejemplo, la voz paquetizada denotada como VoIP *(Voice over IP)* es un servicio de datos brindado por las redes telefónicas fijas y móviles. La telefonía celular, que en un principio ofreció exclusivamente servicios de voz, evolucionó para brindar servicios de datos como acceso a Internet, servicio de mensajes cortos SMS *(Short Message Service)* y televisión en tiempo real.

Las *redes de video* están representadas por las compañías de radiodifusión de televisión pública en las bandas de VHF y UHF. La televisión restringida o de pago está representada por las compañías de televisión por cable, televisión por microondas y vía satélite.

Las *redes de audio* funcionan a través de compañías que ofrecen servicios tradicionales de audio, como las radiodifusoras de radio en las bandas de AM y FM. Otro ejemplo más reciente son las compañías de radio por satélite (e.g. *Sirius XM Satellite Radio*).

Las *redes multimedia* ofrecen servicios de voz, datos, video, imágenes, audio, etc. a través de un solo canal de comunicación. El ejemplo más característico es la red Internet, que provee servicios de radio *(audio streaming*), televisión *(video streaming*) y teléfono (VoIP). La telefonía celular, a través de los teléfonos inteligentes *(smartphones*), también puede considerarse una red multimedia, ya que ofrece voz, datos, video, televisión y audio, entre otros servicios.

Debido al surgimiento de la convergencia digital esta clasificación tiende a perder relevancia, ya que las redes convergentes permiten la transmisión de servicios múltiples en el mismo canal de comunicación.

4.4 Tipos de redes según su cobertura

Las redes también pueden clasificarse según su cobertura o área geográfica que cubren, la cual depende principalmente del medio de comunicación empleado. Estas pueden tener cobertura de unos cuantos metros o cobertura global enlazando continentes (Figura 4.1).

La clasificación de las redes con respecto a su área de cobertura es la siguiente:

- Redes de área personal PAN *(Personal Area Network)*
- Redes de área local LAN *(Local Area Network)*
- Redes de área de campus CAN *(Campus Area Network)*
- Redes de área metropolitana MAN *(Metropolitan Area Network)*
- Redes de área amplia WAN *(Wide Area Network)*

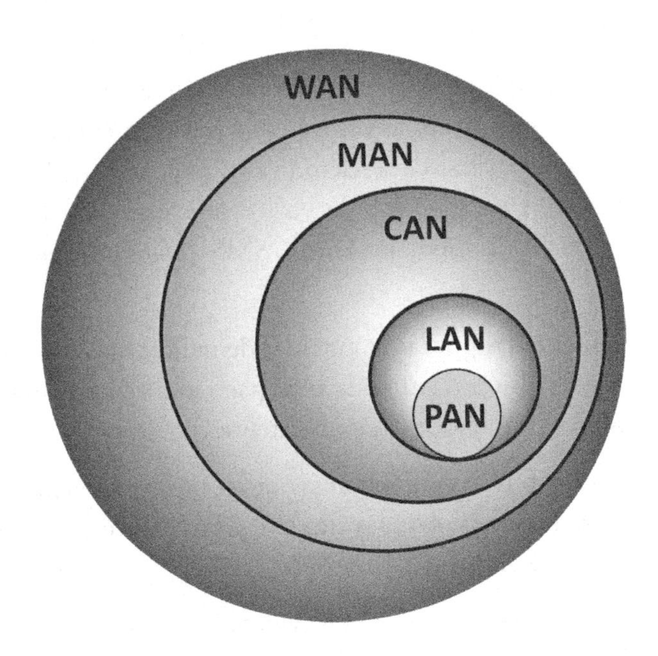

Figura 4.1. Tipos de redes según su cobertura

Redes de área personal (PAN, *Personal Area Network*)

Una red de área personal es un conjunto de dispositivos de red, sensores, dispositivos móviles o computadoras, que se interconectan a través de medios confinados y no confinados, y que, a su vez, se comunican con dispositivos de comunicación interpersonal (teléfonos móviles, asistentes personales digitales) y periféricos (cámaras, impresoras, teclados, etc.) en un entorno de proximidad de unos cuantos metros, generalmente en entornos interiores. La distancia de cobertura dependerá del medio de comunicación empleado, los más utilizados son:

- **Medios confinados:** USB *(Universal Serial Bus)*, *Firewire* (IEEE 1394).
- **Medios inalámbricos:** Infrarrojo (IrDA), Bluetooth (IEEE 802.15), UWB *(Ultra Wide Band)*, WUSB *(Wireless USB)*.

Si el medio de transmisión es el infrarrojo, la distancia entre el transmisor y el receptor es de unos cuantos metros en línea de vista, es decir, los sensores infrarrojos de ambos dispositivos deberán estar apuntados con precisión. El infrarrojo permite comunicaciones punto-punto entre dispositivos y periféricos utilizando comunicaciones seriales *half duplex* vía aérea. Las velocidades de transferencia que soporta van desde 115.2 Kbps hasta 16 Mbps.

Cuando de cables se trata, la interface de comunicación más común es el USB y *Firewire*. Las distancias de cobertura del cable van del orden de centímetros hasta diez metros, dependiendo de la versión. USB 2.0 soporta velocidades de transferencia de hasta 480 Mbps; USB 3.0, hasta 4.8 Gbps. Por su parte, el *Firewire 800* soporta hasta 800 Mbps, mientras que las versiones *Firewire* s1600 y s3200 soportan hasta 1.6 y 3.2 Gbps, respectivamente.

También existe una versión inalámbrica de la interface USB, llamada *Wireless USB,* la cual utiliza la tecnología de radio UWB. WUSB soporta velocidades de transferencia de 480 Mbps en intervalos de tres metros, y 100 Mbps en distancias de diez metros, funcionan sobre los intervalos de frecuencia de 3.1 a 10.6 GHz.

Las redes PAN que utilizan tecnologías inalámbricas son comúnmente llamadas WPAN *(Wireless Personal Area Network)*. Las tecnologías inalámbricas más populares son las que utilizan las bandas de radio de uso libre en los intervalos de 2.4 GHz, es decir, no se requiere línea de vista entre los nodos de la red como ocurría con el infrarrojo. Una de esas tecnologías es *Bluetooth*, la cual permite comunicación entre redes de computadoras y computadoras con periféricos en distancias de hasta 100 metros. La versión *Bluetooth* 1.2 soporta velocidades de transferencia de datos de hasta 1 Mbps; la versión *Bluetooth* 2.0, hasta 3 Mbps, y la versión más reciente que emplea la tecnología de radio UWB, soportará velocidades de transferencia de 53 a 480 Mbps. Por su versatibilidad y flexibilidad las WPAN tienen su nicho en redes de hogares, oficinas, escuelas y en automóviles.

Redes de área local (LAN, *Local Area Network)*

Por su alcance, velocidad, facilidad de instalación y costo/beneficio las redes de área local son las más utilizadas en oficinas, escuelas, industrias y en cualquier ambiente dónde exista equipo de cómputo. El cable par trenzado es el medio de comunicación predominante en el ámbito de una red de área local, pero también existen tecnologías inalámbricas como las WLAN *(Wireless Local Area Network)*. El cable par trenzado tiene una limitante en cobertura menor a los 100 metros, pero alcanza velocidades de hasta 100 Mbps.

En la banda de 2.4 GHz o 5.8 GHz podemos tener una WLAN con un alcance aproximado de 150 metros para exteriores. En interiores la potencia de la señal dependerá de la posición de punto de acceso y de los materiales con los que está construido el edificio o lugar donde estará instalado el punto de acceso. Las tecnologías predominantes se identifican con el estándar IEEE 802.11b el cual opera a una velocidad de información máxima de 11 Mbps y el IEEE 802.11a/g con una velocidad máxima de 54 Mbps.

Las redes de área local con par trenzado, así como las WLAN son relativamente fáciles de instalar y su costo es accesible. Las dos redes trabajando en conjunto forman un complemento para dar servicio a las necesidades de los diferentes usuarios, tanto fijos como móviles.

Redes de área de campus (CAN, *Campus Area Network*)

Las redes de área de campus son una colección de LAN dispersas geográficamente en un campus universitario, conjunto de edificios de grandes empresas, oficinas de gobierno, naves industriales, centros de investigación, etcétera, donde existen muchos edificios pertenecientes a la misma institución. Las CAN básicamente conectan inmuebles a través de diferentes medios de comunicación, los más predominantes son el cable par trenzado, fibra óptica y mediante tecnologías inalámbricas de banda libre tipo IEEE 802.11x.

Si el medio es par trenzado interconectará edificios separados entre sí a menos de 100 metros. La tecnología predominante es conocida como *Gigabit Ethernet*, la cual tiene una velocidad de información de 1000 Mbps, capacidad suficiente para las dorsales que unirán a los edificios y con sus redes de área local.

Si el medio es fibra óptica podemos unir los edificios utilizando las tecnologías de alta velocidad de Ethernet tales como *Gigabit Ethernet* (1 Gbps) y 10 *Gigabit Ethernet* (10 Gbps). La distancia máxima de una fibra con Ethernet es de dos mil metros.

Redes de área metropolitana (MAN, *Metropolitan Area Network)*

Las redes de área metropolitana son una colección de LAN y CAN dispersas geográficamente en una ciudad o población. Los medios de comunicación en una MAN incluyen fibra óptica, cable coaxial y la mayoría de medios inalámbricos, exceptuando las comunicaciones vía satélite. Una MAN utiliza tecnologías tales como PPP *(Point-to-Point Protocol)*, ISDN *(Integrated Services Digital Network)*, ATM *(Asynchronous Transfer Mode)*, Frame Relay, xDSL *(Digital Subscriber Line)*, WDM *(Wavelenght Division Modulation)*, E1/T1, etc., para conectividad a través de medios de comunicación como cobre, fibra óptica y microondas.

Redes de área amplia (WAN, *Wide Area Network*)

Una red de cobertura amplia es la que une nodos dispersos geográficamente y situados a varias decenas de kilómetros uno del otro. Básicamente una MAN une dos o más redes situadas en ciudades o poblaciones distintas, sin importar las fronteras geográficas.

Las opciones de tecnologías de comunicación a emplear son la fibra óptica, como único medio confinado, y la mayoría de los medios inalámbricos, predominando las comunicaciones vía satélite y microondas terrestres.

4.5 Topologías de red

La topología es el arreglo (físico o lógico) donde los dispositivos o nodos de una red (e.g. computadoras, servidores, concentradores, enrutadores, puntos de acceso, etc.) se interconectan sobre un medio de comunicación. La topología en una red determina la forma de comunicación entre sus nodos. Existen topologías donde la intercomunicación entre sus nodos es sencilla y otras donde es compleja. La mala elección de una topología puede ocasionar que la red no opere de manera eficiente. Una topología determina el número de nodos que se conectarán, el método de acceso múltiple, tiempo de respuesta, velocidad de la información, costo, tipo de aplicaciones, etcétera.

Una red puede tener una topología física o lógica. La topología física se refiere al diseño físico de la red incluyendo la instalación y localización de cables, dispositivos, trayectorias, etc. La topología lógica tiene que ver en cómo se transfiere la información a su paso por los nodos de la red. La topología lógica puede ser considerada como forma o estructura virtual de una red. Esta forma, en realidad, no corresponde con el diseño físico real de los dispositivos en la red. Un grupo de computadoras pueden estar conectadas en forma circular, pero eso no necesariamente significa que representa una topología de anillo.

Topologías físicas

Las topologías físicas más comunes son: ducto, estrella, anillo, malla y las híbridas. Cada una de éstas tiene sus ventajas y desventajas, así como sus aplicaciones específicas.

Topología de ducto

La topología de ducto *(bus)* es una conexión punto-multipunto en la cual los dispositivos son conectados a un medio de comunicación que funcionará como dorsal principal. El ducto es entonces un medio de comunicación compartido para todos los nodos de la red (Figura 4.2).

En la década de los ochenta aparecieron las primeras redes LAN que utilizaban un ducto principal con cable coaxial. Todos los nodos de la red se conectaban al ducto a través de un conector BNC en forma de T. El cable coaxial se rompería para insertar el conector BNC. En los extremos del ducto se conectaba una terminación tipo BNC de acuerdo a la impedancia del cable coaxial.

La topología define muchas veces el método de acceso al medio de comunicación, y en una red de ducto se utiliza la tecnología CSMA *(Carrier Sense Múltiple Access*, IEEE 802.3), en la cual los dispositivos "escuchan" el medio constantemente. Cuando el ducto está disponible, un nodo en particular transmite su información hacia la red. Es por esa razón que las redes de ducto son consideradas topologías pasivas. Las redes de ducto son también basadas en contención, ya que cada dispositivo, para poder transmitir, debe "contender" con los demás dispositivos para apoderarse del medio. Como veremos más adelante, las redes denominadas Ethernet se adaptan bien a este tipo de topología en redes LAN.

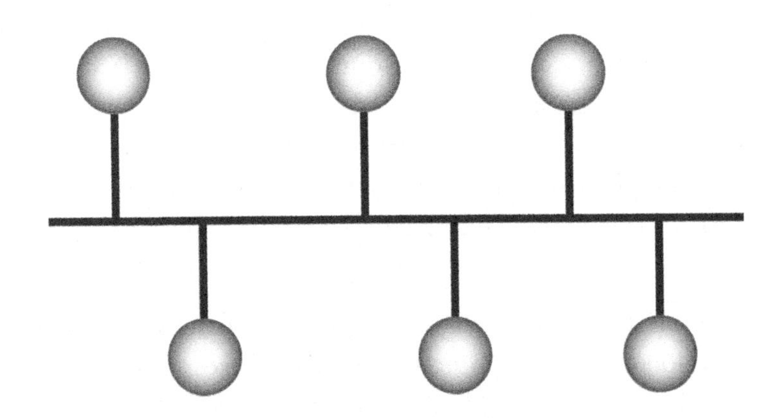

Figura 4.2. Topología de ducto

Las redes LAN con topología de ducto son las más utilizadas a nivel mundial, por su facilidad de instalación y bajo costo. El desempeño de una red de este tipo depende del número de nodos conectados a ésta. Entre mayor sea el número de nodos, la red se vuelve más compleja y aumenta la probabilidad de colisiones, las cuales se generan cuando dos o más nodos quieren acceder al medio al mismo tiempo. La principal desventaja de esta topología es que si el ducto falla, toda la red se deshabilita.

En ambientes de redes MAN, un ejemplo típico de red basada en ducto, es el servicio de televisión por cable coaxial. En una red de televisión por cable se instalan uno o varios ductos principales por cada una de las avenidas en una ciudad y los suscriptores se conectan a un distribuidor para acceder al servicio.

Topología de anillo

Una topología de anillo *(ring)* conecta los dispositivos de red, uno tras otro, sobre un medio de comunicación en un círculo físico. Se caracteriza por ser una topología libre de colisiones donde los nodos nunca contienden por el medio de transmisión cómo acontecía con la topología de ducto. El anillo puede ser simple o doble, permitiendo comunicación *full duplex* y ofreciendo redundancia de la red en caso de que un anillo falle (Figura 4.3).

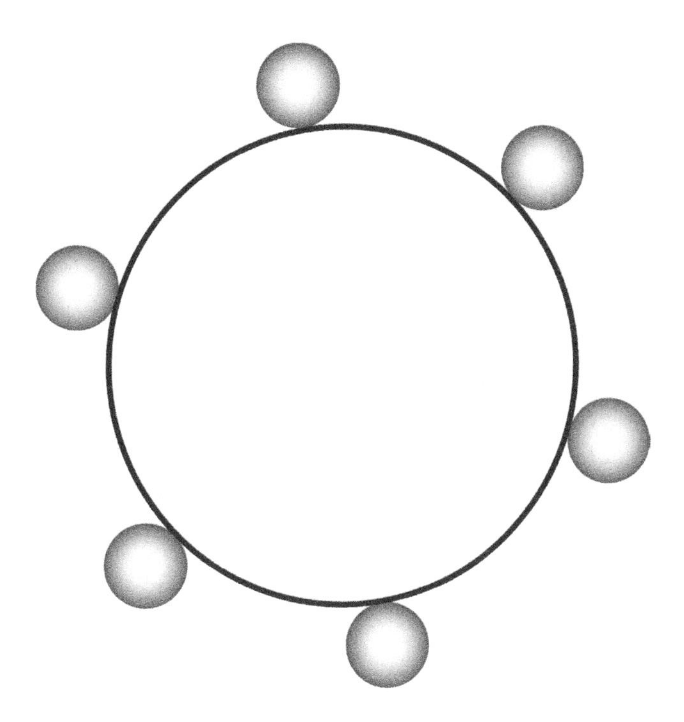

Figura 4.3. Topología de anillo

La topología de anillo mueve información sobre el cable en una dirección y es considerada una topología activa. Las computadoras en la red retransmiten los paquetes que reciben y los envían a la siguiente computadora conectada en el anillo. El acceso al medio de la red es otorgado a una computadora en particular en la red por un *token* el cual circula alrededor del anillo y cuando una máquina desea enviar datos, espera al *token* y le agrega la dirección de destino y la carga útil. El token vuelve a circular por el anillo, buscando al nodo destino. Cuando es encontrado, el receptor toma la carga útil y el *token* sigue circulando por el anillo empezando el "ritual" de paso de *token* nuevamente.

Aunque en un ambiente LAN las redes con anillo prácticamente desaparecieron, sin embargo en ambientes CAN, la topología de anillo es utilizada para unir los diferentes edificios con fibra óptica. En ambientes MAN, se utiliza la topología de anillo para unir las centrales telefónicas con fibra óptica utilizando un anillo con tecnologías de transporte SDH *(Synchronous Digital Hierarchy)* y SONET *(Synchronous Optical Network)*.

Topología en estrella

En una topología de estrella todos los dispositivos son conectados vía un enlace punto-punto a un concentrador central comúnmente llamado *hub*. Todas las comunicaciones entre los nodos pasarán a través del concentrador hacia los nodos restantes (Figura 4.4). La principal desventaja en este esquema de tipo centralizado es que si el concentrador falla, toda la red estará deshabilitada. Sin embargo, destacan sus principales ventajas:

- Es sencillo configurarlas.
- Son fáciles de expandir (agregar nuevos nodos).
- Si falla el enlace a un nodo, la red continuará funcionando.

La topología en estrella es ampliamente utilizada por los servicios de radio AM, FM, televisión pública en UHF, VHF, televisión vía satélite, telefonía celular y telefonía fija, entre otros.

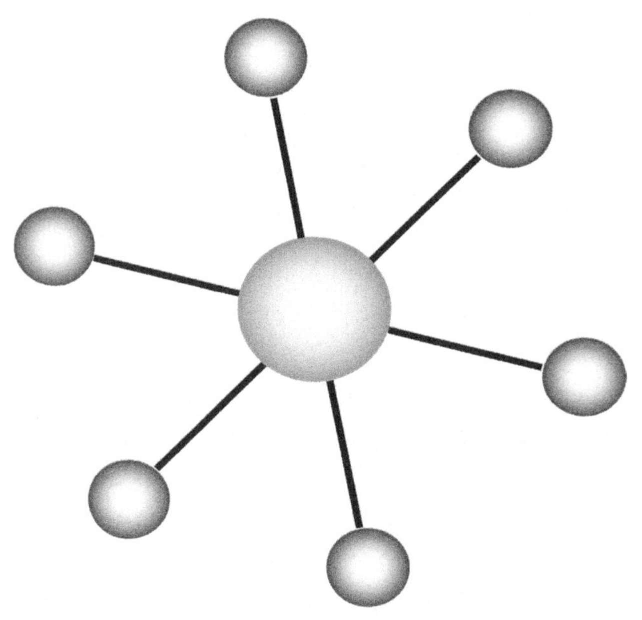

Figura 4.4. Topología en estrella

En ambientes tipo LAN son utilizadas las redes tipo Ethernet con par trenzado como medio y haciendo uso de un *hub* o un *switch* como concentrador. La función del hub, en este caso, sólo se limita a establecer una conexión física (capa física) hacia los nodos. Todo el flujo de la información es regulado por las tarjetas de red Ethernet de los dispositivos de red conectados al concentrador, lo cual significa que el *hub* no tiene ningún tipo de inteligencia. Una red de este tipo tiene una topología física de estrella, pero la topología lógica es de ducto. Esta topología es híbrida y se le conoce como *estrella-ducto*.

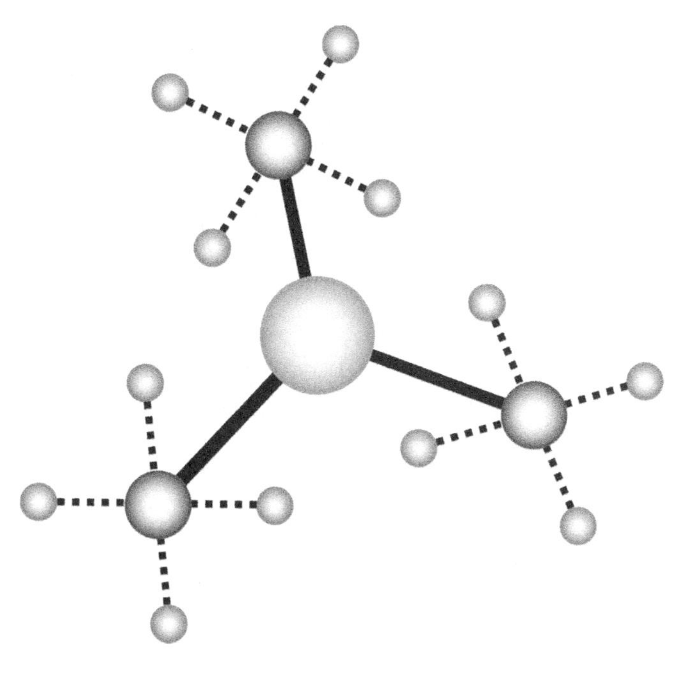

Figura 4.5. Topología en estrella extendida

Debido a que las redes LAN corporativas tienen un gran número de nodos, surge la necesidad de dividirla en segmentos más pequeños. Para ello, se usan *hubs/switchs* conectados en cascada, estableciéndose una variante conocida como topología estrella extendida.

La topología estrella extendida en un ambiente LAN es fácil de configurar, de costo accesible, y tiene más redundancia que la topología de ducto. En vez de conectar todos los dispositivos a un nodo central, los nodos se conectarán a otros dispositivos subcentrales, permitiendo más funcionalidad para establecer subredes y creando también más puntos de falla. Mientras la topología de estrella fue hecha para redes pequeñas, la topología estrella extendida se adapta mejor a redes grandes (Figura 4.5).

Un ejemplo aplicado de una topología estrella extendida, en un ambiente MAN, es la telefonía celular. El nodo central es el conmutador que se encarga de establecer la comunicación entre las terminales móviles. Al conmutador central se conectan vía enlace de microondas o fibra óptica, las *radiobases* o antenas de telefonía celular. A su vez, las radiobases se conectan vía frecuencias de telefonía celular a las terminales móviles.

Topología en malla

La topología en malla *(mesh)* consiste en una conexión donde todos los nodos están enlazados con todos formando una malla. La topología de malla es una red totalmente redundante: si un enlace falla, habrá siempre un camino para llegar al resto de los nodos (Figura 4.6).

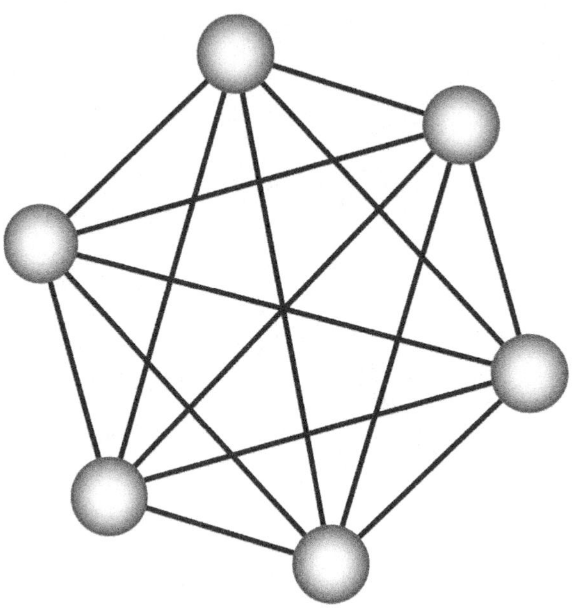

Figura 4.6. Topología en malla

Existen mallas conectadas completamente y otras, conectadas parcialmente. Las mallas completas son aquellas donde todos sus nodos tienen una conexión con el resto de los nodos más próximos. En una malla parcial, no necesariamente todos los nodos deberán de estar conectados con todos.

En el caso de ambientes LAN, CAN, MAN es poco práctico poner en marcha este tipo de redes, pero en ambientes WAN las redes de malla son utilizadas por las compañías telefónicas. Las centrales telefónicas de cada ciudad están conectadas en malla con las poblaciones vecinas, de esta manera se puede llegar a cualquier parte del mundo. El servicio de Internet y otros de telecomunicaciones proveídos por las compañías telefónicas son transportados por esta red de malla, que se forma con la unión de todas las compañías proveedoras de servicios de telecomunicaciones del orbe, utilizando como dorsal la fibra óptica.

Topologías híbridas

Las topologías híbridas son la combinación de dos o más topologías en una misma red. La topología de árbol y la jerárquica son ejemplos de topologías híbridas, aunque, pueden darse más combinaciones de acuerdo con las necesidades específicas de la organización.

Topologías lógicas

Las topologías lógicas definen cómo los dispositivos de red se comunicarán a través de las topologías físicas, es decir cómo los dispositivos simultáneamente accederán al medio de comunicación de una manera ordenada. Existen dos tipos de topologías lógicas a nivel de LAN.

- Topología con medio compartido
- Topología basada en *token*

Medio compartido

En este tipo de topología lógica todos los dispositivos tienen la habilidad de acceder al medio de comunicación compartido en cualquier momento. Este hecho se convierte en ventaja y desventaja, a la vez. La principal desventaja es que como el medio de comunicación es compartido se pueden ocasionar colisiones, donde dos o más nodos de la red transmitan al mismo tiempo, dando como resultado que se pierdan los paquetes y deban renviarse hasta que no existan más colisiones. Ethernet es el ejemplo más característico y utiliza como protocolo de acceso al medio el CSMA/CD *(Carrier Sense Multiple Access/Collision Detection*).

Para redes pequeñas, la topología lógica de medio compartido funciona bien pero cuando se incrementa el número de nodos aumenta la probabilidad de colisiones. Para evitar esto se recomienda segmentar las redes con un número pequeño de nodos, haciendo uso de *hubs* o *switchs*, reduciendo el "dominio de colisiones". Las redes con medios compartidos son típicamente implementadas en topologías físicas, como bus, estrella o híbridas.

Basadas en *token*

Las topologías lógicas basadas en *token* funcionan utilizando un testigo o estafeta *(token)* para proveer acceso al medio físico, el cual recorre la red en un orden lógico. Para que un nodo pueda transmitir o recibir información necesita forzosamente tener el *token* en su poder en ese momento. A diferencia del medio compartido, vimos que en este esquema todos los nodos pueden transmitir en cualquier momento. En una red basada en *token*, no ocurre eso, se necesita el *token* para realizar la acción. La principal desventaja de este método es el retardo, es decir, el tiempo que recorre el *token* en dar la vuelta para que determinado nodo pueda transmitir. La ventaja respecto al esquema anterior, es la ausencia de colisiones. Las redes basadas en *token* se adaptan más para topologías físicas en anillo.

4.6 Relaciones de red cliente/servidor y *peer to peer*

Las empresas y organizaciones invierten significativamente en equipos de comunicación y computación para establecer redes, pero también buscan la manera de optimizar esos recursos. Por ejemplo, imaginemos una pequeña organización que tiene una red de 30 computadoras, ¿requiere una impresora conectada por usuario? En este caso, una o dos impresoras pueden ofrecer el servicio a los 30 usuarios de manera simultánea, ya que una impresora es sólo uno de tantos recursos que se pueden compartir a través de una LAN.

Otros recursos que podrían compartirse son: almacenamiento en disco, archivos, directorios, aplicaciones, unidades de disco compacto, etc. Los administradores de la red en las instituciones tienen la tarea de aplicar formas óptimas para compartir dichos recursos, y desde luego, ahorrar en la adquisición de equipos.

Las relaciones de red establecen cómo una computadora hace uso de los recursos de otra en una LAN. Existen dos tipos de relaciones de red que se adecuan, según las necesidades, presupuesto y tamaño de las organizaciones:

- Cliente-servidor
- Peer-to-peer

Peer-to-peer

En las relaciones de red *peer-to-peer*, cada dispositivo conectado a la red tiene un mismo estatus. Cada dispositivo recibe el nombre de *peer*; que podemos traducir como semejante, homólogo, del mismo intervalo o par. En términos computacionales, *peer-to-peer* se refiere a que las computadoras conectadas a la red tienen las mismas o casi las mismas características en *hardware* y *software*, es decir, no existe una computadora con mayor poder computacional que haga las labores de un servidor.

En este esquema, cada computadora es responsable de poner sus recursos a disponibilidad de las otras computadoras en la red. Éstos pueden ser archivos, directorios, aplicaciones, dispositivos periféricos (impresoras, unidades de discos compactos, etc.). Cada computadora es también responsable de configurar y mantener sus propios privilegios de seguridad para tales recursos. Adicionalmente, los usuarios son responsables de acceder a los recursos de red que necesita de otra computadora, conocer dónde se encuentran localizados y gestionar la seguridad requerida para el acceso a estos recursos.

En el esquema *peer-to-peer*, el almacenamiento de los archivos y los servicios de impresión dependen de cada computadora conectada a la red. Cada computadora tiene instalado su propio sistema operativo que le da acceso a sus aplicaciones, sistema de archivos, impresión, periféricos y otros recursos, que podrían compartirse con el resto de sus pares (Figura 4.7).

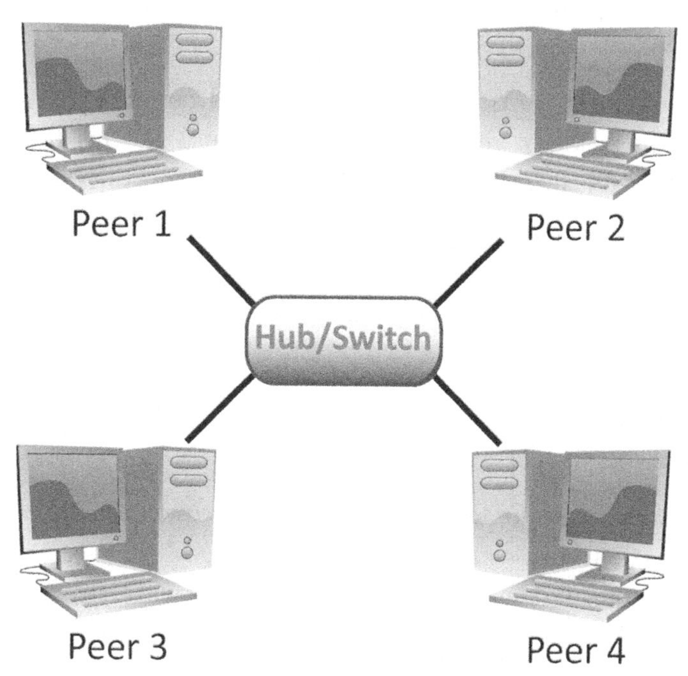

Figura 4. 7. Relación de red *peer-to-peer*

Ventajas

Las redes *peer-to-peer* ofrecen varias ventajas, particularmente para redes pequeñas.

- ***Hardware* menos costoso:** prácticamente no se requiere de *hardware* costoso, comparado con el monto para adquirir uno o más servidores que ofrezcan mucho espacio en disco, memoria y otras características de desempeño.
- **Fácil de instalar, configurar y administrar:** debido a estas características se necesita un conocimiento técnico mínimo para operarlas. Cada usuario controla y administra sus propios recursos y decide quién más en la red tendrá privilegios de acceso.
- **No se requiere un sistema operativo de red o grupos de trabajo:** es innecesario un sistema operativo para red y multiusuarios, debido a que cada usuario decide que sistema operativo instalarle a su computadora. Pueden instalarse sistemas operativos distintos, ya sea propietarios (e.g. Windows) o abiertos (e.g. Linux) y podrán compartirse sin ningún problema los mismos recursos.
- **Mayor redundancia:** debido a que la información se distribuye en las diferentes computadoras de la red, pueden existir varias copias de la misma información.

Desventajas:

- **Difícil de hacer respaldos centralizados:** en *peer-to-peer* cada usuario es responsable de sus propios respaldos, no es posible centralizados.
- **Difícil de mantener el control de las versiones del *software* y sistema operativo:** debido a que la administración y control dependen del usuario, es difícil mantener la misma versión, ya que las actualizaciones del *software* o del sistema operativo dependen del usuario.
- **La seguridad no es óptima:** la seguridad no está centralizada sino distribuida en cada una de las computadoras conectadas a la red. Por ello es necesario un técnico que actualice las versiones del sistema operativo, antivirus y otros controles de seguridad en cada computadora.
- **Desorganización de la información:** no hay una organización central de los datos de la red, que pueden estar en cualquiera de los nodos.
- **Carga adicional:** las computadoras en este tipo de red tienen una carga adicional debido al compartimiento de recursos con los demás usuarios. Muchas veces, al acceder los recursos de otra computadora, el desempeño de la computadora y de la red baja considerablemente.

Cliente-servidor

Consiste en un grupo de computadoras (llamadas clientes o estaciones de trabajo) que hacen solicitudes de servicios a una computadora más poderosa llamada servidor. Es decir, existe una distinción entre las computadoras que hacen disponibles los recursos (servidores) y las computadoras que usan los recursos (clientes). Existe una relación de cliente-servidor pura cuando todos los recursos disponibles son administrados y alojados de manera centralizada. Los clientes son consumidores exclusivos de esos recursos compartidos en la red y los servidores son responsables de la disponibilidad, administración apropiada y asignación de privilegios de seguridad a los recursos compartidos (Figura 4.8).

Un buen ejemplo de una red cliente-servidor es el *World Wide Web* (www). Los clientes son los navegadores (Mozilla, Internet explorer, Opera, Safari, etc.) que hacen uso de los recursos (información, archivos, música, vídeos, etc.) de los servidores *web* (e.g. Apache). Los clientes son entonces, cualquier computadora, *tablet* o teléfono celular que tenga un navegador. El servidor es una computadora con mucha capacidad de disco duro, memoria y varios recursos disponibles para los clientes.

El servidor almacena en sus bases de datos, de manera centralizada, la información de las cuentas de acceso de cada usuario de la red, sus privilegios de acceso a los recursos, las cuentas de correo electrónico, etc. Esto representa ventajas y desventajas, ya que toda la responsabilidad recae en un solo equipo, por lo que éste debe protegerse de ataques y vulnerabilidades.

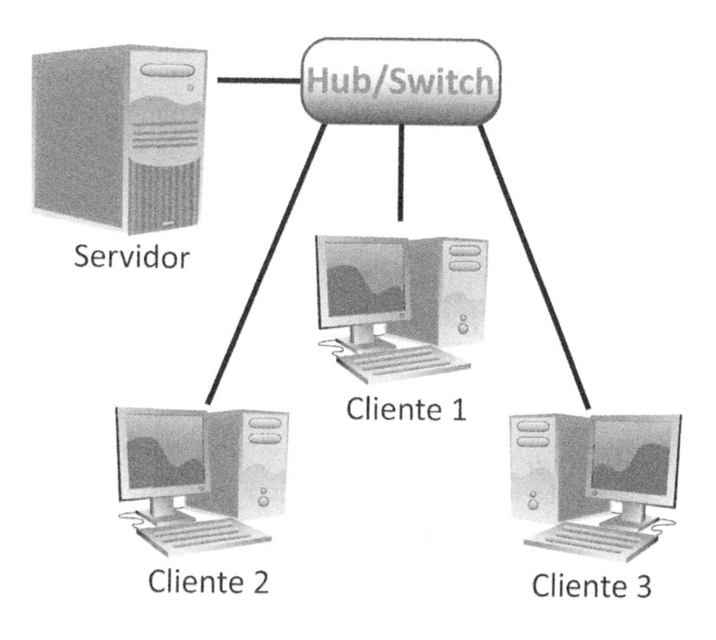

Figura 4.8. Relación de red cliente-servidor

Ventajas

Las redes cliente-servidor ofrecen muchas ventajas debido a su administración centralizada. Son más comúnmente usadas para redes grandes. A continuación se listan algunas de sus ventajas respecto al modelo *peer-to-peer*:

- **Mayor seguridad:** la seguridad en la red es mejor por muchas cuestiones, principalmente por la administración centralizada de los recursos, en vez de estar distribuidos por toda la red, como en el caso de las *peer-to-peer*. Otra razón es que generalmente los servidores están localizados en un cuarto cerrado con llave, al que nadie tiene acceso más que el administrador de la red. Este cuarto tiene aire acondicionado, lo que protege al equipo de calentamiento excesivo. Otra razón, es que el sistema operativo de red que utilizan los servidores son diseñados para ser más seguros, difícilmente son vulnerados.
- **Mejor desempeño**: computadoras con mayor desempeño contribuyen a soportar muchos usuarios trabajando y solicitando recursos de manera simultánea.
- **Respaldos centralizados:** conservar los datos valiosos de una organización, desde un solo lugar es más seguro y rápido que hacerlo desde varias computadoras.

- **Confiabilidad:** aunque la responsabilidad en una red recae en un solo equipo, los servidores ofrecen más confiabilidad que las redes *peer-to-peer*. El *hardware* y *software* instalado en un servidor son más estables y pocas veces fallan. Generalmente, los periféricos y accesorios de un servidor están diseñados con redundancia. Si un disco duro o una fuente de alimentación falla, pueden ser reemplazados inmediatamente.

Desventajas

- **Requieren de un experto administrador de red:** el nivel de administración en una red cliente-servidor requiere de una persona profesional que conozca todos los por menores que ocurren en una red tanto de *hardware*, cableado y conexiones físicas, como de *software* y sistemas operativos. Son vitales la experiencia y el entrenamiento.
- **Mayor inversión:** la compra de servidores con alto desempeño requiere de inversión importante, aunado a la compra de licencias de sistemas operativos, aplicaciones corporativas y sistemas para el servidor. El costo de las licencias aumenta conforme aumenta el número de usuarios. Si el costo en *software* es alto, el administrador y los ejecutivos de la empresa deben valorar si el *software libre* representa una opción.

Principales diferencias entre ambos modelos

En ambos tipos de relación vemos que las topologías física y lógica, el medio de comunicación y método de acceso al medio, pasan a segundo término. Aquí, lo más importante es cómo ambos modelos comparten los recursos en una red. Por ejemplo, las redes *peer-to-peer* no tienen un servidor central, cada computadora comparte por igual sus recursos, no hay un almacenamiento central o de autentificación de usuarios. Por otra parte, en el modelo cliente-servidor existen servidores dedicados que determinan los privilegios a los usuarios, para el acceso a la información u otros recursos.

La elección de un modelo dependerá de las necesidades específicas de cada organización. El administrador de la red decidirá si le conviene instalar una red *peer-to-peer* o cliente-servidor, lo cual dependerá, en muchas situaciones del número de empleados y el presupuesto. Una red de relación *peer-to-peer* es más adecuada para redes con pocos usuarios, mientras que las redes grandes son más fáciles de administrar con un modelo cliente-servidor.

4.7 El modelo de referencia OSI

Las primeras computadoras y sistemas de comunicación como el teléfono, el telégrafo y la televisión no fueron conceptualizadas para conectarse unas con otras. Compartir información entre dos o más sistemas de información y comunicaciones representa una tarea compleja cuando no existe un modelo de comunicación. La idea principal para establecer estándares en telecomunicaciones y redes, como lo vimos anteriormente, demanda definir esquemas de comunicación para que los diferentes sistemas puedan interconectarse.

A finales de los años setenta, empezaron a desarrollarse dos proyectos independientes, pero con el mismo objetivo: definir un estándar unificado para la arquitectura de los sistemas de redes. Uno era administrado por la organización ISO, mientras que el otro estaba bajo la batuta del CCITT (hoy ITU-T). Estas dos entidades generaron por separado un documento que definía modelos similares.

En 1983 estos dos proyectos convergen en uno solo para formar un estándar llamado "El modelo básico de referencia para la interconexión de sistemas abiertos" o modelo de referencia OSI o modelo OSI. Finalmente, en 1984, el estándar es publicado por ambas entidades como ISO 7498 e ITU X.200.

La idea del modelo fue el establecer los fundamentos de un conjunto de protocolos que serían usados para la interconexión de redes. Este modelo fue llamado "conjunto de protocolos OSI" *(OSI Protocol Suite)*. En forma alterna se desarrolló el conjunto de protocolos de TCP/IP por parte de la comunidad de Internet y el IETF. Aunque muchos de los protocolos OSI fueron implementados, el modelo TCP/IP empezó a ganar más adeptos con el crecimiento de la red Internet.

El modelo OSI se estableció entonces como un modelo de referencia para fines didácticos, para entender las interacciones entre dispositivos de *hardware* y *software* a través de un modelo de siete capas. Este modelo es útil para desarrollar productos de *software* y *hardware* separando claramente los roles de desempeño de cada uno de los componentes en un sistema de red.

El modelo de referencia OSI *(Open Systems Interconnection)*, como su nombre lo dice, es un intento para interconectar sistemas abiertos; representa un modelo común de comunicación para que dispositivos de *hardware* y *software* de distintos fabricantes puedan interconectarse entre sí de manera transparente. Las capas del modelo OSI fueron creadas por la organización ISO con el propósito de abrir la comunicación entre diferentes sistemas sin recurrir a cambios en la lógica y fundamentos del *hardware* y *software*. OSI, a fin de cuentas, es un modelo para entender el diseño de una arquitectura de red para que ésta sea flexible, robusta e interoperable.

Las capas del modelo OSI

Según el estándar ISO/IEC 7498-1:1994, el cual reemplazó al ISO 7498:1984, define un modelo de interconexión basado en capas bajo los siguientes principios:

a) Reducir al mínimo el número de capas.

b) Crear límites donde la descripción de servicios puede ser pequeña y reducir el número de interacciones .

c) Crear capas por separado para manipular funciones que están manifestándose de manera diferente, en el proceso o en la tecnología involucrada.

d) Recoger funciones similares en la misma capa.

e) Seleccionar límites donde experiencias pasadas han demostrado ser exitosas.

f) Crear una capa de funciones fácilmente localizables de modo que la capa pueda ser reajustada totalmente y sus protocolos cambiados de una manera que aprovechen los nuevos avances en la tecnología de arquitectura, *hardware* o *software*, sin cambiar los servicios esperados y proveídos hacia las capas adyacentes.

g) Crear un límite temporal de la correspondiente interface estandarizada.

h) Crear una capa donde exista la necesidad de un nivel diferente de abstracción, en el manejo de datos, morfología, sintaxis y semántica.

i) Permitir cambios de funciones o protocolos que puedan ser hechos en cada capa sin afectar las otras.

j) Crear límites para cada capa, con la capa superior e inferior. Los mismos principios pueden ser aplicados para las subcapas.

k) Crear subgrupos y organización de funciones para formar subcapas dentro de una capa, donde se necesiten distintos servicios de comunicación.

l) Crear, donde sea indispensable, dos o más capas en común con una mínima funcionalidad para permitir la interacción con las capas adyacentes.

m) Permitir pasar por alto las subcapas.

Con este esquema basado en capas, las funciones de comunicación son establecidas en un orden jerárquico. Cada capa desempeña un conjunto de funciones requeridas para poder comunicarse con otro sistema. Idealmente, las capas están hechas de tal manera que si hay cambios en una, éstos no afecten a las demás. De esta manera se puede descomponer un problema mayor en varios retos menores, que se puedan resolver fácilmente.

Las capas del modelo OSI están ordenadas de arriba hacia abajo, en el siguiente orden: Aplicación, Presentación, Sesión, Transporte, Red, Enlace de Datos y Física. Las capas más bajas (física, enlace de datos y red) también conocidas como capas inferiores, se caracterizan porque su funcionalidad está implementada en *hardware*. Las otras cuatro capas (transporte, sesión, presentación y aplicación) se conocen como capas superiores debido a que están implementadas en *software*. El modelo OSI, como puede observarse en la Figura 4.9, funciona en ambos extremos de una conexión.

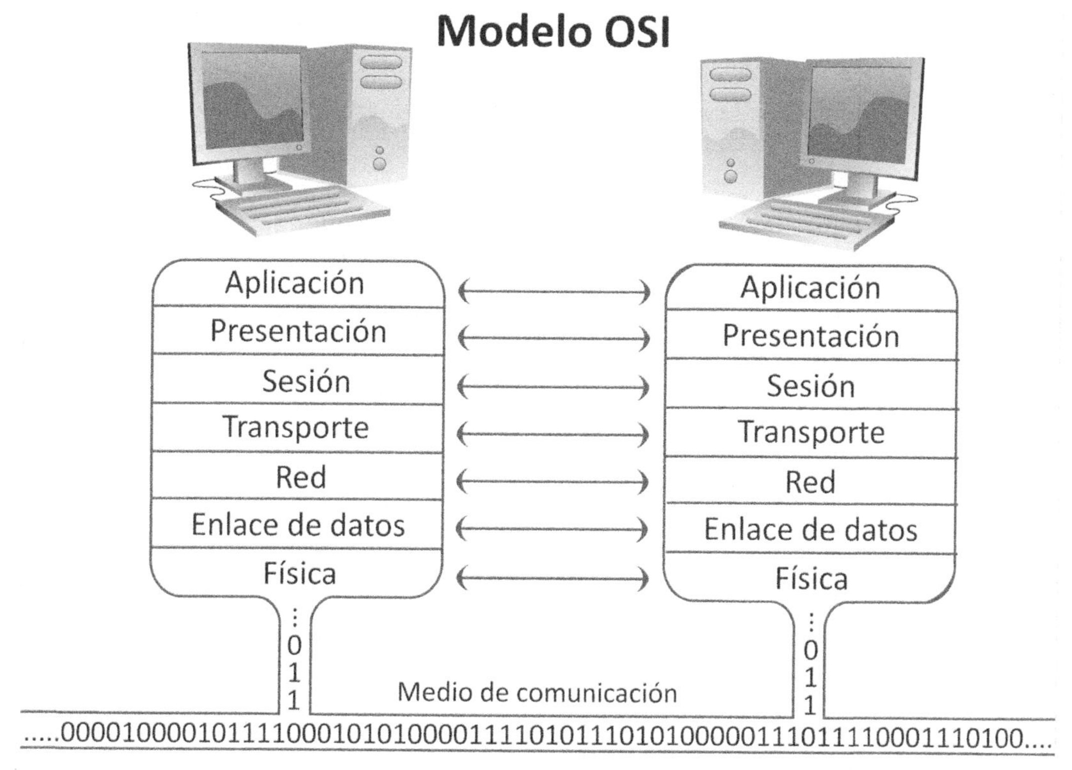

Figura 4.9 El modelo de referencia OSI

Capa física

A la capa más baja del modelo OSI, la que tiene una interacción más directa con el medio de comunicación o el *hardware*, se le asocian actividades relacionadas con las interfaces de comunicación, conectores, cables y señales. El propósito de la capa física es proveer los medios mecánicos, eléctricos, funcionales y de procedimiento para activar, mantener y desactivar conexiones físicas para la transmisión de *bits* a entidades de enlace de datos. Una conexión física puede involucrar sistemas abiertos intermediarios que transmiten *bits* dentro de esta capa. Las entidades de la capa física son interconectadas a través de un medio físico de comunicación.

Las características clave de la capa física se resumen como:

- Define las especificaciones de *hardware* de los detalles de operación de cables, conectores, transceptores inalámbricos de radio, tarjetas de red, repetidores, concentradores y otros dispositivos.
- Define la codificación y señalización, funciones que transforman los datos desde *bits* que residen dentro de una computadora u otros dispositivos convirtiéndolos en señales que serán enviadas a la red a través del medio de comunicación.

- Se encarga de la transmisión y recepción de los datos hacia o desde una red inalámbrica o una red cableada.
- También define las topologías de red de LAN, MAN, WAN, etcétera.

En general, la capa física se encarga de manipular los unos y ceros después de ser transformados a partir de señales eléctricas u ópticas. Por ejemplo, un concentrador o *hub*, se encarga de conectar físicamente los dispositivos asociados a éste, como computadoras, puntos de acceso, otros *hubs*, etc. Al concentrador no le interesa el contenido de la información que circula por él, solamente la recibe y la retransmite. Si éste es un *hub* activo, también amplificará las señales.

La tarjeta de red de una computadora, aunque también tiene funciones de capa física, transfiere la información empaquetándola en protocolos, a nivel de la capa de enlace de datos, como veremos más adelante.

En la capa física se utilizan comúnmente los siguientes estándares.

- Cables: CAT5e UTP, (IEEE 802.3ab), TIA/EIA 568A, TIA/EIA 568A, 10BaseCX, 100BaseTX, 100BaseFX, 1000BaseTX, IEEE 802.3af *(Power over Ethernet)*.
- Interfaces físicas (conectores): USB *(Universal Serial Bus)*, FireWire (IEEE 1394), RS-232 (V.24), X.21, RS-449/RS-422, V.35, SCSI *(Small Computer System Interface)*, RJ11, RJ45/RJ48, RS-530 (EIA-530), etc.

Capa de enlace de datos

La capa de enlace de datos se encarga de establecer la comunicación entre dos dispositivos. Muchas de las funciones de esta capa fueron definidas por el grupo de trabajo 802 de la IEEE. Existen dos subcapas de la capa de enlace de datos:

- **Control de enlace lógico** LLC *(Logical Link Control)*: se refiere a las funciones requeridas para el establecimiento y control de los enlaces lógicos entre los dispositivos en una red. Esta subcapa provee los servicios a la capa de red y oculta el resto de los detalles de la capa de enlace de datos para permitir que diferentes tecnologías trabajen transparentemente con las capas superiores. Muchas de las tecnologías de LAN utilizan el protocolo IEEE 802.2 LLC.

- **Control de acceso al medio** MAC *(Media Access Control)*: se relaciona con los procedimientos utilizados por los dispositivos para controlar el acceso múltiple al medio de la red. Debido a que muchas redes utilizan un medio compartido, es necesario establecer reglas para que varios dispositivos puedan acceder al medio de manera regulada y así evitar colisiones o conflictos. Por ejemplo, Ethernet utiliza el método de acceso al medio conocido como CSMA/CD *(Carrier Sense Multiple Access/Collision Detect)*, mientras que *Token ring* utiliza el método conocido como *Token passing*. El control de acceso al medio CSMA/CD está definido en el estándar IEEE 802.3.

Algunas de las funciones importantes de la capa de enlace de datos son:

- **Encapsulamiento**: la capa de enlace de datos es la responsable del encapsulado de los datos en tramas que son enviadas a la red hacia la capa física.
- **Direccionamiento**: consiste en etiquetar la información con una dirección de la fuente (quién envía) y destino (quién recibe). Cada dispositivo conectado a una red tiene una interface que incluye un número identificador único llamado comúnmente dirección de *hardware* o dirección MAC. Esta etiqueta es usada por los protocolos para identificar plenamente a los dispositivos a su alrededor dentro de una LAN. Una dirección MAC es comúnmente un identificador de 48 *bits*, formado por seis grupos de 2 números hexadecimales separados por guiones (-) o dos puntos (:). Por ejemplo: AB-01-EC-23-00-CD o AB:01:EC:23:00:CD. También existen identificadores de 64 *bits*.
- **Verificación y control de error**: esta función consiste en verificar que cada trama o paquete se envíe correctamente, sin error hacia su destino. En caso de que el paquete llegue con errores, el receptor (destino) pedirá al transmisor (fuente) que retransmita el paquete nuevamente. Todo esto se logra gracias a los algoritmos de verificación y control que están incrustados en *firmware* en las tarjetas o interfaces de red de los dispositivos. (e.g. CRC-32, Cyclic Redundancy Check).

Algunos estándares y tecnologías en la capa de enlace de datos son: CSMA/CD (IEEE 802.3), *Token Passing* (802.5), VLAN *(Virtual LANs*, IEEE 802.1Q), ISDN *(Integrated Services Digital Network)*, *Frame Relay*, FDDI *(Fiber Distributed Data Interface)*, PPP *(Point-to-Point Protocol)*, HDLC *(High-Level Data Link Control)*, ARP *(Address Resolution Protocol)*.

Capa de red

Mientras que la capa de enlace de datos está acotada a los límites de una red de área local (LAN), el alcance de la capa de red va más allá abarcando la interconexión de redes o inter-red *(internetworking)* o simplemente lo que hoy conocemos como Internet. La capa de red es responsable del envío fuente a destino (encaminamiento o enrutamiento) de los paquetes, es decir, se asegura que cada paquete llegue desde su punto inicial al final. Si dos sistemas están conectados en el mismo enlace, no existe la necesidad de la capa de red (e.g. una LAN). Sin embargo, si dos sistemas están en diferentes redes será necesaria la participación de la capa de red para culminar la entrega fuente a destino del paquete.

Las funciones más importantes de la capa de red son:

- **Direccionamiento lógico**: el direccionamiento físico de la capa de enlace de datos a través de las direcciones MAC funciona sólo a nivel local dentro de una LAN. ¿Pero qué ocurre si un paquete pasa esa frontera? Se necesita de otro sistema de direccionamiento para poder identificar los diferentes dispositivos en esa inter-red. Ese identificador es conocido como dirección IP *(Internet Protocol)*. La capa de red agrega en el encabezado del protocolo un identificador de la dirección IP fuente y destino. Las direcciones MAC usadas en la capa de enlace de datos son direcciones físicas asociadas a un *hardware* en particular, en cambio, las direcciones lógicas son independientes del *hardware* y son identificadores únicos en toda la red Internet.
- **Enrutamiento**: la selección de trayectoria es la función principal de la capa de red, la cual se refiere a mover información a través de una serie de redes interconectadas. Los dispositivos llamados enrutadores *(routers)* encaminan los paquetes hacia su destino final valiéndose para ello del uso de protocolos o algoritmos de enrutamiento.
- **Encapsulación de datagramas**: la capa de red encapsula los mensajes de datos recibidos de las capas superiores en datagramas (también llamados paquetes) con un encabezado característico de la capa de red.
- **Fragmentación y reensamblado**: la capa de red deberá enviar mensajes hacia la capa de enlace de datos para ser transmitidos. Algunos protocolos de enlace de datos tienen limitantes en la longitud de los mensajes. Si el paquete es muy largo, la capa de red deberá fragmentar dicho paquete y enviar las piezas a la capa de enlace de datos ya reensambladas.

Ejemplos de protocolos de capa de red: IP (Internet Protocol version 4), IPv6 (Internet Protocol version 6), RIP (Routing Information Protocol), SLIP (Serial Line Internet Protocol), DHCP (Dynamic Host Configuration Protocol), OSPF (Open Shortest Path First), IGRP (Interior Gateway Routing Protocol), BGP (Border Gateway Protocol), ICMP (Internet Control Message Protocol), etcétera.

Capa de transporte

Aunque la capa de transporte está considerada en las capas superiores, también tiene varias funciones dentro de las capas inferiores, y como su nombre lo indica es la responsable de transportar los datos de la fuente hacia el destino (extremo a extremo) del mensaje completo. Mientras que la capa de red supervisa el envío extremo a extremo de paquetes individuales, sin reconocer cualquier relación entre éstos, la capa de transporte asegura que el mensaje completo arribe intacto y en orden, supervisando el control de flujo y control de error al nivel de la fuente y el destino.

La capa de transporte actúa como un fuerte vínculo entre un mundo de aplicaciones de las capas superiores y funciones concretas de las capas 1 a la 3. Debido a esto, la capa de transporte provee las funciones necesarias para habilitar las comunicaciones entre procesos de aplicaciones de *software* en diferentes equipos de cómputo. La capa de transporte es la encargada de proveer medios por los cuales esas aplicaciones pueden enviar y recibir datos utilizando las mismas ejecuciones de protocolos de capas inferiores. Por este motivo, esta capa es la responsable del transporte extremo a extremo *end-to-end* o *host-to-host*, equivalente a lo que hace el modelo TCP/IP.

En el modelo TCP/IP el envío de mensajes se hace a través de dos protocolos: el TCP *(Transfer Control Protocol)* y el UDP *(User Datagram Protocol)*. La diferencia entre éstos es la seguridad de la información. El TCP es un protocolo orientado a conexión, es decir, hay un acuse de recibido del receptor, asegurándo que llegaron los paquetes enviados y de manera correcta. La transmisión por UDP, en cambio, carece de acuse de recibido (orientados a no conexión) y, por lo tanto, no hay una garantía de que llegaron los paquetes a su destino.

Servicios de la capa de transporte:

- **Orientados a conexión**: la capa de transporte provee este servicio de garantía de seguridad de la información. La capa de red, en cambio, sólo provee un servicio orientado a no-conexión.
- **Entrega ordenada**: la capa de red no necesariamente garantiza que los paquetes arribarán en el mismo orden en el que fueron enviados. La capa de transporte, en cambio, garantiza la entrega ordenada de paquetes, dándole a cada paquete un número y una secuencia de segmentos, permitiéndole al receptor el reordenamiento de los paquetes.
- **Entrega confiable**: algunos protocolos de transporte, por ejemplo TCP pueden ejecutar esta función aplicando a cada paquete un algoritmo de verificación y control de error.
- **Control de flujo**: previene la pérdida de segmentos en la red evitando la necesidad de retransmitirlos.

- **Identificación de servicios y aplicaciones:** en el modelo TCP/IP, los puertos lógicos proveen medios para identificar múltiples entidades en la misma localidad. Por ejemplo, en una computadora existen muchas aplicaciones que hacen uso de distintos servicios proveídos por las capas de aplicación. Estos servicios son identificados por números que han sido asignados por la IANA *(Internet Assigned Numbers Authority)*. Entre las aplicaciones más conocidas destacan: el puerto 21 correspondiente al servicio de transferencia de archivos FTP *(File Transfer Protocol)*, el puerto 80 al servicio HTTP, el puerto 103 identifica el servicio de recepción de correos electrónicos, conocido como POP3 *(Post Office Protocol)*.

Ejemplos de protocolos de la capa de transporte son: TCP *(Transfer Control Protocol),* UDP *(User Datagram Protocol),* TLS *(Transport Layer Security),* Mobile IP, etcétera.

Capa de sesión

Esta capa permite a los dispositivos establecer, administrar y terminar sesiones. Una sesión es un enlace lógico perteneciente a dos procesos de aplicaciones de *software*, para permitirles intercambiar datos en un periodo de tiempo. De hecho, los productos de *software* en la capa de sesión son una serie de herramientas en vez de protocolos. Las herramientas son un conjunto de comandos conocidos como API *(Application Program Interfaces)*, que permiten a las aplicaciones comunicación de alto nivel en una red, el utilizar un conjunto de servicios estandarizados. Un ejemplo de ellos son los *sockets*, los cuales permiten a los programadores crear sesiones entre programas de *software* sobre el Internet o un sistema operativo.

Ejemplo de protocolos de la capa de sesión: DNS (Domain Name Service), LDAP (Lightweight Directory Access Protocol), NetBIOS/IP, TCP/IP Sockets, RPC (Remote Procedure Calls), PPTP (Point-to-Point Tunneling Protocol), SSH (Secure Shell), etcétera.

Capa de presentación

La capa de presentación provee funciones específicas relacionadas con la presentación de la información, tales como: formateo, codificación, conversión de códigos, compresión de datos y encriptación. Estas funciones de presentación determinan cómo la información debe ser vista por el sistema en el otro extremo de la red.

Recordemos que las redes hoy en día están compuestas de diferentes tipos de sistemas de cómputo que tienen muchas características y representan los datos de diferentes maneras; pueden usar diferentes conjuntos de caracteres, por ejemplo el código ASCII, el EBCDIC o el HTML. La función de esta capa es hacer esta traducción transparente para ambos sistemas, y desde luego para el usuario. Otros ejemplos de presentación de la información y formateo son las letras fuente *(fonts)*, tabuladores *(tabs)*, brincos de línea y página *(line & page break)*, etcétera.

La compresión (y descompresión) es también una función que realiza la capa de presentación para mejorar el caudal eficaz de los datos. Esto se logra mediante la aplicación de algoritmos de compresión de datos como el ZIP, JPEG, MPEG, etcétera.

La encriptación (y desencriptación) son también desempeñadas por la capa de presentación. La encriptación está asociada a la seguridad de los datos; para este propósito hay muchos algoritmos asociados: SSL, DES *(Data Encryption Standard)*, PGP *(Pretty Good Privacy)*, por citar algunos.

Ejemplos de protocolos de la capa de presentación son: ASCII (American Standard Code for Information Interchange), EBCDIC (Extended Binary Coded Decimal Interchange Code), LPP (Lightweight Presentation Protocol), NCP (NetWare Core Protocol), NDR (Network Data Representation), X.25 PAD (Packet Assembler/Disassembler Protocol), SSL (Secure Sockets Layer), IPSec (Secure IP), DES (Data Encryption Standard), PGP (Pretty Good Privacy), NetBIOS.

Capa de aplicación

Al tratarse de la capa más alta del modelo OSI, ésta tiene una interacción más directa con el usuario permitiéndole acceder a las aplicaciones disponibles en el sistema. Provee las interfaces de usuario y soporte para servicios, como correo electrónico, transferencia de archivos y administración de bases de datos compartidas. No todos los usos de la capa de aplicación son realizados por las aplicaciones; en algunas ocasiones, el sistema operativo usará los servicios de dicha capa.

Ejemplos de protocolos y aplicaciones de la capa de aplicación son: navegadores *web* (HTTP, *HyperText Transfer Protocol*), transferencia de archivos (FTP, *File Transfer Protocol*), acceso remoto (*Telnet*), correo electrónico (SMTP, *Simple Network Management Protocol*), correo electrónico (POP3, *Post Office Protocol 3*), administración de redes (SNMP, *Simple Mail Transfer Protocol*), *X Windows*, asignamiento dinámico de *hosts* (DHCP, *Dynamic Host Control Protocol*), etcétera.

4.8 Breve historia de las arquitecturas de red LAN

Las computadoras personales empezaron a salir al mercado a finales de 1970. Desde luego, fueron ideadas para uso personal, sin tener en mente, todavía, conectarlas entre sí para formar redes. Después, aparecieron varias arquitecturas de red para llenar las necesidades de comunicación intra-organizacional, en el ambiente de LAN. Una arquitectura de red se refiere a las especificaciones de diseño del croquis físico de los dispositivos conectados; éstas incluyen el medio de comunicación, la topología física, velocidades de información, protocolos de comunicación y el método de acceso al medio. Este último trabaja en la capa de enlace de datos del modelo OSI y establece como los nodos accederán a la red para poder transmitir los paquetes. Para propósitos históricos describiremos brevemente las tres arquitecturas de red más populares, no sin antes destacar que Ethernet predomina el mercado de las redes LAN, en la actualidad.

Las arquitecturas de red más populares son:

- ARCnet
- Token ring
- Ethernet

ARCnet

La arquitectura de red ARCnet *(Attached Resource Computer Network)* fue desarrollada por la compañía Datapoint Corporation en 1977. Fue muy popular para pequeñas redes por su bajo costo y fácil mantenimiento. ARCnet usa un método de acceso al medio de paso de estafeta *(token passing)* que trabaja sobre una topología estrella-ducto a una velocidad máxima de transmisión de información de 2.5 Mbps. El ducto principal de la red está compuesto por una serie de topologías en estrella. Cada computadora se conecta a un concentrador al centro de la estrella y concentradores suplementarios conectados directamente al ducto. Esta arquitectura tenía dos ventajas importantes respecto a su competidor Ethernet: la primer ventaja era la topología estrella-ducto que era más fácil de instalar y expandir que la topología de ducto lineal con cable coaxial tipo Ethernet. La segunda ventaja era la distancia del cable que podía extenderse hasta el orden de 609 metros entre los concentradores activos o entre los concentradores y el nodo final. ARCnet requería concentradores activos o pasivos entre los nodos. Un concentrador pasivo no amplifica la señal recibida, mientras que el activo sí realiza este proceso.

ARCnet utiliza un esquema de paso de estafeta como método de acceso al medio, similar a *Token ring*, pero en vez de ser anillo, ARCnet utiliza un ducto. En este caso, a cada nodo se le asigna un número de orden del 0 al 255 y se implementa una simulación del anillo, en la cual el *token* utiliza dichos números para guiarse. Precisamente a 256 asciende el número máximo de nodos permitidos en un segmento de red ARCnet. Un paquete del protocolo ARCnet alcanza los 512 *bytes*, está compuesto de la dirección fuente, dirección destino, 508 *bytes* de datos (carga útil) e información de control. El *token* se mueve alrededor de la red en un patrón dado, formando un anillo lógico, desplazándose nodo por nodo en secuencia hasta alcanzar su destino final. A ningún nodo le será permitido utilizar el *bus* si no tiene el token, es decir, si un nodo en particular desea enviar un mensaje debe esperar el token para cumplir su propósito. En el destino, la carga útil es extraída del paquete; posteriormente, el *token* es liberado y enviado a la siguiente estación. Debido a que los paquetes son pequeños en tamaño, el token deberá realizar las vueltas necesarias hasta completar la transferencia total del mensaje. Cuando el *token* alcanza el número más alto en la red, automáticamente vuelve a su mínima numeración, creando así una topología (lógica) de anillo.

Una ventaja de ARCnet es que garantiza acceso al *bus* a cualquier nodo de la red. El desempeño de la red dependerá del número de nodos conectados, pero el tiempo que tarda el token en dar una vuelta será predecible haciéndolo ideal para sistemas de red en tiempo real. Una desventaja del método de acceso *token passing* es que cada nodo actúa como un repetidor, aceptando y regenerando el *token* y enviándolo alrededor de la red en un patrón específico. Si un nodo en particular no está funcionando, el token será destruido y afectará toda la red.

En el primer sistema desarrollado de ARCnet se utilizaba cable coaxial RG-62, comúnmente en *mainframes* de la compañía IBM, pero también tiene soporte para par trenzado y fibra óptica. Para velocidades inferiores a 2.5 Mbps, par trenzado categoría 3 es suficiente para implementar ARCnet sobre cable coaxial. En respuesta a las necesidades de ancho de banda, *Datapoint* desarrolló *ARCnet Plus* en 1992, permitiendo velocidades de hasta 20 Mbps, compatible con el equipo original de ARCnet. Sin embargo, en cuanto salieron los productos de ARCnet Plus a la venta, Ethernet ya había capturado la mayoría del mercado de las redes, dándoles pocos incentivos a los usuarios para regresar a ARCnet. Como resultado, se produjeron pocos productos ARCnet Plus y a usuarios que tenían redes ARCnet, les resultaba costoso y difícil encontrar los productos.

Token ring

Olof Söderblom creó *Token ring* a fines de 1960s y posteriormente fue licenciado a la compañía IBM. En 1984, esta compañía introdujo el protocolo cuando liberó su arquitectura *IBM Token ring* basado en unidades de acceso multiestación MSAU *(Multi-Station Access Unit)* y su sistema de cableado estructurado. La introducción de *Token ring* tuvo un gran impacto en la industria de la computación, y se convirtió en la solución de conectividad de IBM para todas sus computadoras personales y de negocio tipo *midrange* y *mainframe.* Debido a su popularidad, las especificaciones de *Token ring* se adpotaron en el estándar IEEE 802.5.

La arquitectura de red original *Token ring* ofrecía velocidades de transmisión de información hasta 4 Mbps; después, la velocidad de incrementó a 16 Mbps. En *Token ring* los nodos de la red están distribuidos en un anillo lógico, pero la transmisión de información entre las estaciones es enrutada a través de un *hub.* Las MSAU actúan como concentradores, ya que cada nodo se conecta a éstas.

Token ring utiliza como método de acceso *Token passing.* El *token* es desplazado a lo largo del anillo brindándo el derecho de transmitir a los nodos sucesivos. Si una computadora recibe el *token* podrá transmitir un mensaje (carga útil). Esta combinación de carga útil y *token* es llamado marco *(frame).* Conforme el marco se va desplazando por la red, cada nodo regenera la señal. Sólo el nodo receptor copia la carga útil en su memoria y marcan el mensaje como recibido. Posteriormente se borra el mensaje del *token* y vuelve a circular a la red.

Las ventajas de *Token ring* son confiabilidad y fácil mantenimiento. Utiliza una topología cableada en anillo, en la cual todas las computadoras están directamente conectadas a los MSAU. Al igual que ARCnet, si una computadora no funciona se caerá toda la red, ya que los nodos están transmitiendo activamente las señales alrededor del anillo.

La distancia máxima de longitud del cable es 45 metros si se utiliza UTP y 101 metros si se usa cable STP. Utiliza cable STP tipo 1 (22 AWG) y UTP tipo 3 (4 pares de 22 o 24 AWG). Los conectores son RJ-45 o IBM tipo A. La longitud mínima entre nodos es de 2.5 metros. El número de hubs o segmentos es 33. El número máximo de nodos por red es de 72 con UTP y 260 nodos con STP. Las velocidades de datos son 4 o 16 Mbps. El tamaño de los marcos o paquetes es de 4,000 a 17,800 *bytes*. Los MSAU normalmente tienen diez puertos, dos se utilizan para interconectar múltiples MSAU y los ocho restantes para conectar los nodos.

Ethernet

Robert Metcalfe inició el desarrollo del protocolo Ethernet en 1973, mientras trabajaba en el Centro de Investigación PARC *(Palo Alto Research Center)* de la compañía Xerox en Palo Alto, California. La idea surgió cuando Robert Metcalfe leyó un artículo, en 1970, de Norman Abramson, de la Universidad de Hawaii, acerca de un sistema de radio llamado ALOHAnet, el cual enlazaba las islas hawaianas. Este sistema fue un experimento temprano en el desarrollo para compartir un canal común de comunicaciones; en este caso, un canal común de radio. El protocolo Aloha era simple: cada estación transmite mensajes y espera un acuse de recibo de cada mensaje. Si no recibe el acuse en un corto periodo de tiempo, se asume que dos o más radios estaban transmitiendo al mismo tiempo y ocurrió una colisión y la pérdida del paquete. Cuando un paquete se perdía, las estaciones transmisoras lo retransmitían después de esperar un intervalo de tiempo aleatorio, con una buena probabilidad de éxito, salvo cuando había mucho tráfico. Norman Abramson demostró que su sistema, conocido como Aloha puro, alcanzaba una utilización máxima de canal de 18% cuando aumentaban las colisiones bajo mucho tráfico.

Metcalfe eligió este problema para su tesis doctoral de ciencias de la computación en Harvard y demostró que él podía mejorar el acceso arbitrario del sistema Aloha a un canal de comunicaciones compartido. Desarrolló un nuevo sistema que incluye un mecanismo que detecta cuándo ocurre una colisión *(collision detect)*. El sistema también incluye un esquema de *"escucha antes de hablar"* en el cual las estaciones "escuchan" si hay actividad en el canal antes de transmitir *(carrier sense)*, soporta un acceso a un canal compartido por múltiples estaciones *(multiple access)*. Poniendo todos esos componentes juntos, se puede notar el origen del protocolo de acceso al medio de Ethernet llamado CSMA/CD *(Carrier Sense Multiple Access with Collision Detection)*. Metcalfe también desarrolló un algoritmo que, combinado con el protocolo CSMA/CD, permitía al sistema Ethernet funcionar hasta con un cien por ciento de carga.

Xerox pidió a Robert construir un sistema de red que enlazara las computadoras del centro. La motivación de Xerox en la red de computadoras iba más allá; además quería construir la primera impresora láser del mundo y que todas las computadoras de PARC pudieran imprimir en red con esta impresora. Robert Metcalfe tenía dos retos importantes en Xerox: la red tenía que ser suficientemente rápida para poder soportar la nueva impresora y, además, debía que conectar cientos de computadoras en el mismo edificio.

En 1976, Robert Metcalfe y su asistente David Boggs publicaron un artículo en la revista *Communication of the ACM*, titulado *"Ethernet: Distributed Packet-Switching For Local Computer Networks"* (Conmutación de paquetes distribuido para redes locales de computadoras). En 1997, Robert M. Metcalfe, David R. Boggs, Charles P. Thacker y Butler W. Lampson recibieron la patente estadounidense 4,063,220 sobre Ethernet para un *"sistema de comunicación de datos multipunto con detección de colisiones"*. Previamente, una patente para un repetidor Ethernet ya había sido otorgada a Xerox en 1978. Hasta este punto, la compañía Xerox ya era propietaria de todo el sistema Ethernet. El siguiente paso en la evolución del protocolo era liberar Ethernet de una sola compañía y hacerlo un estándar mundial. Para eso en 1979, Metcalfe renuncia a Xerox y funda su propia compañía, 3Com; después, convence a las compañías *Digital Equipment Corporation (DEC), Intel* y a la misma Xerox para trabajar juntos en la promoción del estándar a nivel mundial.

El término "Ethernet" derivó de *"luminiferous ether"*, a lo cual muchos científicos del siglo XIX se referían como la sustancia pasiva que permitía la propagación de la luz y otras ondas electromagnéticas en el espacio libre. Metcalfe describió a Ethernet como la tecnología que permitiría que un cable, como un medio pasivo, llevara datos a todas partes a través de una red.

El primer estándar de Ethernet (10 Mbps) fue publicado en 1980 por el consorcio DEC-Intel-Xerox. Este fue conocido como *DIX Ethernet* por la primera inicial de cada compañía; el estándar *"The Ethernet, A local Area Network: Data Link Layer and Physical Layer Specifications"* contenía las especificaciones para cable coaxial delgado. Cuando fue publicado el estándar DIX, un nuevo esfuerzo conducido por el IEEE para desarrollar un estándar abierto comenzó su marcha. Finalmente, en 1985, el IEEE publica el estándar con el título *IEEE 802.3 Carrier Sense Multiple Access with Collition Detection (CSMA/CD).* En el título no se menciona el nombre Ethernet por ser una marca registrada de Xerox; sin embargo, la mayoría de las personas siguen utilizando el nombre Ethernet cuando se refiere al estándar IEEE 802.3.

Dada la popularidad de Ethernet, posteriormente la ANSI *(American National Standards Institute)* y la ISO *(International Organization for Standardization)* adoptaron el 802.3, convirtiéndolo así en un estándar internacional. La evolución de Ethernet continúa con nuevas versiones del estándar para adaptarse a las necesidades de la industria de las redes de comunicaciones, sin perder la compatibilidad hacia atrás acorde a las especificaciones originales de *DIX Ethernet.*

La batalla de las arquitecturas se dio principalmente entre *Token ring* y *Ethernet*; finalmente, Ethernet ganó la batalla de las redes de área local. Hay muchos factores que han hecho a Ethernet muy popular, entre otros: su bajo costo, escalabilidad, confiabilidad, la optimización de algoritmos de acceso al medio y una amplia disponibilidad de herramientas de administración. La adopción mundial de Ethernet ha creado un mercado competitivo, por el bajo costo de los componentes de red. La escalabilidad ha evolucionado de los 10 Mbps originales, a 100 Mbps, 1000 Mbps, 10 Gbps y el más reciente, 40/100 Gigabit Ethernet. El estándar Ethernet tiene soporte para muchos medios de comunicación incluyendo par trenzado, fibra óptica e interfaces de aire.

4.9 Métodos de acceso múltiple al medio

El acceso múltiple es uno de los aspectos más importantes en las comunicaciones, ya que permite que dos o más usuarios puedan compartir un recurso común del espectro electromagnético o de un canal de comunicaciones confinado.

Los métodos de acceso al medio son algoritmos implementados en *hardware* incrustados o embebidos en las interfaces o tarjetas de red de los diferentes dispositivos, es decir, a nivel de LAN operan en la capa de enlace de datos, capa 2 del modelo de referencia OSI. Los métodos de acceso al medio se pueden subdividir en métodos por contención y sin contención. Los primeros son aquéllos donde los nodos de la red contienden entre sí para apoderarse del medio de comunicación para poder transmitir. Este es el caso del método CSMA/CD, explicado anteriormente. Los métodos sin contención son aquellos donde los nodos no contienden por el medio de comunicación, tal es el caso del método *token passing* donde los nodos tenían que esperar un *token* para transmitir información.

En el ambiente de redes MAN y WAN existen cuatro métodos de acceso múltiple al medio. Éstos son empleados en la telefonía celular, en las comunicaciones vía satélite y, en general, en las comunicaciones móviles:

- FDMA *(Frequency Division Multiple Access)*, acceso múltiple de división de frecuencias.
- TDMA *(Time Division Multiple Access)*, acceso múltiple de división de tiempo.
- CDMA *(Code Division Multiple Access)*, acceso múltiple de división de códigos.
- SDMA *(Space Division Multiple Access)*, acceso múltiple de división de espacios.

4.10 Redes públicas y redes privadas

En la industria de las redes se escuchan mucho los términos redes públicas y redes privadas, y no se refieren a quién es el dueño de la red o la privacidad de la información, sino a la disponibilidad de los servicios que ofrece la red a los usuarios.

Redes públicas

Las redes públicas brindan servicios de telecomunicaciones a cualquier usuario que pague una cuota. El usuario o suscriptor puede ser un individuo, una empresa, una organización, una universidad, un país, etcétera.

En el caso de un usuario de una red telefonía pública conmutada (RTPC) se le suele llamar abonado, pero, en general, les llamaremos usuarios. A la compañía que ofrece servicios de telecomunicaciones se le conoce como proveedor de servicios de telecomunicaciones (PST) e incluye a los proveedores de servicios de Internet (PSI).

El término público se refiere a la disponibilidad del servicio para todos en general, no se refiere a la privacidad de la información. Cabe mencionar que los PST se rigen por regulaciones que varían de país a páis para proteger la privacidad de los datos de los usuarios.

Ejemplos de compañías operadoras que ofrecen su red pública de telecomunicaciones son: telefonía fija, telefonía celular, televisión por cable, televisión por satélite, radio por satélite, etcétera.

Ejemplos de redes públicas, de acceso abierto que no cobran cuota alguna al usuario, son las radiodifusoras de radio AM y FM, así como las televisoras en UHF y VHF. Este tipo de empresas también tienen una concesión del Estado para operar y difundir señales, y se mantienen por el cobro de tiempo a sus anunciantes.

Redes privadas

Una red privada es administrada y operada por una organización en particular. Generalmente, los usuarios son empleados o miembros de esa organización, aunque, el propietario de la red podrá dar acceso a otro tipo de usuarios que no pertenecen a la institución pero que tienen ciertos privilegios. Una universidad, por ejemplo, puede constituir una red privada, sus usuarios son estudiantes, maestros, investigadores, administrativos, etc. Personas ajenas a estas organizaciones no tendrán acceso a los servicios. Una red privada también podrá ser usuaria de los servicios de una red pública, pero seguirá siendo una red restringida a usuarios autorizados.

Una red privada pura es aquella que no utiliza los servicios de terceros para interconectarse, sino sus propios medios. En cuestiones de seguridad, podría decirse que una red privada es más segura debido a que la información no está tan expuesta más que en sus propias premisas, pero cuando esta red privada hace uso de una red pública para algunos servicios, la seguridad está comprometida. Muchas veces se hace uso de esquemas de encriptación para hacer que los datos se transporten de una manera segura. Un ejemplo de esto, son las redes privadas virtuales VPN (*Virtual Private Network*), las cuales usan redes redes públicas bajo ciertos mecanismos de seguridad para el manejo de su información.

Una red pública (PST) puede suministrar a una compañía servicios para establecer una red privada que interconecte mediante enlaces a una o más entidades o sucursales de esa misma empresa; en otras palabras, los PST están autorizados para brindar a sus usuarios opciones de servicios de telecomunicaciones para establecer redes privadas.

No hay que confundir las redes privadas y públicas respecto a las direcciones de Internet IP *(Internet Protocol)*, las cuales explicaremos más adelante. Una red privada puede tener en sus nodos direcciones IP públicas o privadas. El concepto de red pública o privada se refiere a quienes (usuarios) tienen acceso a sus servicios en particular.

4.11 Redes orientadas a conexión y orientadas a no conexión

Las redes orientadas a conexión son todas aquellas cuyos enlaces de comunicaciones se crean mediante estas tres fases.

- Establecimiento de la conexión.
- Transferencia de la información (con acuse de recibo).
- Liberación de la conexión.

Las *redes orientadas a conexión* se caracterizan porque existe "acuse de recibo" para cada paquete que es transmitido, garantizando así la entrega segura de la información de un nodo A a un nodo B. Esto se logra mediante el empleo de protocolos de comunicación que hacen uso de algoritmos de verificación y control de error. Si un paquete llega incorrectamente al nodo B, éste le avisará al nodo A para que retransmita dicho paquete hasta que éste llegue correctamente. Cuando hay muchos errores en los datos, estas redes son más lentas pero garantizan la entrega a su destino.

La Figura 4.10 muestra un ejemplo de comunicación entre transmisor (A) y receptor (B), con las las tres fases implícitas. Para establecer la conexión o el inicio de la conversación, el nodo A le pregunta a B si está listo para iniciar la comunicación, B le contesta con un ACK (*Acknowledge*), un código que significa que todo está correcto y aprobado, iniciándose así la primera etapa. La segunda fase comienza con el flujo de los datos, entonces A envía el primer bloque de datos (D1), el nodo B le contesta con un ACK. Entonces, A le envía el siguiente bloque de datos (D2), el nodo B lo revisa y verifica, si es incorrecto, B le regresa un código NAK *(Negative Acknowledge)* de desaprobación del bloque. El nodo A recibe el NAK y le retransmite nuevamente el mismo bloque (D2), si esta vez el nodo B aprueba el bloque de datos, envía un ACK al nodo A. En caso de que el bloque tuviera errores, el bloque se transmitirá indefinidamente hasta que el nodo B lo apruebe. La fase de transmisión continúa hasta que el nodo A envía el último bloque de datos pactado. Entonces, comienza la tercera y última fase de liberación de la conexión, el nodo B está de acuerdo, envía a A el último ACK y se termina la conexión.

Las redes orientadas a no-conexión carecen de la fase de establecimiento y liberación de la conexión, enfocándose sólo en la transferencia de información; en otras palabras, las redes orientadas a no-conexión carecen de *acuse de recibo*. Los paquetes son enviados por el nodo transmisor de manera continua y sin retransmisiones, haciendo el flujo de la información más rápida, pero con la desventaja de que algunos paquetes pudieran llegar con errores.

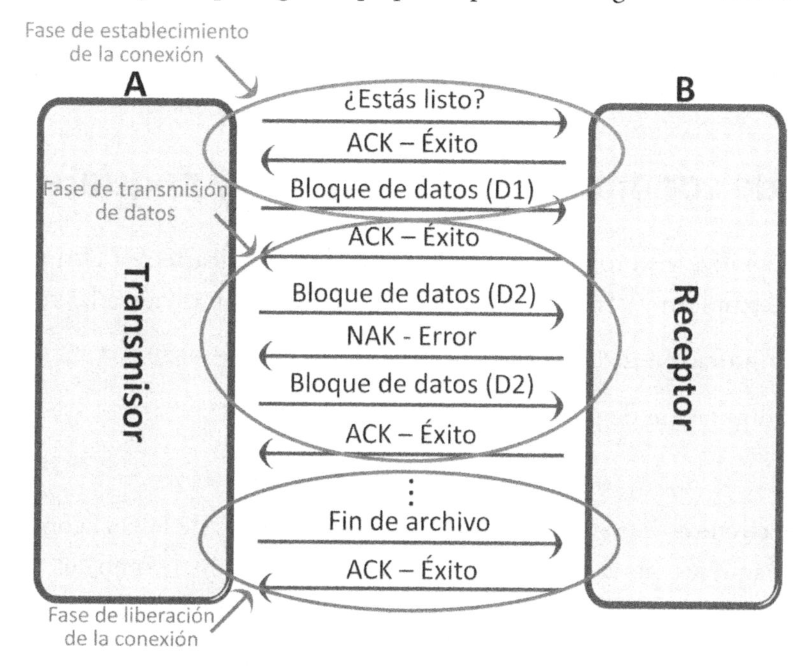

Figura 4.10. Funcionamiento de un protocolo orientado a conexión

Para entender mejor el concepto de redes orientadas a conexión y no-conexión, haremos una analogía con el servicio postal. Una carta certificada es aquella por la cual el destinatario firma de recibido (acuse de recibo) la carta enviada por el remitente. Una carta enviada por correo normal, no garantiza su recepción, ya que no hay acuse de recibo. Puede darse el caso de que se pierda y nadie sepa dónde está.

En la actualidad, las compañías de mensajería postal (FedEx, Estafeta, DHL...), no sólo garantizan la recepción del paquete, sino dan al cliente un código (de rastreo) para que éste pueda dar seguimiento el paquete que ha enviado, especificando fechas, horarios, puntos de tránsito, etc. ¿Qué opción de envío elegir? Todo dependerá del contenido. Si la información es valiosa, obviamente se mandará por el servicio certificado, si no interesa cuándo llegue a su destino, la opción del correo normal parece lógica. En el ámbito de las redes de datos es exactamente lo mismo.

Las aplicaciones de las redes orientadas a conexión se limitan a las que requieren una verificación intensiva de la información, tales como la transferencia de archivos, transacciones bancarias, comercio electrónico, etc. En cambio, para aplicaciones donde la información es menos sensible a pérdidas, como audio y video, las redes orientadas a no-conexión son las ideales.

Como hemos visto anteriormente, los protocolos de comunicaciones son los encargados del transporte de la información a través de las redes, pues existen protocolos orientados a no-conexión y orientados a conexión. Del conjunto de protocolos TCP/IP, el protocolo de transporte TCP es orientado a conexión, mientras que UDP, a no-conexión.

4.12 Redes de conmutación de circuitos y paquetes

Además del área geográfica y su topología, las redes pueden clasificarse por el tipo de trayectoria de comunicaciones que emplean y cómo transmiten. Esta clasificación divide a las redes en:

- Redes de conmutación de circuitos
- Redes de conmutación de paquetes

La conmutación de circuitos está más relacionada con los servicios de la voz, como la telefonía. A la conmutación de paquetes atañe el transporte de información, como el Internet. Aunque originalmente la conmutación de circuitos fue establecida para el envío de voz, es posible el envío de cualquier tipo de información, como datos, imágenes, video, etc. En la conmutación de paquetes es posible enviar voz y cualquier tipo de información. Lo que distingue a ambos tipos de conmutación es la forma cómo se envía la información. No es lo mismo el envío de voz por un circuito telefónico que sobre una red de conmutación de paquetes.

De entrada es conveniente definir el término conmutación *(switching)*. Según el IEEE, conmutación es la *"función de establecer y liberar selectivamente conexiones entre las rutas de transmisión de telecomunicaciones"*. Entendemos que cualquier enlace de comunicación requerirá de muchos equipos que se interconectan para establecer una ruta libre de comunicación por donde circulará la información. La conmutación de circuitos utiliza los conmutadores para hacer las interconexiones desde el origen hasta el destino, mientras que la conmutación de paquetes utiliza enrutadores para encaminar los paquetes a su destino final.

Conmutación de circuitos

La conmutación de circuitos tiene su orígen en los primeros instrumentos manuales para establecer y liberar llamadas telefónicas, llamados conmutadores telefónicos manuales *(switchboard)*, los cuales eran operados de manera manual por personas (operadoras) en las compañías telefónicas y quienes se encargaban de establecer las llamadas telefónicas mediante un par de cables, estableciendo circuitos de voz entre quien llama y recibe la llamada telefónica (Figura 4.11).

El primer conmutador telefónico manual fue instalado en New Haven, Connecticut, en los EUA, en 1878, e interconectaba a 21 abonados. En la actualidad los conmutadores telefónicos son totalmente digitales y automáticos, pero siguen estableciendo y liberando circuitos de voz entre dos o más abonados.

Para entender el concepto de conmutación de circuitos, revisemos el siguiente ejemplo. Una llamada telefónica inicia cuando el que llama (abonado A) descuelga el auricular del aparato telefónico. En este momento, se abre un circuito entre el abonado A y la central telefónica, que envía un tono de invitación a marcar. El abonado A digita el número telefónico de quien quiere contactar (abonado B). Si el número es correcto, la central telefónica envía al abonado B un tono de timbre. Cuando éste descuelga, el aparato telefónico establece una conexión temporal o, mejor dicho, un circuito entre el abonado A y el B.

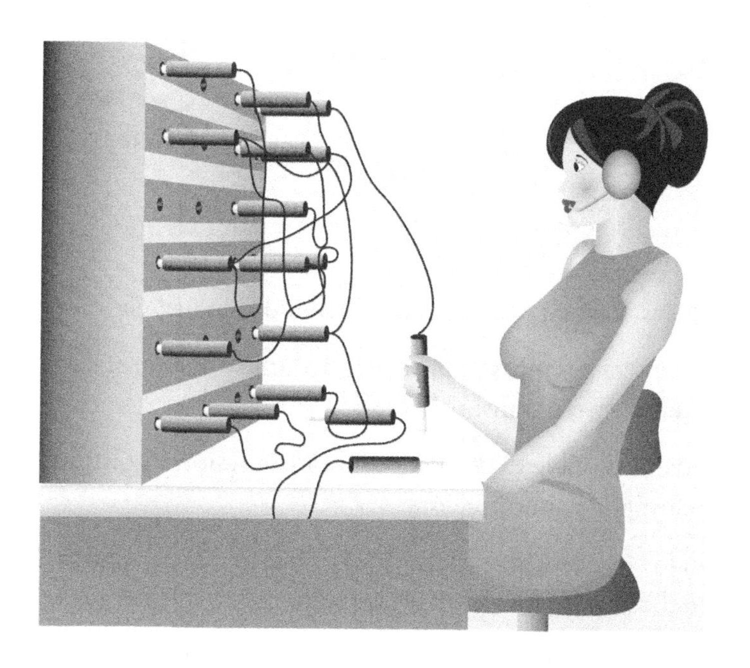

Figura 4.11. Operadora de un conmutador telefónico manual

Cuando alguien cuelga el auricular se cierra el circuito. En términos de telecomunicaciones, un circuito es la ruta o trayectoria entre dos terminales sobre la cual se establecen comunicaciones en uno o ambos sentidos. Otra definición de circuito es la trayectoria entre dos o más puntos usados para transferir corriente eléctrica o señales de comunicación (Figura 4.12).

En una llamada telefónica de larga distancia, la trayectoria, o circuito telefónico entre quien llama y recibe, puede alcanzar hasta miles de kilómetros de distancia, pasando por los conmutadores telefónicos de distintas ciudades entre ambos puntos. Este circuito logra establecerse en cuestión de milisegundos (Figura 4.13).

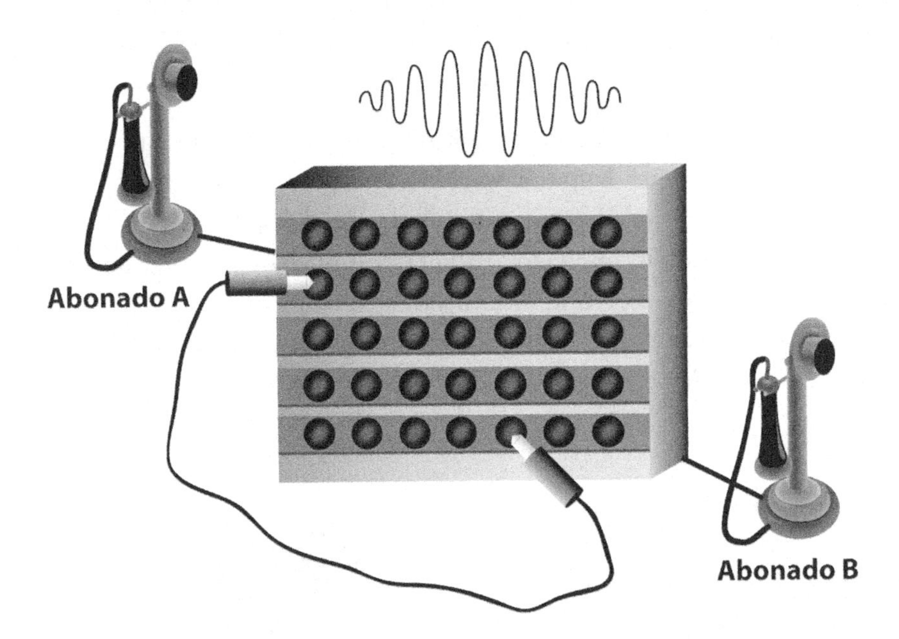

Figura 4.12. Diagrama básico de un conmutador telefónico manual

Algunas de las características o ventajas de la conmutación de circuitos se enlistan a continuación:

- Se establece de manera temporal un enlace dedicado (circuito) entre dos o más puntos, antes que ambos empiecen a transmitir datos.
- El ancho de banda disponible es dedicado durante la sesión y continua disponible hasta que los usuarios concluyan la comunicación.
- Mientras los nodos continúan conectados, todos los datos siguen la misma trayectoria seleccionada por el conmutador desde un principio.
- La conexión es controlada por un mecanismo de control centralizado jerárquico (el conmutador).
- Es recomendable para aplicaciones en tiempo real, como conversaciones de voz y video.

Algunas de las desventajas de la conmutación de circuitos son las siguientes:

- Debido a que el canal es dedicado para un par de usuarios en particular, se desperdicia mucho ancho de banda cuando no se utiliza.
- No se recomienda para aplicaciones que no son en tiempo real y requieren de mucha seguridad, como el envío de archivos, transacciones electrónicas y datos sensitivos.

Breve historia del conmutador teléfonico[11]

El húngaro Tivadar Puskás construyó el primer conmutador telefónico, en 1877, mientras trabajaba para Thomas Edison. Por otro lado, George W. Coy diseñó y construyó el primer conmutador comercial que comenzó operaciones en New Haven, Connecticut, el 28 de enero de 1878. Este primer conmutador manual, como se mencionó anteriormente, permitió la comunicación entre 21 abonados y resolvió problemas de comunicación, principalmente para las compañías telefónicas de la época. Sin embargo, conforme aumentó el número de usuarios, se tuvo la necesidad de comprar más conmutadores manuales y contratar personal. Las compañías telefónicas tuvieron que construir más edificaciones para dar el servicio a sus demandantes usuarios. Los conmutadores que enlazaban las llamadas automáticamente llegaron tiempo después, haciendo más eficiente el servicio telefónico.

Figura 4.13. Diagrama esquemático de una llamada telefónica de larga distancia

[11] *Se recomienda la referencia sobre la historia de la conmutación telefónica "100 Years of Telephone Switching: Manual and electromechanical switching (1878-1960s)" de Robert Chapuis (2003).*

La historia de la invención del primer conmutador automático se relata brevemente a continuación. En 1889, Almon B. Strowger, un pequeño empresario dedicado al negocio de las funerarias en la ciudad de Kansas, Missouri, EUA, empezó a sospechar que sus clientes iban disminuyendo tras haberse instalado el primer conmutador telefónico manual en su ciudad. Reforzó la sospecha cuando supo que la operadora de la compañía telefónica local era la esposa del propietario de otra agencia funeraria del pueblo. Cuando la operadora recibía una llamada para solicitar los servicios de una agencia funeraria, ella la conmutaba al negocio de su esposo.

El Sr. Strowger no quería perder su negocio, así que frustrado y con el escaso o nulo conocimiento que tenía de electricidad y magnetismo, decidió inventar un mecanismo sustituto en el cual no interviniera operadora alguna para conectar las llamadas telefónicas. Así, Strowger inventó el primer conmutador telefónico automático electromecánico. Con la ayuda de su sobrino, Walter S. Strowger, produjo un prototipo funcional en 1888.

El dispositivo, llamado *conmutador paso a paso* o de dos movimientos de Strowger, se patentó en 1891 *(US Patent No. 447918 10/6/1891)* y representó la base de un gran número de conmutadores telefónicos instalados en el mundo.

El conmutador de Strowger conecta pares de alambres telefónicos por una operación progresiva paso a paso de varios relevadores, llamados tren de relevadores que operan en tándem. Cada operación está bajo el control directo de los pulsos de marcación producidos por el abonado que origina la llamada.

Aunque Strowger no fue pionero en la idea de un conmutador automático, sino Connolly & McTigthe, en 1879, Strowger fue el primero en diseñarlo. Junto con Joseph B. Harris & Moses A. Meyer, Strowger formó su compañía *Strowger Automatic Telephone Exchange,* en octubre de 1891. El primer conmutador Strowger puesto en operación data de 1917.

Conmutación de paquetes

Las redes de conmutación de paquetes y la red ARPANET *(Advanced Research Projects Agency Network)* surgieron a la par a fines 1960. Las primeras supercomputadoras de ARPANET se comunicaban mediante un protocolo de conmutación de paquetes conocido como NCP *(Network Control Protocol)*, desarrollado en 1969 por BBN, una firma de Cambridge, Massachussets, integrada por Richard Bolt, Leo Beranek y Robert Newman. Entre 1971 y 1972, BBN empezó a desarrollar aplicaciones y finalmente, en 1972 enviaron el primer correo electrónico persona a persona, utilizando el famoso símbolo arroba '@'.

En 1973, Vint Cerf desarrolló el conjunto de protocolos TCP/IP que es el más utilizado, en la actualidad, en redes de conmutación de paquetes. Antes de explicar qué son las estas redes, explicaremos qué es un paquete.

Todos los protocolos de comunicaciones segmentan los mensajes en bloques de información más pequeños, llamados paquetes. Cada uno contiene la información de control o encabezado y la carga útil, es decir, la información o mensaje de interés para el transmisor y receptor. La información de control contiene la dirección de quien envía (origen) y recibe (destino) el mensaje, el tamaño del paquete, la información de verificación y control de error, los números de secuencia, etc. A un paquete también se le conoce como segmento o datagrama.

La conmutación de paquetes se parece mucho al servicio de correo postal. En una oficina postal o servicio de mensajería se envía una gran cantidad de documentos y cartas (carga útil) envueltas en sobres etiquetados con los datos del remitente y destino (encabezado). Estos paquetes viajan alrededor del mundo pudiendo haber tomado rutas y vehículos (medios de transporte) diferentes. Al llegar a su destino final, el receptor tomará la carga útil y desechará el sobre etiquetado. El encabezado sólo sirve para que el paquete no se pierda en el trayecto, aunque, si fuera el caso, el paquete se devolverá a su remitente.

Las redes de conmutación de paquetes utilizan la infraestructura de datos de los proveedores de servicios de telecomunicaciones. Esta infraestructura opera sobre una red con topología de malla donde los nodos principales son los equipos llamados enrutadores, los cuales se encargan de encaminar los paquetes a los nodos contiguos. Por esta razón, una red de conmutación de paquetes, en vez de utilizar un circuito físico dedicado a la comunicación de nodo a nodo, los nodos comparten un canal de comunicación por medio de un circuito virtual. Un circuito virtual da la apariencia de un canal dedicado, pero es compartido por otros usuarios, al mismo tiempo.

En una red de conmutación de paquetes, los datos son segmentados en pequeños bloques (paquetes) antes de ser transmitidos a la red. Cuando los datos llegan a su destino, los paquetes son reensamblados, a su forma original. Debido a que cada paquete tiene información de control, los paquetes de manera individual pueden viajar por diferentes rutas "sin perderse", al final llegaran a su destino sanos y salvos, es decir, no se establece una ruta previa antes de enviar los paquetes, éstos tomarán vías diferentes de acuerdo con la situación. Esto ocasiona incertidumbre, ya que no se sabe cuándo los datos llegarán a su destino. Por esta razón, se dice que en la conmutación de paquetes el tiempo de arribo de éstos a su destino, es probabilístico, mientras que en la conmutación de circuitos es determinístico.

Existen dos paradigmas en la conmutación de paquetes:

- Conmutación de paquetes por medio de circuitos virtuales *(Virtual Circuit Packet Switching)*
- Datagramas *(Datagram Switching)*

Conmutación de paquetes por medio de circuitos virtuales

De entrada cabe mencionar que una sesión es la que se establece entre dos o más nodos y consta de tres procesos:

a) Establecimiento de la conexión

b) Transferencia de datos

c) Liberación de la conexión

Para entender la conmutación de paquetes por medio de circuitos virtuales, imaginémonos una red de malla. El nodo A requiere enviar paquetes a nodo B, para lo cual A y B establecen una trayectoria por dónde pasar los paquetes, esta ruta se mantendrá fija mientras dure la conexión. Después, el nodo A empieza a enviar paquetes al nodo B, hasta que ambos deciden terminar la conexión y la sesión. A esta trayectoria se le conoce como circuito virtual porque pareciera ser un circuito físico dedicado, sin embargo, otros usuarios pueden utilizar partes de esa misma trayectoria para el envío de información.

Si A y B deciden establecer varias sesiones, no siempre se establecerán las mismas trayectorias. Recordémos que estamos hablando de una red de conmutación de paquetes que se comporta de manera probabilística. Antes de la fase de transferencia de datos, fuente y destino identifican la ruta más adecuada para el circuito virtual, el cual es eliminado después de que la transferencia de datos es completada y ambos deciden liberar la conexión. Si ambos nodos optan por otra transferencia, nuevamente A y B se pondrán de acuerdo para establecer una nueva ruta para los paquetes.

Algunas de las ventajas de la conmutación de circuitos virtuales se presentan a continuación:

- Los paquetes son enviados en forma ordenada, ya que todos toman la misma ruta en la misma sesión.
- En una sesión no es necesario que todos los paquetes contengan la dirección de destino, sólo el primero.
- La conexión es más confiable, los recursos de la red se asignan al establecimiento de llamada, de modo que, incluso en momentos de congestión, los paquetes atravesarán la ruta establecida sin ningún contratiempo.
- Para propósitos administrativos, la tarificación es más fácil porque los registros sólo serán generados por llamada y no por paquete.

Algunas desventajas de la conmutación de circuitos virtuales son:

- Los equipos de conmutación son más sofisticados, ya que cada conmutador necesita almacenar detalles de todas las llamadas que pasan por él y asignar la capacidad de tráfico que podría generar cada llamada.
- Si hay una falla en la red, todas las comunicaciones deberán reestablecerse en forma dinámica, en una ruta diferente.

Los servicios X.25 y *Frame Relay* son ejemplos de conmutación de paquetes por medio de circuitos virtuales.

La conmutación de paquetes por datagramas

En la tecnología de conmutación de paquetes o datagramas, cada uno es es tratado individualmente como una entidad separada. Aquí no importa mucho a dónde pertenezca cada paquete, ya que cada uno contiene un encabezado, con toda la información acerca del nodo destino. Cada paquete es enrutado independientemente a través de la red. Los nodos intermedios examinan el encabezado del paquete y seleccionan la ruta más adecuada cuando el paquete pase por cada uno de los nodos.

En este esquema, los paquetes no siguen una ruta preestablecida y los nodos intermedios no requieren conocimiento previo de las rutas por usar. Los paquetes individuales, que forman una cadena de datos, pueden seguir diferentes rutas entre el origen y el destino. Esto trae como resultado que los paquetes arriben a su destino en orden diferente al que iniciaron. Al final, los paquetes serán reensamblados a su forma original.

Debido a que cada paquete es conmutado de manera independiente, no hay necesidad de la fase de inicialización de la conexión y tampoco de ancho de banda dedicado para el circuito. Los conmutadores de paquetes por datagramas utilizan una variedad de técnicas para enviar el tráfico, sólo se diferencian en el tiempo que toman para pasar a través del conmutador y su habilidad para el filtrado de paquetes corruptos.

Existen tres tipos básicos de conmutadores de paquetes por datagramas.

- **Almacenar y enviar** *(store and forward)*: guarda los datos hasta que el paquete entero es recibido, revisado y luego los envía. Esto evita la propagación de paquetes corruptos, pero incrementa el retardo de los mismos.
- **Libre de fragmentos** *(fragment free)*: filtra la mayoría de los paquetes con errores, pero no necesariamente previene la propagación de éstos a través de la red. Ofrece mayores velocidades de conmutación y menor retardo que el modo de almacenamiento y reenvío.
- **Paso libre** *(cut through)*: no filtra errores, deja pasar libremente y ofrece el menor retardo que los demás métodos.

Una red de conmutación por datagramas pertenece a la categoría del *mejor esfuerzo (best effort)*. La entrega sin errores no está garantizada, por lo cual deberá, utilizarse algoritmos adicionales de control de errores.

El ejemplo más común de una red de datagramas es la red Internet, la cual utiliza el protocolo IP *(Internet Protocol)*. Las aplicaciones que requieren una red del mejor esfuerzo y orientados a no conexión, como la voz y el video, harán uso del protocolo UDP *(User Datagram Protocol)*. Aplicaciones como correo electrónico, navegación *web* y transferencia de archivos, que necesitan un enlace de comunicaciones más confiable y entrega garantizada (orientados a conexión), usarán del protocolo TCP *(Transmission Control Protocol)*.

Diferencias entre una red de conmutación de paquetes y una de conmutación de circuitos

Un ejemplo clásico para diferenciar la conmutación de circuitos y la conmutación de paquetes, son los *codecs* (codificadores) de videoconferencia. Estos equipos permiten la transmisión de video en tiempo real a través de un enlace de comunicaciones, ya sea punto-punto o punto-multipunto.

En una red de conmutación de paquetes es más difícil controlar la velocidad de información, ésta dependerá de varios factores, entre ellos, la hora del enlace de videoconferencia, ya que a horas pico, en la red Internet se genera mucho tráfico, y por ende, muchos retardos en el arribo de los paquetes. La selección del tipo de enlace será vital para obtener una videoconferencia con niveles de calidad a los que la organización necesita. Si la calidad del video y audio no es importante, la opción en conmutación de paquetes es la mejor. Por otro lado, si la calidad del video y audio es lo primordial, la conmutación de circuitos resulta ideal. Por tal motivo, la conmutación de circuitos, es mejor para aplicaciones en tiempo real. Mientras que la conmutación de paquetes es mejor para aplicaciones que no necesitan ser en tiempo real, pero requieren una verificación de error exhaustiva, como la transmisión de archivos, transferencias bancarias, comercio electrónico, etc.

Las diferencias entre conmutación de circuitos y paquetes, se puede ejemplificar al considerar los casos de transmición de voz por medio de la red telefónica tradicional y a través de Internet VoIP *(Voice over Internet)*. Son dos redes que operan de manera diferente. La primera provee un enlace dedicado con un ancho de banda constante, mientras que en la segunda opción, la voz es convertida en paquetes antes de enviarlos individualmente a una red probabilística como es Internet.

Algunas de las ventajas prácticas que introducen las redes de conmutación de paquetes son las siguientes:

- **Digital:** toda la información que se transporta en una red de conmutación de paquetes es digital, y esto suma ventajas; la principal es que la digitalización permite comunicaciones con mínimo error al introducirse algoritmos sofisticados de control y verificación.
- **Redundancia:** debido a que este tipo de redes operan sobre topologías de malla, existirán muchas trayectorias alternativas en caso de que fallen uno o más enlaces.
- **Eficiencia:** al permitir que múltiples comunicaciones compartan un mismo canal, se incrementa el número de comunicaciones totales que la red puede soportar al mismo tiempo.
- **Procesamiento:** el *software* de los enrutadores puede actualizarse continuamente para que mejore el desempeño de la red, y el tiempo de procesamiento sea mínimo y aceptable.

4.13 Protocolos de red

Recordemos que una red es un conjunto de dispositivos conectados de alguna manera, que comparten recursos y hablan el mismo lenguaje de comunicación. Los protocolos de red son críticos en el proceso de comunicación, sin éstos es imposible que los dispositivos se puedan entender. Además de tener cierta estructura o sintaxis. Bajo esta premisa podríamos definir a los protocolos de comunicaciones o de red de la siguiente manera: Un protocolo de red es un conjunto de formatos y reglas que regulan las comunicaciones para que los dispositivos conectados puedan intercomunicarse de una manera ordenada.

La comunicación entre los dispositivos es a fin de cuentas un intercambio de información con un formato específico, comúnmente conocido como mensaje. Los protocolos regulan el formato, la sincronización, la secuencia y el control de errores. Sin estas reglas, los dispositivos de comunicación no podrían ejecutar su función, pero los protocolos van más allá de establecer una comunicación básica entre los dispositivos.

Supongamos que deseamos enviar un archivo de una computadora a otra, éste podría enviarse de una sola vez. Desafortunadamente, podría suceder que otros usuarios están usando la red o que ocurre un error durante la transmisión, y que el archivo completo tendría que enviarse de nuevo. Para resolver estos problemas, el archivo es segmentado en pequeñas piezas, llamados paquetes. Esto significa que al paquete se agrega información de control, sincronización y corrección de error. A la información útil (mensaje), junto con la información adicional se le llama protocolo; cada paquete de un protocolo está compuesto por un encabezado y la carga útil.

Debido a su complejidad, la comunicación entre dispositivos se separa en pasos; cada uno tiene sus propias reglas de operación y, consecuentemente, su particular protocolo. Esos pasos deben ejecutarse en cierto orden. Debido al arreglo jerárquico de los protocolos, el término "pila de protocolos" *(protocol stack)* describe esos pasos; Por lo tanto, una pila de protocolos, es un conjunto de reglas de comunicación, y cada paso en la secuencia tiene su propio subconjunto de procedimientos. Ejemplo de esto son las pilas de protocolos de OSI y TCP/IP.

¿Qué es un protocolo estándar?

Un protocolo estándar es un conjunto de reglas que ha sido ampliamente usado e implementado por diversos fabricantes, usuarios y organismos oficiales (e.g. IEEE, ISO, ITU, IETF). Idealmente, un protocolo estándar debe permitir a las computadoras o dispositivos comunicarse entre sí, aunque éstos sean de diferentes fabricantes.

Por ello, la tendencia apunta al uso de por protocolos más abiertos, como el TCP/IP.

¿Qué es un protocolo, realmente?

Tengamos en cuenta que un protocolo es el *firmware* que reside en la memoria de una computadora o de un dispositivo de transmisión, como una tarjeta/interface de red. Cuando la información está lista para transmitirse, se ejecuta este *software*. En la parte receptora, el *software* toma los paquetes y los entrega a la computadora u otro dispositivo, desechando toda la información redundante y conservando sólo la información útil. Las funciones básicas de un protocolo de comunicaciones son las siguientes:

- Control de llamada
- Control de error
- Control de flujo

Control de llamada

El control de llamada se refiere al establecimiento de la conexión (y desconexión) entre fuente y destino. Esta función es básica antes del envío de la información. Cuando el intercambio de información concluye, la fase de desconexión de la llamada termina la sesión entre los dispositivos involucrados; en resumen, la función de control de llamada lleva a cabo el establecimiento, mantenimiento, monitoreo y liberación de la conexión.

Control de flujo

En las comunicaciones, este control ajusta el flujo de los datos de un dispositivo a otro, para asegurar que el receptor pueda manipular toda la información que está recibiendo. En general, las funciones básicas del control de flujo son las siguientes:

- Manejo de contención de paquetes.

- Regulación del tráfico (congestiones, bloqueos, recargas).
- Retransmisión de paquetes.
- Convenciones para el direccionamiento de paquetes.
- Control de flujo por pasos o extremo-extremo.
- Calidad de servicio.

Control de error

Como hemos visto, las telecomunicaciones están afectadas por múltiples factores que hacen que los datos no lleguen correctamente a su destino. Así, la función de control de error de un protocolo consiste de una serie de técnicas para detectar y recuperar errores durante la transmisión, mediante algoritmos de verificación y control de error incrustados en los protocolos; los algoritmos más utilizados son CRC *(Cyclic Redundancy Check)* y *Checksum*.

La corrección de error generalmente se realiza de dos maneras:

- **Corrección de error hacia atrás** *(Backward Error Correction):* cuando un error es detectado por el dispositivo receptor, éste solicita una retransmisión del paquete al dispositivo transmisor. Este procedimiento puede repetirse varias veces hasta que el paquete llegue libre de errores.
- **Corrección de error hacia enfrente** *(Forward Error Correction):* esta técnica se basa en el uso de códigos autocorrectores previos a la transmisión. La información adicional agregada por el código es usada por la estación receptora para recuperar los datos originales.

También existen algoritmos de corrección de error que combinan ambas técnicas y protocolos *orientados a conexión* y *orientados a no conexión*. Ambos realizan la función de control de llamada, pero sólo los protocolos orientados a conexión realizan las funciones de control de error y de flujo.

En resumen, la información que se transmite en una red es una cadena de 1s y 0s. Observando los dígitos binarios de manera cruda, no se sabría exactamente donde empieza y termina un mensaje.

Gracias a los protocolos puede saberse dónde empieza, dónde termina, quién envía y quién recibe tal mensaje; conocer su longitud total, qué protocolo de capa de transporte se está empleando y, desde luego, cuál es la carga útil del mensaje. Todos los protocolos poseen una estructura formada por campos que tienen una longitud en *bits* (o *bytes*) ya definida. A continuación veamos la estructura del protocolo más utilizando a nivel LAN, Ethernet. Más adelante, en el siguiente capítulo, analizaremos la estructura de dos importantes protocolos, el IPv4 y el IPv6.

Estructura del protocolo Ethernet 802.3 para 10/100 Mpbs.

El protocolo Ethernet 802.3 es una estructura que consta de varios campos: preámblo, dirección destino, dirección fuente, tipo/longitud, carga útil y FCS *(Frame Check Sequence)*. Conozcamos brevemente el propósito de cada uno de estos campos (Figura 4.14).

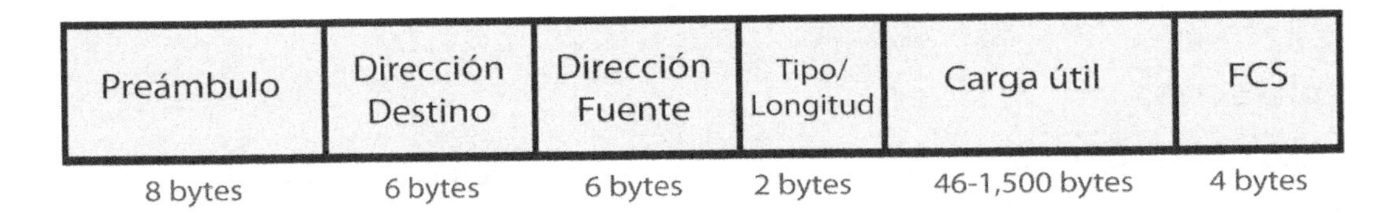

Figura 4.14. Estructura del protocolo Ethernet 802.3/Ethernet

Preámbulo (8 *bytes*): es un paquete que comienza con un patrón de 1s y 0s alternados [hasta completar 56 *bits* (802.3) o 62 *bits* (Ethernet)]. Éste provee una frecuencia única de sincronización de 5 MHz al comienzo de cada paquete, lo cual permite a los dispositivos receptores bloquear los *bits* entrantes. El preámbulo es utilizado sólo por un codificador/decodificador tipo *Manchester* para bloquear la trama de *bits* recibidos y permitir la codificación de los datos. El preámbulo recibido en la red no se pasa a través de la capa MAC *(Medium Access Control)* hacia el sistema de *host*; sin embargo, la capa MAC es responsable de la generación de preámbulos para paquetes transmitidos. La secuencia del preámbulo termina con el SFD *(Start Frame Delimiter)* que corresponde a los *bits* 10101011 para completar los 8 *bits* restantes en el paquete 802.3. En el caso del paquete Ethernet *(Ethernet Frame)*, se agregan dos *bits* con dos unos (11) que corresponde al SYNCH; en ambos casos se usa para completar los 64 *bits* del preámbulo.

Dirección destino (6 *bytes*): la dirección destino es utilizada por la capa MAC receptora para determinar si el paquete entrante es direccionado a un nodo en particular. Si el nodo receptor detecta una correspondencia entre su dirección y la del campo dirección destino, intentará recibir el paquete. Los otros nodos, que no detectan una correspondencia, ignorarán el resto del paquete.

Existen tres tipos de direcciones destino:

Individual *(física)*: el campo dirección destino contiene una dirección única e individual asignada a un nodo en la red.

Multicast *(lógica)*: si el primer bit (el menos significativo) del campo dirección destino es asignado, esto denota el uso de una *dirección de grupo*. El "grupo" de nodos que serán direccionados son determinados por las funciones de las capas superiores, pero en general el intento es transmitir un mensaje a un subconjunto similar de nodos en la red —por ejemplo, todos los dispositivos de impresión.

Broadcast: esta es una forma especial de *multicast*. La dirección es reservada para la función *broadcast* y todos los dispositivos MAC en la red deberán recibir el mensaje *broadcast*.

La estructura de la dirección destino es como sigue:

I/G	U/L	*bits* de la dirección MAC

Donde: I/G es la dirección individual (0) o grupo (1)

U/L es la dirección universal (0) o local (1)

El resto son los *bits* de la dirección MAC.

Dirección fuente (6 *bytes*): El campo dirección fuente es proveído por la MAC transmisora, la cual inserta su dirección en este campo al transmitirse la trama, indicando que fue la estación originadora. Una MAC en el receptor no es requerida para tomar acción basada en el campo dirección fuente. Los formatos de direcciones tipo *broadcast* y *multicast* son ilegales en el campo dirección fuente. Se transmite primero el bit menos significativo (en forma canónica).

La estructura de la dirección fuente es como sigue:

0	U/L	*bits* de la dirección MAC

Dónde: el primer bit siempre es cero (0).

U/L es la dirección universal (0) o local (1)

El resto son los *bits* de la dirección MAC.

Tipo/longitud (2 *bytes*): el campo longitud (802.3)/Tipo (Ethernet) de 2 *bytes* va seguido del campo dirección fuente. La elección entre *longitud* o *tipo* depende si la trama es 802.3 o Ethernet. El byte de más alto orden de campo tipo/longitud es transmitido primero, con el bit menos significativo de cada byte transmitido. El campo *tipo* es un número identificador de protocolo si la trama es ensamblada utilizando un formato opcional.

Carga útil (variable): los datos, o carga útil, es una secuencia de n *bytes* (46 <= n <= 1,500). El tamaño total de una trama asciende a 64 *bytes*; si la trama es menor, se añadirán *bytes* de relleno.

FCS, *Frame Check Sequence* (4 *bytes*): el campo FCS, o secuencia de verificación de tramas, contiene el valor del algoritmo CRC *(Cyclic Redundancy Check)* de 32 *bits* de la trama completa. El

CRC es calculado por la estación transmisora De los campos: dirección destino, dirección fuente, tipo/longitud y *datos,* es anexado en los últimos 4 *bytes* de la trama. El mismo algoritmo CRC es utilizado por la estación transmisora para computar el valor CRC para la trama como es recibida. El valor calculado en el receptor es comparado con el valor que fue puesto en el campo FCS de la estación trasmisora, proveyendo un mecanismo de detección de error en caso de datos corruptos. Los *bits* del CRC dentro del campo FCS son transmitidos en orden, del bit más significativo al menos significativo.

Formato canónico de direcciones (del campo dirección fuente y destino)

Los dispositivos que utilizan el protocolo Ethernet/802.3 (así como el 802.4, *Token bus*) transmiten primero los *bytes* en el orden del bit menos significativo mientras que 802.5 (*Token ring*) y FDDI el bit más significativo. Este hecho puede crear confusión cuando se trata de una dirección individual o *multicast* en los campos de dirección destino. Por lo tanto, una dirección *multicast* sobre una red Ethernet puede no parecerlo causando problemas de interoperatibilidad y más complicaciones en dispositivos, como puentes, enrutadores y conmutadores de paquetes, los cuales deben convertir entre estas dos convenciones. El formato canónico es usado como un intento para reducir esta confusión, el cual asume una notación hexadecimal y un orden del bit menos significativo primero.

Por ejemplo, la dirección **c2-34-56-78-9a-bc** no es una dirección *multicast*, porque el bit menos significativo del primer byte (c2, 1100 001**0**) es 0 (Tabla 4.2).

En la Tabla 4.2 se muestra el formato canónico para la dirección ejemplo. Cuando se transmite primero el bit mas significativo, como puede observarse, sólo se voltea cada octeto.

Tabla 4.2 Dirección canónica para la transmisión del bit menos significativo, primero

1100 0010	0011 0100	0101 0110	0111 1000	1001 1010	1011 1100

0100 0011	0010 1100	0110 1010	0001 1110	0101 1001	0011 1101

4.13 Referencias

Bagad, V.S. y Dhotre, I.A. (2009). *Computer networks.* India: Technical Publications Pune.

Bidgoli, Hossein. (2003).*The Internet encyclopedia.* Volume 1. USA: John Wiley & Sons.

Castro L., Antonio R. Fusario y Rubén J. (1999). *Teleinformática para ingenieros en sistemas de información 2.* Segunda edición. España: Reverte.

Chapuis, R., Joel A. (2003). *100 Years of Telephone Switching: Manual and electromechanical switching (1878-1960s).* Netherlands:IOS Press.

Comer, D. (2009). *Computer networks and Internets.* Fifth edition. USA: Pearson Education, Prentice Hall.

Dean, T. (2010). *Network+Guide to networks.* 5th edition. USA: Course Technology Cengage Learning.

Freeman, M. (2000). *Network tutorial: a complete introduction to networks.* 4th edition. USA: CMP books, Inc.

Froehlich, Fritz E. y Kent, Allen. (2002). *The Froehlich/Kent Encyclopedia of Telecommunications.*Volume 14 - Nyquist.

Gallo, Michael A. y Hancock, B. (2001). *Networking explained.* 2nd edition. USA: Digital Press.

Hallberg, Bruce A. (2009). *Networking: A beginner's guide.* Fifth Edition. USA: McGraw-Hill Osborne Media.

Hashem Sherif, M. (2009). *Handbook of enterprise integration.* USA: Auerbach Publications.

Horak, R. (2007). Telecommunications and data communications handbook. USA: Wiley-Interscience.

Nellist, John G. (2002). *Understanding telecommunications and lightwave systems: an entry-level guide.* Third Edition. USA: John Wiley & Sons Inc. IEEE Press.

Payne, Rob y Manweiler, Kevin. (2003). *Cisco certified internetwork expert: study guide.* USA: John Wiley & Sons.

Reynders, D. y Wright, E. (2003). *Practical TCP/IP and Ethernet networking.* USA: Newnes.

Salavert C., Antonio. (2003). *Los protocolos en las redes de ordenadores.* España: Ediciones UPC.

Spurgeon, Charles E. (2000). *Ethernet: the definitive guide.* USA: O'Really Media.

Wesolowski, Krzysztof. (2001). *Mobile communication systems.* USA: John Wiley & Sons.

Páginas de Internet

Firewall.cx. The site for networking professionals. Network topologies. <http://www.firewall.cx/topologies.php>

GIAC Research in the Common Body of Knowledge. Physical vs. Logical Topologies. <http://www.giac.org/resources/whitepaper/network/32.php>

Guide to Network Topology. <http://learn-networking.com/network-design/a-guide-to-network-topology>

CAPÍTULO

5

LA RED INTERNET

¿Por qué esta magnífica tecnología científica, que ahorra trabajo y nos hace la vida más fácil nos aporta tan poca felicidad? La respuesta es esta, simplemente: porque aún no hemos aprendido a usarla con tino.

—Albert Einstein

5.1 Los orígenes de la red Internet

La historia de Internet es fascinante y compleja a la vez. Comenzó como un proyecto muy cerrado de tipo militar y terminó abierto a toda la comunidad mundial, tal y como lo conocemos ahora. Un recuento en forma resumida del proceso histórico de la evolución de Internet se presenta a continuación[12].

En plena guerra fría, para ser exactos el 4 de octubre de 1957, la Unión Soviética lanza al espacio un pequeño satélite de 58 cm de diámetro y 83 kilogramos de peso. Este pequeño artefacto, el *Sputnik, I* fue el primer satélite enviado al espacio con éxito. Después de un mes, los soviéticos lanzan el *Sputnik II*, con un pasajero a bordo, la perrita llamada *Laika*. El lanzamiento de los Sputnik I y II tomó por sorpresa a todo el mundo, pero más a los estadounidenses. La era espacial había comenzado y los principales rivales, los soviéticos, parecían ser tecnológicamente superiores en el sector espacial.

La reacción de Estados Unidos tardó unos cuantos meses y derivó en la creación de una agencia encargada de desarrollar tecnología militar y espacial. El presidente en turno, Dwight D.

[12] *Existen algunos libros de referencia que describen el origen de Internet, entre ellos: "Inventing the Internet" de Abbate (2000); "The Internet revolution: the not-for-dummies guide to history" de (Okin (2005) y "Spying from space: constructing America's satellite command and control systems" de Arnold (2005).*

Eisenhower, y el Secretario de Defensa, Neil H. McElroy crearon el 7 de febrero de 1958, la agencia ARPA *(Advanced Research Projects Agency* adscrita al Departamento de Defensa DoD *(Departament of Defense)* para apoyar proyectos militares de investigación y desarrollo.

En octubre de 1958 se creó la NASA *(National Aeronautics Space Administration)*, heredando todos los proyectos espaciales de ARPA y de la NSF *(National Science Foundation)*. Después de apoyar el desarrollo del primer satélite estadounidense, los científicos de ARPA centraron su atención en las comunicaciones y las redes de computadoras. Recordemos que en ese tiempo el DoD utilizaba las redes telefónicas para su comunicación interna, las cuales eran bastante vulnerables. El objetivo de la nueva red era encontrar una manera eficiente de vincular las universidades, los contratistas de defensa y los centros de mando militar para fomentar la investigación y la interacción; además construir una red robusta de comunicaciones que resistiera un ataque nuclear. La anhelada red fue formalmente puesta en operación por la ARPA en diciembre de 1969, conectando tres instituciones académicas del sur de California y una del estado de Utah. La era de las redes de computadoras apenas daba sus primeros pasos (Figura 1.1).

Este capítulo es un preámbulo a la historia de Internet, el *web* y desarrollo de protocolos para interconexión de redes.

ARPANET

Desde finales de los años setenta, diversas instituciones de investigación no-militares empezaron a desarrollar tecnologías en torno a las redes de comunicación. La mayoría de estas redes de computadoras estaban operando de manera descentralizada en universidades al servicio de comunidad académica. Las redes más destacadas fueron BITNET *(Because It's Time Network)*, CSNET *(Computer Science Network)* y UUNET. La comunicación entre las diversas redes era difícil o imposible debido a que utilizaban diferente *hardware* y protocolos de comunicación. Para resolver este problema de comunicación, la DARPA *(Defense Advanced Research Projects Agency)* —la cual cambió de nombre el 23 de marzo de 1972— empezó a trabajar y lanzó el proyecto de comunicación inter-redes (Internet), en 1973. La meta era desarrollar un lenguaje de comunicación uniforme para que las diversas redes se pudieran comunicar entre sí y formar una megared. DARPA fue responsable del desarrollo de muchas tecnologías de redes de computadoras, la más importante fue la red ARPANET *(Advanced Research Projects Agency Network)*, la cual estaba constituida de nodos de conmutación de paquetes llamados IMP *(Interface Message Processor)* que eran utilizados para interconectar las redes participantes con ARPANET.

Los IMP fueron las primeras pasarelas *(gateways)*, algo parecido a los enrutadores de hoy, y emanaron de la firma BBN, que desarrolló el protocolo NCP *(Network Control Protocol)*.

BITNET

BITNET se constituyó como una red de universidades, colegios y otras instituciones académicas, resultado de un esfuerzo conjunto de las universidades de Nueva York y Yale con la finalidad de intercambiar información como archivos, textos y correo electrónico. La red constaba de computadoras tipo *mainframe* de IBM interconectadas con un enlace telefónico a través de módems analógicos a una velocidad de información de 9,600 bps. En la primavera de 1981, las computadoras centrales de ambas universidades se interconectan, dando inicio a la red BITNET, que no tardó mucho tiempo en expandirse; en menos de dos años ya había 20 universidades conectadas, incluyendo las del estado de California. Otras universidades fuera de EUA también se conectaron a BITNET, como *AsiaNet* en Japón, EARN *(European Academic and Research Network)* en Europa y NetNorth en Canadá. Entre los desarrollos más destacables de la BITNET se encuentra la introducción de las listas de correo electrónico, conocidas en el ámbito académico y científico como LISTSERV.

CSNET

En 1979, muchas universidades que no estaban haciendo investigación con el DoD tampoco estaban conectadas a ARPANET, pero estaban conscientes de las ventajas de estar conectadas a una red. En el periodo de 1980 a 1986, la NSF apoyó con capital semilla de cinco millones de dólares, el desarrollo de la CSNET, una red para investigadores en ciencias computacionales. Una de las condiciones del apoyo fue que la red fuera autosuficiente por un periodo de cinco años. Inicialmente se conectaron las universidades de Wisconsin-Madison, Purdue y Delaware. La CSNET fue una red de redes, en la cual se usaron los protocolos de Internet sobre una red pública tipo X.25, incluídos ARPANET y PHONENET.

En 1985, CSNET ya contaba con 170 enlaces a organizaciones gubernamentales, universidad, industrias y numerosas pasarelas a redes de otros países. En 1989, CSNET y BITNET se fusionan para crear una gran red administrada por una nueva corporación llamada CREN *(Corporation for Research and Educational Networking)*.

Fuera del ámbito de ARPANET, la CSNET jugó un papel central en la popularidad de Internet. Uno de los principales legados de la CSNET fue la introducción de la NSF al Internet, lo que resultaría más delante con el desarrollo de la red NSFNET. Finalmente, CSNET fue descontinuada en el otoño de 1991.

UUNET

En 1987 se funda la red UUNET, una red de computadoras con sistema operativo UNIX que usaba un *software* de comunicaciones llamado *Unix-to-Unix Copy Protocol (UUCP)*, el cual permitía copiar archivos de una computadora a otra. Posteriormente, usuarios de universidades donde el Unix era utilizado, tomaron ventaja de este programa para crear una red informal de correo electrónico y una red de noticias (también conocido como *Usenet News*). Dados los mínimos requerimientos (UNIX, computadora, *modem* y conexión telefónica), la red UUNET creció rápidamente.

NSFNET

La conglomeración de redes del gobierno, investigación y académicas, combinada con la red núcleo de ARPANET fue el principio de lo que ahora llamamos Internet. Sin embargo, ARPANET tenía unas cláusulas en su Política de Uso Aceptable *(Acceptable Usage Policy)* que prohibían su uso comercial.

En 1990, después de veinte años de esfuerzos de científicos por crear una red de comunicaciones, ARPANET cerró sus actividades, pues ya venía arrastrando problemas de congestión de enlaces y de tráfico. Todos los nodos y equipos conectados a ARPANET emigraron a otra dorsal más rápida operada por la NSF, la NSFNET, la cual desde su origen, en 1986, empezó con enlaces de 56 Kbps con X.25, pero en 1988 se actualizaron dichos enlaces a 1.544 Mbps (velocidad de transmisión T1). En 1991, el tráfico se incrementó enormemente y tuvieron que actualizar los enlaces a 45 Mbps (velocidad de transmisión T3). En esta época, NSFNET todavía estaba reservada para aplicaciones educativas y de investigación, pero había mucha presión de otras redes para conectarse una con otra. Entidades con intereses de propósito general y comercial fueron solicitando su acceso a la red. Los proveedores de acceso a Internet (ISP) fueron emergiendo para adaptarse a los intereses de la nueva industria en proceso. Redes en otros lugares del mundo también se fueron desarrollando y estableciendo enlaces internacionales.

En EUA muchas redes de agencias de gobierno y de organizaciones comerciales empezaron a conectarse a través de puntos de intercambio de Internet IXP *(Internet eXchange Point)*, los cuales eran infraestructuras físicas que permitían a los ISP intercambiar tráfico de Internet entre sus redes. El principal rol de un IXP es mantener el tráfico de Internet local dentro de una infraestructura local y así reducir los costos asociados con el intercambio entre los ISP. En muchos países en desarrollo, donde se carecía de IXP, el tráfico de Internet se enviaba por costosos enlaces internacionales para enviar tráfico en el mismo país. Los IXP mejoraban la calidad de los servicios de Internet del país al reducir el retardo de los paquetes. Las agencias de gobierno utilizaban los FIX *(Federal Internet Exchange)*, y las organizaciones comerciales formaron su propio IXP, conocido como CIX *(Comercial Internet Exchange)*. En otras partes del mundo, principalmente en Europa y Asia, también se estaban creando IXP. Las redes del Internet en EUA, en esa época, eran administradas por grandes proveedores de servicios independientes conocidos como NSP *(Network Service Providers)*, tales como MCI Worldcom, Sprint, Earthlink, Cable and Wireless, etc. Los NSP construían redes globales o nacionales y vendían ancho de banda a los NSP regionales que a su vez lo revendían ancho de banda a los ISP locales. El último eslabón de la cadena eran los ISP locales los cuales vendían y administraban servicios de Internet a los usuarios finales.

En 1993, la NSFNET decidió cambiar las políticas de uso aceptable para promover la comercialización del Internet. Entonces, muchas redes de Internet comerciales aparecieron en este tiempo. De hecho, las redes regionales que originalmente apoyaban a la NSF se convirtieron en ISP, entre ellas UUNet, PSINet, BBN, Intermedia, Netcom, etcétera.

El plan de NSF para la privatización incluía la creación de NAP *(Network Access Points)*, los cuales son IXP con políticas abiertas de acceso que soportaban tráfico internacional y comercial. Los NAP son como los aeropuertos que brindan servicios a diferentes aerolíneas. Éstas rentan espacio en el aeropuerto y utilizan sus instalaciones; de igual manera, los NSP rentan espacio en los NAP y utilizan sus instalaciones y equipos de telecomunicaciones para intercambiar tráfico con otras entidades en la red Internet.

Parte de la estrategia de la NSF era que todos los NSP recibieran fondos del gobierno para poder conectar a todos los NAP. En 1993, la NSF otorgó contratos a:

- SprintNAP - Pennsauken, Nueva Jersey.
- Ameritec NAP - Chicago, Illinois.
- Pacific Bell NAP - San Francisco, California.
- MFS Datanet - Washington, D.C.

El servicio de dorsal de NSFNET fue conectado a Sprint el 13 de septiembre de 1994. A mediados de octubre de 1994, se conectó el NAP de Ameritech, y en enero de 1995, Pacific Bell. El 22 de marzo se conecta MFS Datanet *(MCI WorldCom)*. Además, la NSF firmó un acuerdo con MCI en abril de 1995 para establecer la dorsal de siguiente generación conocida como vBNS *(very-high-performance Backbone Network Service)*. La red vBNS fue diseñada para conducir aplicaciones de investigación y desarrollo pero sin competir con el tráfico general de Internet. La red dorsal vBNS empezó a operar a velocidades de 155 Mbps (equivalente al nivel de transporte conocido como OC-3, *Optical Carrier-3)*[13]. En 1997, la capacidad del vBNS fue actualizada a 622 Mbps (nivel de transporte OC-12). En el 2000, la capacidad fue actualizada nuevamente a 2.4 Gbps (nivel de transporte OC-48).

---

[13] *Nivel de transporte (Optical Carrier transmission rates), son un conjunto de especificaciones estandarizadas de velocidades de transmisión para señales digitales que pueden ser transportadas sobre redes ópticas como SONET (Synchronous Optical Networking). La unidad base es 51.84 Mbps, y en general OC-n, n x 51.84 Mbps. Si n=1, entonces OC-1 es 51.84 Mbps; OC-3 es 3x51.84 Mbps, equivalente a 155.52 Mbps; y así sucesivamente.*

Un hecho importante para la red NSFNET fue su desmantelamiento en abril de 1995. A pesar de eso, la NSF continuó con su labor de abrir brecha para que Internet fuera comercialmente viable y autosustentable.

Un componente para el avance del Internet fue el demoninado registro de "nombres de dominios" *(domain names)*[14]. El DoD ya había anteriormente realizado esfuerzos para registrar dominios donde la mayoría eran usuarios militares. Pero a principios de 1990, el FNC *(Federal Networking Council)*, un grupo de agencias de gobierno involucradas en las redes, concedió a la NSF asumir la responsabilidad para el registro de nombres de dominios para usuarios no-militares. La NSF inmediatamente celebró un acuerdo de 5 años para que este servicio de registro lo brindara una empresa llamada *Network Solutions, Inc (NSI)*.

En 1993, ya había 7,500 dominios registrados y hasta septiembre de 1995 la demanda de los registros era casi puramente comercial (97%). Debido a que las solicitudes crecieron enormemente, la NSF autorizó a NSI cobrar una cuota para el registro de los dominios, ya que anteriormente, la NSF subsidiaba dicho costo y en ese tiempo ya había 120,000 dominios registrados. En 1998, cuando se expira el acuerdo con NSI, el número de dominios registrados ya sobrepasaban los dos millones y ese año marcó el fin de rol directo de la NSF con el Internet. Entonces, la entidad que se encargaría del registro y administración de los dominios sería la ICANN *(Internet Corporation for Assigned Numbers and Names)*. En la actualidad, existen registrantes (de dominios) privados, pero deben estar acreditados por la ICANN.

Otras iniciativas alternativas a Internet

Actualmente Internet no es la única red. Existen varias dorsales que funcionan de manera independiente, inclusive tienen mayor capacidad y propósitos muy específicos, entre las dorsales más importantes se encuentran.

- vBNS
- Internet2
- NGI

---

[14] *El sistema de nombres de dominio es un directorio de servicios distribuido el cual es usado para traducir dichos nombres de dominio a direcciones IP y para controlar la entrega de correo electrónico. Este servicio ayudó mucho en el entendimiento de los sitios de Internet para identificarlos por medio de nombres más específicos, en vez de direcciones IP.*

vBNS

La dorsal vBNS *(very high performance Backbone Network Service)* es una red de la NSF para el área de la educación e investigación. Fundada en 1995, por un acuerdo de cinco años entre la NSF y la compañía *MCI WorldCom*, se decidió que la compañía de telecomunicaciones se encargara de la operación de la red vBNS. Posteriormente, la dorsal vBNS se expande en un área geográfica amplia dentro de los EUA. La vBNS conecta a los centros de supercomputadoras de selectas instituciones con los NAP, quienes determinan cómo el tráfico es enrutado a la red Internet. Utilizando tecnologías avanzadas de red, en 1996 la vBNS fue capaz de transmitir datos a 622 Mbps. En 1998, la dorsal ya tenía conectadas más de 100 universidades e instituciones de investigación vía 12 puntos de presencia a nivel nacional con enlaces de DS-3[15] (45 Mbps) y enlaces ópticos OC-3 (155 Mbps) y OC-12 (622 Mbps). En febrero de 1999, la dorsal se actualizó completamente con enlaces OC-48 (2,488 Mbps) y en abril de 2000 cambia de nombre de vBNS a vBNS+.

Después de terminado el acuerdo entre NSF y MCI, la dorsal vBNS pasó a proveer servicios al gobierno de EUA y a las dorsales Internet2 y NGI. La mayoría de las universidades y centros de investigación migraron a la dorsal educativa Internet2.

Internet2

La dorsal Internet2, fundada en 1996, es una red de alta capacidad de universidades alrededor del mundo pertenecientes al consorcio UCAID *(University Corporation for Advanced Internet Development)*. También son parte de Internet2, organizaciones gubernamentales y compañías privadas. La misión por la que se creó Internet2 fue desarrollar y probar tecnologías avanzadas de redes de alta velocidad. Debido a que muchas de las aplicaciones para la enseñanza, aprendizaje e investigación colaborativa pueden requerir multimedia en tiempo real e interconexiones de gran ancho de banda, el principal objetivo de Internet2 es agregar una infraestructura suficiente de red para soportar tales aplicaciones. Internet2 también intenta investigar y desarrollar nuevas tecnologías para utilizarse en la infraestructura de Internet e Internet2 para propósitos educativos. Aunque Internet2 no fue planeada como un reemplazo de Internet, sus fundadores esperan compartir sus desarrollos con otras redes, incluyendo Internet. Información adicional sobre Internet2 puede encontrarse en: http://www.internet2.edu.

NGI

NGI *(Next Generation Internet)* es una iniciativa del gobierno de Estados Unidos para diseñar y probar tecnologías avanzadas en redes. A diferencia de Internet2, la cual es conducida por un consorcio de universidades, NGI es una iniciativa del gobierno de EUA, promulgada el 10 de

---

[15] *DS-n, Digital Signal es un nivel de transporte de señales digitales para proveedores T-n. Un DS-3 es equivalente a un T3 (45 Mbps).*

octubre de 1996.

El *www*

La red Internet creció, de 1969 a 1990, en número de nodos y usuarios conectados, pero seguía siendo compleja para aquellos no familiarizados con los comandos del sistema operativo Unix y sus diferentes versiones. Las interfaces de las aplicaciones continuaban siendo en modo texto (e.g. *Gopher*) y para poder acceder a un nodo remoto con la aplicación Telnet se necesitaban conocimientos avanzados del sistema operativo. El parteaguas del desarrollo de Internet y su verdadera explosión fue la aparición del hipertexto y las interfaces gráficas a través de los navegadores *(browsers)*. Esta forma de acceder a la supercarretera de la información ofreció a los usuarios con poca experiencia en computadoras, pero deseosos de obtener información, un nuevo medio de comunicación electrónico, nunca antes visto.

El término *www (world wide web)* se refiere a un conjunto de protocolos y *software* que juntos corren sobre el Internet, y presentan información en un formato llamado hipertexto. Entre el *software* del *www* se encuentran los lenguajes de programación y el más conocido es HTML *(HyperText Markup Language)*. Aunque existe un gran número de lenguajes para el *web*, el HTML es el lenguaje de presentación por excelencia; los navegadores de Internet lo interpretan para presentar estructuras semánticas para textos, tales como encabezados, listas, párrafos, enlaces, etc., y también permite el uso de formas, tablas, imágenes, videos y otros objetos.

El desarrollo del *www* comenzó en el laboratorio de física CERN *(European Organization for Nuclear Research)*, a cargo de Tim Berners-Lee, a quien llaman *el padre del world wide web*. La motivación original para el desarrollo del *web* fue tratar de mejorar los mecanismos de compartición y manipulación de documentos de investigación del CERN. Este laboratorio estaba conectado a la red de Internet por más de dos años, pero los científicos estaban buscando mejores maneras de difundir su información y artículos científicos de física de alta energía.

En septiembre de 1990, Tim Berners-Lee con la ayuda de Robert Cailliau difundió una propuesta que fue aprobada por su jefe inmediato, Mike Sendall, quién autorizó la compra de una estación de trabajo de alto desempeño conocida como *NeXT Cube*. Con esta plataforma, Tim desarrolló una aplicación en el lado del cliente y del servidor. Tim diseño y construyó el primer navegador llamado *WorldWideWeb* y al servidor *web* le bautizó como *httpd (HyperText Transfer Protocol Daemon)*. La estación de trabajo y su sistema operativo *NeXTSTEP* se hicieron famosos, ya que en esta computadora Berners-Lee creó la primera página *web* el 25 de diciembre de 1990. Tim liberó y difundió el *software* para sus colegas en el CERN en marzo de 1991. El primer servidor *web* fue puesto en línea el 6 de agosto de 1991. Éste fue también el primer directorio *web* del mundo, ya que Berners-Lee mantuvo una lista de otros sitios *web*. Debido a que tanto el *software* del servidor como del cliente fueron liberados en forma gratuita, CERN se convirtió en el corazón del Internet europeo en esa época. El *web* se volvió popular entre la comunidad científica que tenía la fortuna de tener computadoras *NeXT*. El único inconveniente era que el público en general no podía visualizar los documentos, a menos que tuviera una computadora NeXT; así aparecen los primeros navegadores *web* para diferentes plataformas.

Lynx es el nombre de un navegador desarrollado en la Universidad de Kansas, independiente del *web* y usado para distribuir información del campus. Un estudiante llamado Lou Montulli agregó una interface de Internet al programa y liberó el navegador *web* Lynx 2.0, en marzo de 1993; en poco tiempo Lynx se convirtió en el navegador preferido para terminales en modo de texto (sin gráficas).

Marc Andreessen y Eric Bina y un equipo de desarrolladores de *software*, mientras trabajaban en el NCSA *(National Center for Supercomputing Applications)* en la Universidad de Illinois, liberaron en febrero de 1993 un navegador al que llamaron *Mosaic*. La primera versión de esta aplicación corría para el sistema *X-Windows* en Unix. Tiempo después, se liberaron nuevas versiones para otras plataformas haciendo a *Mosaic* el primer navegador multiplataforma que ofreció la disponibilidad de ver documentos *web* al público en general. En agosto de 1994, la NCSA asignó derechos comerciales de Mosaic a la compañía *Spyglass, Inc.*, la cual, a su vez, licenció la tecnología de su navegador a otras compañías, incluyendo Microsoft para el *Internet Explorer*. La NCSA dejó de desarrollar *Mosaic*, en enero de 1997.

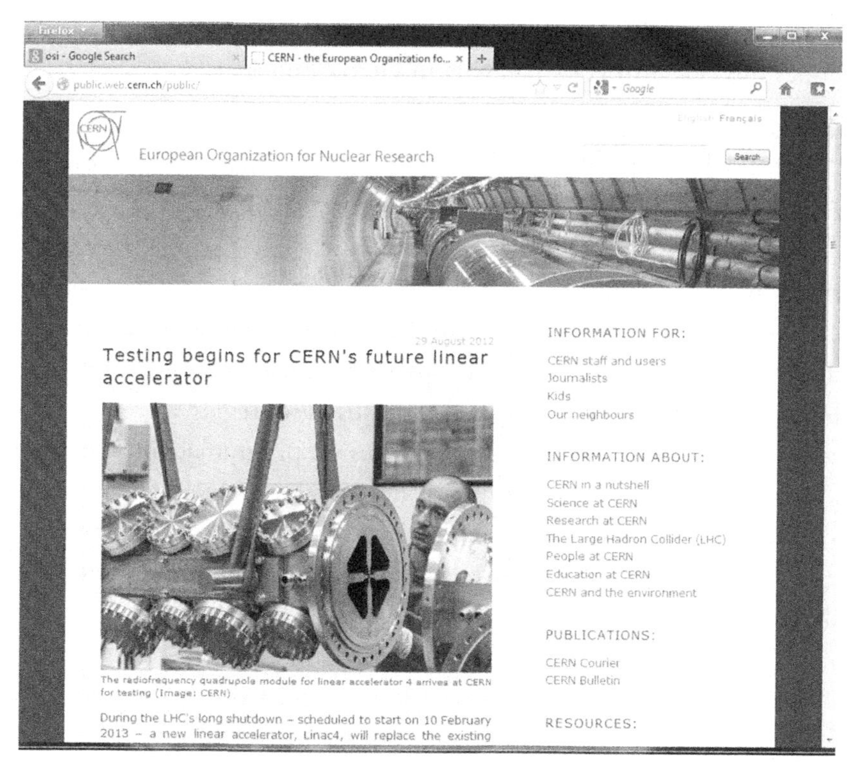

Figura 5.1. Captura de pantalla del navegador Firefox (2012)

En octubre de 1994, Marc Andreessen y algunos colegas de la Universidad de Illinois junto con James Clarke, de la compañía Silicon Graphics se aventuraron en otro proyecto de navegadores *web* al que llaman *Netscape Communications*. Su primer producto en versión beta (Mozilla 0.96b) fue Netscape Navigator, basado en Mosaic. En diciembre de 1994, la versión final fue liberada (Mozilla 1.0), convirtiéndolo en el primer navegador *web* comercial, el cual se convirtió en un éxito instantáneo y se volvió popular en la comunidad de Internet. Microsoft, por su parte, en agosto de 1995, liberó su navegador *Internet Explorer* para el sistema operativo *Windows 95*. En otoño de 1996, el Internet Explorer tenía un tercio del mercado rebasando por mucho a su principal competidor, Netscape. La guerra de los navegadores había comenzado.

Una versión de Netscape en código abierto *(open source)* fue liberada en 2002, también llamado *Mozilla* en tributo a su primera versión. En noviembre de 2004 se liberó una nueva versión de *Mozilla* para dar el paso al popular navegador *web* llamado *FireFox*.

A pesar de que los navegadores funcionaban en múltiples plataformas, con respecto al lenguaje HTML, muchos navegadores empezaron a crear sus propias etiquetas, haciendo que muchas páginas *web* se visualicen de manera diferente. Para tal efecto se constituyó W3C, una organización internacional de estándares para tecnologías *web*, que es la encargada de liberar los estándares de lenguajes del *web*, entre ellos el HTML. Hasta la fecha muchos navegadores han aparecido, pero pocos se mantienen en el gusto de los usuarios. *Internet Explorer*, *Firefox* y *Google Chrome* son de gran penetración en el mercado. El navegador *web*, es sin duda, la puerta para acceder a los diversos recursos y aplicaciones que nos brinda la maravilla moderna, Internet.

En los inicios de la red ARPANET, a principios de los años setenta, existían pocas aplicaciones que hacían uso de TCP/IP. En 1971, Ray Tomlinson introdujo el primer sistema de correo electrónico. En 1972 se contó con una aplicación para emulación de terminal conocida como *Telnet*. En 1973 surgió una aplicación para transferencia de archivos FTP *(File Transfer Protocol)*. Entonces, no existían las interfaces gráficas, todo se hacía por medio de la línea de comandos del sistema operativo UNIX. Pero después de la introducción del *web*, las aplicaciones empezaron a proliferar por doquier, la mayoría libres, así que cualquier persona podría utilizarlas sin ningún problema. Todos los desarrolladores de *software* apuntaron sus estrategias a este nuevo medio de comunicación gracias al surgimiento de nuevos lenguajes de programación. Con la aparición de la *web* 2.0, muchos usuarios con pocos conocimientos de programación eran capaces de crear páginas *web* y contenidos de forma inmediata. Con la aparición de las redes sociales, cada vez más usuarios se interesan por este medio de comunicación y la revolución de la comunicación y la información sigue sumando adeptos.

5.2 TCP/IP

TCP/IP es un conjunto de protocolos que tiene la finalidad de interconectar redes de computadoras y otros dispositivos de red, tales como teléfonos celulares, consolas de videojuegos, etc. Cuando múltiples protocolos trabajan conjuntamente conforman una *suite* o pila de protocolos. Eso es precisamente TCP/IP, un grupo de protocolos con distintos atributos y aplicaciones pero que, en conjunto, hacen posible la interconexión de dispositivos a nivel mundial y el ejemplo más claro es Internet.[16]

El protocolo TCP/IP fue diseñado principalmente para la interconexión de redes, es decir, para permitir las comunicaciones entre *hosts* en diferentes redes de cualquier tamaño y separadas geográficamente: desde una pequeña LAN, pasando por una red de campus CAN, redes metropolitanas y de área amplia hasta las dorsales de Internet, NAP e IXP. Por su flexibilidad en las comunicaciones de computadoras, TCP/IP se convirtió en el estándar *de facto* para la interconexión de redes. Muchos de los sistemas operativos, dejaron atrás sus protocolos propietarios para adoptar a TCP/IP como su protocolo primario, debido a sus características descritas a continuación:

- **Universalidad:** todos los protocolos están disponibles de manera gratuita y son desarrollados independientemente de cualquier *hardware* de computadora o sistema operativo, ya que están basados en estándares abiertos.
- **Independiente de cualquier tecnología de red:** TCP/IP opera principalmente de la capa 3 en adelante. Pero también puede operar en capas inferiores y sobre cualquier tecnología, ya sea LAN, WLAN, MAN o WAN, como Ethernet, microondas, satélite, red óptica, etc.; pudiéndose conectar entre éstas con TCP/IP y virtualmente sobre cualquier tipo de medio físico de transmisión. TCP/IP también es independiente de marcas de fabricantes de equipos.
- **Sistema de direccionamiento integrado:** su esquema común de direccionamiento permite que cualquier dispositivo sea identificado de manera única en toda la red, aún si la red es mundial. El sistema de direccionamiento es administrado de manera centralizada, lo cual asegura que cada dispositivo tenga su propia dirección IP.

---

[16] *Hay varios libros de consulta que describen el conjunto de protocolos TCP/IP, algunos de estos se mencionan en la sección de referencias, al final de este caítulo. "TCP/IP Distributed System", Acharya (2006); "Internetworking with TCP/IP: Principles, protocols, and architecture", Comer (2000); "TCP/IP network administration", Hunt (2002); "The TCP/IP guide: a comprehensive, illustrated Internet protocols", Kozierok (2005).*

- **Diseñado para enrutamiento:** TCP/IP está diseñado específicamente para enrutar la información en una red arbitrariamente compleja y cambiante. Existe una serie de protocolos diseñados para permitir a los enrutadores intercambiar información para que el transporte de los paquetes sea más eficiente entre una red y otra. La combinación del sistema de direccionamiento y el enrutamiento hace posible que los paquetes lleguen a su destino final, sin ningún contratiempo.
- **Escalabilidad:** la historia del Internet muestra cómo ha crecido desde redes pequeñas con unos cuantos *hosts* hasta redes mundiales con millones de dispositivos conectados. Aunque ha habido cambios y mejoras continúas en los diferentes protocolos para estar a la par del crecimiento de la red Internet, el núcleo de TCP/IP se ha mantenido por más de tres décadas.

Capas del modelo TCP/IP

Al igual que otros modelos de interconexión de redes, como OSI *(Open Systems Interconnection)* o SNA *(System Network Arquitecture)*, el protocolo TCP/IP está modelado en capas. Al dividir el *software* de comunicación en capas, la pila de protocolos permite la división de tareas, facilita la ejecución y pruebas de código y la habilidad para poner en práctica capas alternativas. Al igual que el modelo OSI, las capas en TCP/IP se comunican con las de arriba y las de abajo vía interfaces concisas. En este sentido, una capa provee servicios para la capa inmediata superior y hace uso de los servicios provistos por la capa inferior más inmediata.

En la literatura, respecto al modelo TCP/IP, algunos autores difieren en el número de capas y en los nombres de las mismas. Unos agrupan la capa de enlace de datos y la física, y la llaman capa de interface de red. La mayoría agrupa la capa de sesión, presentación y aplicación en una sola, por lo cual en unos casos aparecerán 4 capas y en otros, 5.

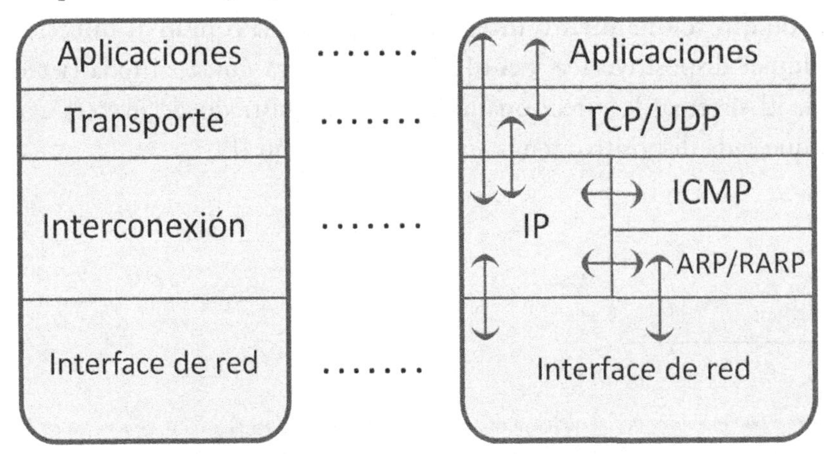

Figura 5.2. Capas del modelo TCP/IP

En este libro nos apegaremos a la clasificación de 4 capas (Figura 5.2):

- Aplicación (capa de aplicación, presentación y sesión del modelo OSI).
- Transporte (queda igual respecto al modelo OSI).
- Interconexión (capa de red del modelo OSI).
- Interface de red (capa de enlace de datos y física del modelo OSI).

Capa de aplicación: es provista por el programa que utiliza TCP/IP para comunicarse. Una aplicación o programa es un proceso del usuario que está colaborando con otro proceso usualmente en un *host* diferente, aunque también puede existir comunicación con otro proceso dentro del mismo *host*. FTP y Telnet, aunque también son protocolos, son dos ejemplos de aplicaciones para transferencia de archivos y acceso remoto, respectivamente. La comunicación entre la capa de aplicación y la capa (inferior) de transporte está definida con base en puertos lógicos y *sockets*.

Capa de transporte: también conocida como capa *host-to-host*, la capa de transporte se encarga de proveer la transferencia de datos de extremo a extremo, es decir, se encarga de enviar los datos desde una aplicación (nodo fuente) hasta el nodo destino. Esta capa es capaz de soportar múltiples aplicaciones de manera simultánea, y se utilizan dos protocolos de transporte, el TCP *(Transmission Control Protocol)* y el UDP *(User Datagram Protocol)*. TCP es un protocolo orientado a conexión y, por lo tanto, asegura el envío confiable de la información, supresión de datos duplicados, control de congestión y control de flujo de datos. El otro protocolo de transporte, el UDP, orientado a no-conexión, utiliza el servicio del mejor esfuerzo y no garantiza la entrega confiable de los datos.

Capa de interconexión: también llamada capa de Internet o de red, es la responsable de enrutar los paquetes a través de la interconexión de redes (e.g. Internet) hacia su destino. Los protocolos de esta capa proveen un servicio de red basados en datagramas. Estos protocolos ensamblan los paquetes en un datagrama y los envían. El protocolo más importante en esta capa es IP *(Internet Protocol)*, el cual está orientado a no-conexión, por lo que las funciones de confiabilidad, control de flujo o recuperación de errores le corresponderán a la capa de transporte. Una unidad de mensaje en una red IP es llamada un datagrama IP y es la unidad básica de información transmitida a través de las redes TCP/IP.

Entre los protocolos más importantes de esta capa se encuentran: IP (IPv4, IPv6), ICMP (Internet Control Message Protocol), IGMP (Internet Group Management Protocol), ARP (Address Resolution Protocol) y RARP (Reverse Address Resolution Protocol).

Capa de interface de red: también llamada capa de enlace de datos, es la interface al *hardware* de red existente. TCP/IP no especifica ningún protocolo en esta capa, lo cual ilustra su flexibilidad.

Algunos ejemplos de protocolos son *Ethernet*, *Token ring*, X.25, ATM, FDDI, ISDN, etc. Las especificaciones de TCP/IP no describen o estandarizan a protocolo alguno de la capa de interface de red *per se*; éstas sólo estandarizan los medios para acceder a esos protocolos desde la capa de interconexión.

Breve historia de TCP/IP

Durante 1972 y 1973, Vinton G. Cerf en conjunto con Robert Kahn trabajaron para diseñar el protocolo de red de la siguiente generación de ARPANET. Kahn tenía experiencia con computadoras que conmutaban paquetes conocidas como IMP *(Interface Message Processors)*, y Cerf con el protocolo NCP *(Network Control Protocol)*. Con la experiencia de ambos se conjuntó el equipo para crear el protocolo TCP *(Transmission Control Protocol)*.

En septiembre de 1973, Cerf y Kahn anunciaron su diseño de la red titulado *"A protocol for packet network interconnection"*, traducido al español como "Un protocolo para la interconexión en una red de paquetes". Finalizado el documento, se publicó en la revista *IEEE Transactions on Communications Technology*, en mayo de 1974; el protocolo permitió la creación de una red internacional de redes de computadoras, mejor conocida como Internet, término que se deriva de los vocablos en inglés *"Internetworking of networks"*.

En 1978, TCP fue dividido en TCP e IP. En 1981 se introdujo el protocolo IP versión 4, y especificado en detalle, por el IETF, en el RFC 791. En 1982, la DCA *(Defense Communications Agency)* y ARPA establecen a TCP e IP como la *suite* de protocolos TCP/IP para la red ARPANET. En enero de 1983, ARPANET requería que todas las computadoras conectadas utilizaran TCP/IP, lo cual determinó que TCP/IP se convirtiera en el corazón de la red ARPANET y reemplazara por completo al protocolo NCP.

Finalizada la migración a TCP/IP, los altos mandos del Departamento de Defensa decidieronn dividir ARPANET en dos redes, una llamada MILNET, enfocada a aplicaciones militares y otra que conservó con el mismo nombre de ARPANET.

Los protocolos propuestos de la suite TCP/IP deberían cumplir con las siguientes especificaciones:

- Independencia subyacente de los mecanismos de la red y de la arquitectura del *host*.
- Conectividad universal a través de la red.
- Reconocimiento extremo a extremo.
- Protocolos estandarizados.

El éxito del protocolo TCP/IP en el ambiente UNIX fue gracias a que la Universidad de California, en Berkeley, emprendió la aplicación de TCP/IP en la versión 4.2 de su sistema operativo UNIX

BSD, en 1983, y de la publicación del código fuente como un *software* de dominio público. Correcciones y optimizaciones fueron hechas en las versiones posteriores de BSD (BSD 4.3, en 1986 y BSD/Tahoe, en 1998).

En 1984, surge el DNS *(Domain Name System)* el cual está especificado al detalle en los RFC 1034, 1035, 1101, 1183, 1348, 1876, 1982, 2181, 2308 y 2535.

5.3 Protocolo IPv4

Estructura de IPv4

Como ya hemos mencionado, la información transmitida por la red Internet utiliza el protocolo IP y la información se envía en paquetes o datagramas. IP es el protocolo más importante de capa de interconexión del modelo TCP/IP y contiene información de control y direccionamiento para que los paquetes puedan ser enrutados en la red. Como cualquier otro protocolo de red, IPv4 utiliza una estructura o formato específico para sus datagramas, el cual está definido en el RFC 791. IPv4 está dividido en dos partes: el *encabezado* y la *carga útil*. El encabezado o cabecera contiene la información de control y direcciones de origen y destino, mientras que la carga útil son los datos que se envían sobre la red.

El encabezado del protocolo IP tiene una longitud mínima de 20 *bytes* (160 *bits*), cuando no se utiliza el campo de *Options* (opciones), que es lo más común. El encabezado puede alcanzar una longitud máxima de 60 *bytes*, aunque, sucede en raras ocasiones. Todos los campos tienen una longitud fija en *bits*, excepto el campo de *Options* y *Data*, los cuales son de longitud variable. Un datagrama IP (encabezado y carga útil) tendrá una longitud máxima de 65,536 *bytes*. En la Figura 5.3 se muestra la estructura del protocolo IPv4. Los campos dirección origen *(source address)* y dirección destino *(destination address)*, se explican por sí mismos. El resto de los campos tienen una función muy específica que se detalla a continuación.

Version (4 *bits*): es la versión del protocolo.

Header length (32 *bits*): IHL, *Internet Header Length* es la longitud del encabezado del protocolo IP, básicamente son 4 *bytes*.

Type of service (TOS) (8 *bits*): este campo indica el tipo o calidad de servicio, tales como la entrega priorizada para los datagramas IP. Este campo no se utiliza de manera regular como se definió originalmente, su función se redefinió para uso de una técnica llamada Servicios Diferenciados *(Differentiated Services)* especificados en el RFC 2474.

Total length (TL) (16 *bits*): este campo especifica la longitud total del datagrama IP, incluye el encabezado y la carga útil.

Identification (16 *bits*): aquí se almacena un número entero que identifica el datagrama actual. Este campo es asignado por el nodo origen para ayudar al destino a ensamblar los fragmentos de datagramas.

Flags (3 *bits*): es un campo de 3 *bits* utilizado para el control de la fragmentación de los datagramas. El *bit* de menor orden, si es 1 (menos significativo) especifica que el datagrama no debe ser fragmentado. El siguiente *bit*, si es 0, indica que es el último fragmento en un mensaje. Si es 1, significa que más fragmentos están por llegar. El *bit* de mayor orden (más significativo) está reservado y no se utiliza.

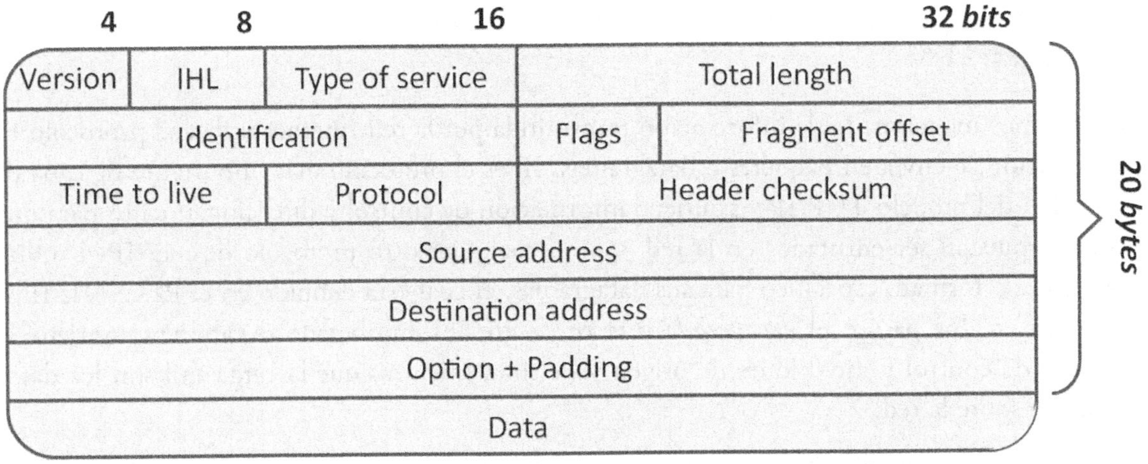

4
8
16
32 *bits*
Version
IHL
Type of service
Total length
Identification
Flags
Fragment offset
Time to live
Protocol
Header checksum
Source address
Destination address
Option + Padding
Data
20 *bytes*

Figura 5.3. Estructura del protocolo IP versión 4

Fragment offset (13 *bits*): cuando se produce la fragmentación de un paquete, este campo especifica el desplazamiento *(offset)* o la posición donde van los datos. Se especifica en unidades de bloques de 8 *bytes*, el primer fragmento tiene un desplazamiento de 0.

Time to live (TTL) (8 *bits*): tiempo de vida es un contador que va disminuyendo gradualmente hasta llegar a cero, conforme el paquete va pasando por la trayectoria. Si el TTL marca cero antes que el paquete llegue a su destino, dicho paquete es descartado y enviado nuevamente a su nodo origen. TTL es un valor entero entre 0 y 255. Este campo es necesario para dar un tiempo de vida a los paquetes cuando viajan por la red y evitar así ciclos infinitos.

Protocol (8 *bits*): contiene un número que identifica qué protocolo de la capa de transporte o de encapsulamiento recibirá y procesará el contenido de los datos del paquete. Los valores de este campo están definidos en el RFC 1700. Algunos identificadores de los protocolos de transporte más importantes son: TCP (0x06 hexadecimal, 6 decimal), UDP (0x11, 17), ICMP (0x01, 1), IGMP (0x02, 2).

Header checksum (16 *bits*): este campo contiene 16 *bits* que corresponden a la suma de comprobación del encabezado, utilizando el algoritmo de control y verificación de error checksum.

Source address (32 *bits*): contiene la dirección IP del nodo origen.

Destination Address (32 *bits*): contiene la dirección IP del nodo destino.

Options + padding: este campo (de tamaño variable) permite a IP soportar varias opciones. Si una o más son incluidas y el número de *bits* utilizados para ello no es múltiplo de 32, se agregan ceros (0s) de relleno para que el encabezado cumpla con los 32 *bits*.

Data (tamaño variable): en este campo contiene la carga útil del datagrama IP.

Fragmentación en IPv4

La fragmentación de datagramas constituye una sección compleja del protocolo IPv4. Se desaprovecha 20% del encabezado básico del protocolo IPv4 con los campos *identification*, *flags* y *fragment offset*. La fragmentación de datagramas agrega carga de procesamiento a los enrutadores y al nodo destino. Además, la fragmentación hace a IPv4 más díficil de implementar. IPv6 permite sólo fragmentación de extremo-extremo, en otras palabras, los nodos fuente y destino están comunicándose para permitir negociar el uso de la fragmentación sólo por la fuente del mensaje. En cambio, como se verá más adelante, en IPv4 los paquetes pueden ser fragmentados por enrutadores intermedios para permitir a los paquetes más grandes que el MTU *(Maximum Transmission Unit)* tenga algún enlace. El MTU es la longitud máxima de un paquete que es capaz de soportar una red física (Tabla 5.1).

Si el tamaño de un paquete es mayor que una MTU de la red, dicho paquete es fragmentado en unidades más pequeñas, enviado al destino en varios datagramas separados y reensamblado cuando sea necesario. Cada fragmento podrá seguir por un camino diferente dependiendo de la congestión de las rutas en cada momento. Si un fragmento se pierde, todo el paquete se considerará perdido y se descartarán los restantes fragmentos.

Para entender mejor la fragmentación en IPv4, supongamos que tenemos un paquete IP a su máximo tamaño permitido, es decir, 65,535 *bytes* y que tenemos un protocolo de la capa de enlace de datos como Ethernet, el cual tiene una longitud máxima (MTU) de 1,500 *bytes*. Puesto que la cabecera de IPv4 consume 20 *bytes* (sin Opciones), entonces restan 1,480 *bytes* del IP por trama del protocolo Ethernet. Por lo tanto, una carga útil de 65,535 *bytes* se fragmentará en 45 datagramas IP.

$$No.\ de\ datagramas = Carga\ útil / 1480 = 44.28\ datagramas$$

Tabla 5.1. MTUs para diferentes protocolos

Protocolo	Estándar	MTU (*bytes*)
Ethernet (IEEE 802.3)	RFC 1042	1,492
DIX Ethernet	RFC 894	1,500
Token ring a 4 Mbps	RFC 1042	4,464
Token ring a 16 Mbps	IBM	17,914
FDDI	RFC 1390	4,352
PPP	RFC 1548	1,500
SLIP	RFC 1055	1,006
X.25, ISDN	RFC 1356	576
PPPoE	RFC 2516	1,492

Cuando un datagrama es fragmentado, información adicional es codificada en el campo *fragment offset* del encabezado IP para permitir que la computadora receptora reensamble correctamente los segmentos de datos a su estado original.

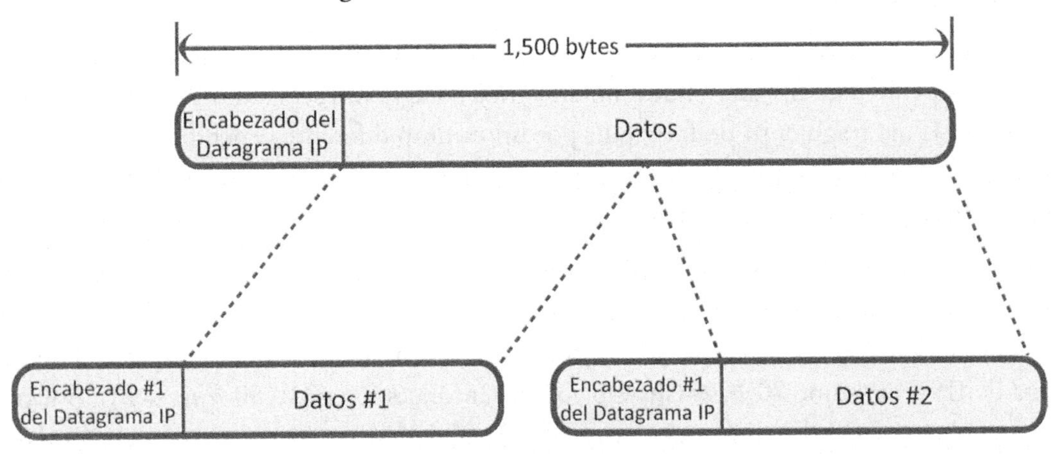

Figura 5.4. Fragmentación en IPv4

En la Tabla 5.1 se muestra el MTU para varios protocolos de encapsulamiento.

Limitaciones de IPv4

Las limitaciones de IPv4 no sólo se centran en el escaso espacio de direcciones, también existen las siguientes:

- Los campos de fragmentación siempre estarán presentes en cada paquete IPv4.
- La fragmentación procederá con un castigo en el desempeño y es mejor evitarlo. Sin embargo, los campos involucrados deben estar presentes en todos y cada unos de los paquetes.
- El campo *Options,* de alcance limitado, es rara vez usado.
- El campo *Type of service* es raramente utilizado como originalmente se concebió.
- El campo *Time to live* es raramente utilizado como originalmente se concebió.
- El campo *Protocol* de 8 *bits* limita a sólo 256 posibilidades de protocolos.

A pesar de las desventajas anteriores, IPv4 sigue funcionando, varias limitaciones del protocolo IPv4 fueron superadas con el surgimiento de IPv6.

5.4 El protocolo IPv6

En 1990, el IETF empezó a estudiar el problema de expandir el número de direcciones de Internet. En 1994, liberó una recomendación oficial para el protocolo de Internet de la siguiente generación o IPng *(Internet Protocol next generation)*. Un hecho destacado en el desarrollo, fue la publicación del RFC 1752, en enero de 1995. El RFC 1752 describe los requisitos de IPng, especifica el formato de la PDU *(Protocol Data Unit)* y señala las técnicas de IPng en las áreas de direccionamiento, enrutamiento y seguridad. Siguiendo los procedimientos formales, la recomendación se convirtió en un borrador de estándar en 1998. IETF creó un grupo de trabajo de IPv6 para definir los estándares requeridos y permitir la transición de IPv4 a IPv6. Existen otros documentos que definen los detalles del protocolo llamado IPv6 *(Internet Protocol version 6)*; éstos incluyen una especificación general de IPv6 (RFC 2460), la estructura de direccionamiento de IPv6 (RFC 2373), entre otras.

¿Qué pasó con IPv5?

Sabemos que la versión del protocolo IP que se usa actualmente es la 4 (IPv4) y que nos encontramos en la transiciónhacia el IP de nueva generación IPv6. Lo que no es tan conocido es porqué se omitió el IPv5; de hecho, se dice, que el IPv5 no existe, aunque técnicamente, sí existe.

Basta consultar el estándar RFC 1819 [http://www.faqs.org/rfcs/rfc1819.html], el cual describe al protocolo ST2+ *(Internet Stream Protocol Version 2)* para darnos cuenta de lo siguiente: *"ST2 and IP packets differ in the first four bits, which contain the internetwork protocol version number: number 5 is reserved for ST2 (IP itself has version number 4)"*. O sea, que el valor 5 para el campo "protocol version" se tomó para el ST2+, y posteriormente en la especificación de una nueva versión del protocolo IP tomaron el siguiente número disponible, es decir el 6.

Estructura de IPv6

La estructura de IPv6 tiene un encabezado con el doble de *bytes* que IPv4; IPv6 tiene menos campos y eso favorece, en la mayoría de los casos, el procesamiento de los paquetes tanto, en los nodos como en los enrutadores.

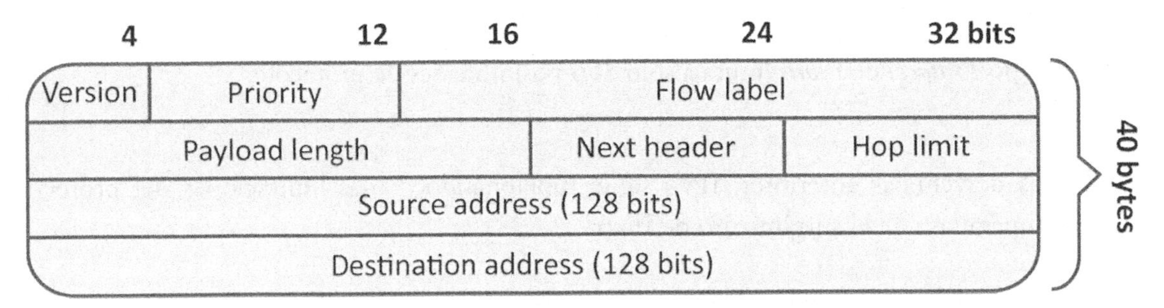

Figura 5.5. Estructura del protocolo IP versión 6

Version (4 *bits*): indica la versión del protocolo.

Priority (traffic class) (8 *bits*): disponible para su uso del nodo origen y los enrutadores para identificar los paquetes que pertenecen a la misma clase de tráfico y así distinguirlos con prioridades diferentes. En IPv4 este campo se llamaba *Type of service.*

Flow Label (20 *bits*): este campo se utiliza para que los paquetes que pertenecen a la misma sesión, ráfaga o flujo compartan un mismo valor, para facilitar su identificación. Reconocer una sesión o ráfaga es útil para mecanismos de calidad de servicio. Sin embargo, pocas implementaciones no consideran este campo, la mayoría de los sistemas asignan diferentes etiquetas de flujo para paquetes que pertenecen a diferentes sesiones TCP. Un valor de cero en este campo significa que asignar una etiqueta de flujo por sesión no es soportada o deseada.

Payload length (16 *bits*): este campo almacena la longitud de la carga útil (sin la cabecera). Esto ahorra la operación al *host* o enrutador de recibir un paquete sin tener que revisar si el paquete es lo suficientemente grande para almacenar la cabecera IP en primer lugar, resultando en una ganancia pequeña en eficiencia.

Next header (8 *bits*): el campo *Protocol* de IPv4 es reemplazado por *Next Header* en IPv6. Indica el tipo de encabezado que sigue inmediatamente del encabezado IP. En la mayoría de los casos este valor puede ser 6 para TCP o 17 para UDP. En la Tabla 5.2 se muestra el orden de los tipos de cabeceras y sus códigos que van en este campo.

Hop limit (8 *bits*): el campo *Time to live* de IPv4 es reemplazado por *Hop Limit* en IPv6. Éste comienza con un valor al origen de un paquete y es decrementado por cada enrutador en la trayectoria. Cuando el valor del campo llegué a cero, el paquetes es descartado o destruido.

Source address (128 *bits*): este campo contiene la dirección del nodo originador del paquete.

Destination address (128 *bits*): este campo contiene la dirección del nodo destino.

Tabla 5.2. Cabeceras de extensión IPv6 y su orden

Orden	Tipo de cabecera	Código Next header
1	Encabezado básico IPv6	-
2	Hop-by-hop	0
3	Destination (con opciones de enrutamiento)	60
4	Routing	43
5	Fragment	44
6	Authentication	51
7	Encapsulation Security Payload	50
8	Destination	60
9	Mobility	135
	No Next header	59
Capa Superior	TCP	6
Capa Superior	UDP	17
Capa Superior	ICMPv6	58

Las extensiones de cabecera son una parte intrínseca del protocolo IPv6 y éstas pueden soportar algunas de las funciones básicas y algunos servicios. La siguiente es una lista de las extensiones preferentemente usadas.

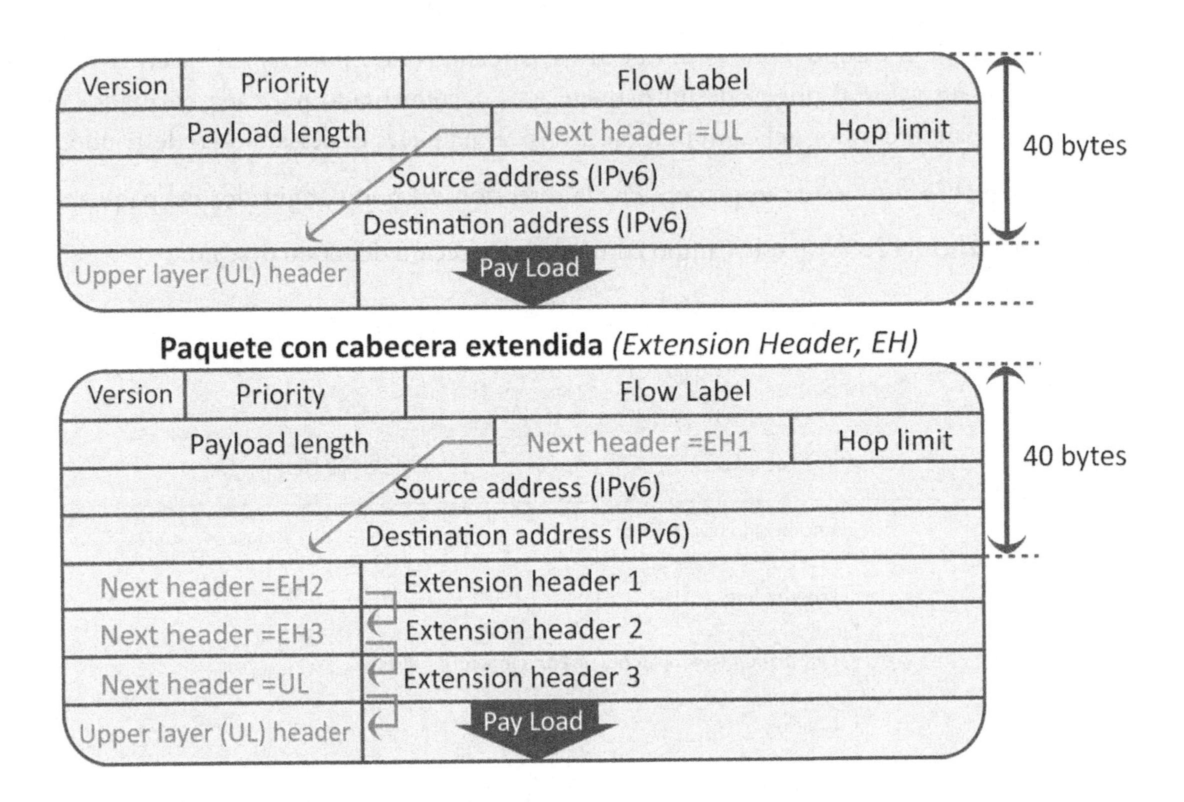

Figura 5.6. Extensiones en IPv6

Hop-by-hop: es empleado para el soporte de *jumbogramas* con la opción de alerta de enrutador, es una parte integral en la operación del MLD (*Multicast Listener Discovery*). Los paquetes IPv6 pueden tener una carga útil mayor de los 65,535 *bytes*, que soportaba IPv4, estos paquetes son llamados *jumbogramas*, que pueden ser de hasta 4 Gigabytes. El uso de los *jumbogramas* está indicado en la cabecera por un campo opcional llamado *Jumbo Payload Option*. La alerta de enrutador es una parte integral de las operaciones de multicast IPv6 a través de MLD y RSVP para IPv6.

Destination: es usado en IPv6 móvil y para apoyar ciertas aplicaciones

Routing: es utilizado en IPv6 Móvil y en enrutamiento en origen *(Source Routing)*. Puede ser necesario deshabilitarse *"IPV6 source routing"* en enrutadores para protegerlos contra ataques conocidos como negación de servicio, DDoS *(Distributed Denial-of-Service)*.

Fragmentación: es crítico en el apoyo a la comunicación que está usando paquetes fragmentados.

Mobility: es usada por el servicio de IPv6 móvil.

Authentication: es similar en uso y formato a la autentificación en la cabecera IPv4 definida en el RFC 2402.

Encapsulation Security Payload: es similar en uso y formato a la autentificación en la cabecera IPv4 definida en el RFC 2406. Toda la información seguida de esta cabecera es encriptada.

Como se muestra en la Figura 5.6, cada paquete puede contener más de una cabecera. Para cada una de éstas se debe especificar el siguiente tipo de cabecera en el campo *Next header*, formando así algo que se llama "cadena de cabeceras". Como se ve, el campo *Destination options* puede aparecer en dos posiciones.

Beneficios de IPv6

Una de las notables mejoras de IPv6 respecto a IPv4 es el aumento del espacio de direccionamiento, de 32 *bits* a 128 *bits*.

IPv6 2^{128}= 340,282,366,920,938,463,374,607,431,768,211,456 direcciones IP

IPv4 2^{32}= 4,294,967,296 direcciones IP

El motivo principal de la adopción de una nueva versión del protocolo de Internet es la limitación impuesta al campo de dirección de 32 *bits* en IPv4. IPv6 expande el número de direcciones de 32 *bits* a 128 *bits*. Una dirección de 32 *bits* permite más de 4 mil millones de direcciones únicas, mientras que 128 *bits*, más de *340 sixtillones* de direcciones únicas en Internet. ¿Cuánto representa esta cantidad? Según varias predicciones, en el 2050 la población mundial será aproximadamente de 9 mil millones de personas. En tal caso, nos tocarían 37,809,151,880,104,273,718,152,734,159 direcciones por persona. ¿Serán suficientes?

El espacio de direcciones de 128 *bits* de IPv6 equivaldría a tener 155 mil millones de *Internets* de IPv4 en cada milímetro cuadrado de la Tierra, incluyendo los océanos.

Pero el espacio de direcciones no es la única mejora del protocolo IPv6. A continuación se explican muchas otras que lo ratifican como un protocolo que sustente el avance de Internet.

- **Encabezado de longitud fija**: en IPv4, la longitud del encabezado era variable, así que debía especificarse el tamaño en los campos *Header lenght* (IHL) y *Total lenght*. En IPv6, en cambio, la longitud de la cabecera es fija de 40 *bytes*.

- ***Broadcast* eliminado:** en IPv6 se eliminó el *broadcast,* en su lugar, IPv6, utiliza 3 tipos de direcciones: *unicast* (uno a uno), multicast (uno a muchos) y *anycast* (uno a la más próxima).
- **Checksum omitido:** mientras que en IPv4 el *checksum* se calcula cada vez que un paquete pasa por un enrutador, en IPv6 los protocolos de capa de enlace de datos realizan este cálculo.
- **Cero fragmentación:** los enrutadores ya no necesitan fragmentar paquetes de mayor tamaño (MTU), simplemente el nodo origen envía paquetes más pequeños.
- **Multicast:** en IPv4 es opcional, pero en IPv6 el *multicast* es obligatorio. Todas las funciones de descubrimiento a través de la difusión *(broadcast)* fueron reemplazadas por *multicast.* Sólo los *hosts* que están escuchando activamente para *multicast* son interrumpidos, en vez de que sean todos.
- **Auto-configuración más simple:** con IPv4, la configuración dinámica de direcciones IP de *hosts* DHCP *(Dynamic Host Configuration Protocol)* era opcional. Con IPv6 el mecanismo de autoconfiguración de *hosts* es obligatorio y más sencillo de usar y administrar.
- **Seguridad:** con IPv4, la seguridad con el protocolo *IPsec* es opcional; con IPv6, obligatorio. IPsec provee encriptación y autentificación al nivel de IP, haciendo posible que cualquier aplicación que se ejecuta sobre IP sea protegida si sus datos son interceptados o modificados en el trayecto.
- **Amigable para tecnologías de ingeniería de tráfico:** IPv6 fue diseñado para soportar tecnologías de ingeniería de tráfico o calidad de servicio, tales como Servicios Diferenciados *(DiffServ)* o RSVP *(Resource Reservation Protocol).* Pero IPv6 no está comprometido con ninguna tecnología en particular.
- **Mejor soporte para redes *Ad-hoc*:** el alcance de las direcciones permite mejor soporte para redes *ad-hoc (zero configuration).* IPv6 soporta también direcciones *anycast,* las cuales pueden contribuir al descubrimiento de servicios.
- **Soporte para extensiones y opciones en la encabezados:** las opciones de IPv6 son puestas en encabezados independientes que están localizados entre la cabecera IPv6 y en encabezado de la capa de transporte. Con esto es posible incrementar la flexibilidad del protocolo añadiendo nuevas características en un futuro, sin que sea necesario rediseñar por completo la estructura del paquete IP.

El protocolo IPv6 traerá muchos beneficios al Internet actual, sin embargo, el proceso de transición es complejo, deberá ser una labor conjunta entre puntos de interconexión (e.g. IXP, NAP), proveedores de servicios de Internet, administradores, operadores de las redes, fabricantes de equipos, proveedores de contenido y desarrolladores de *software* hasta llegar a los usuarios finales.

Los fabricantes de equipos de telecomunicaciones, de cómputo y desarrolladores de sistemas operativos, han estado trabajando por varios años en la transición de sus sistemas. La mayoría de los equipos y los sistemas operativos ya cuentan con las actualizaciones necesarias en el *software* y *firmware* para darle soporte a IPv6.

El 8 de junio de 2011, la *Internet Society* (www.internetsociety.org) organizó una prueba mundial del protocolo IPv6 en donde se involucraron la mayoría de los proveedores de Internet, incluyendo a los sitios más visitados como *Google, Facebook, Yahoo!, Akamai*. El llamado *día mundial de IPv6* se llevó a cabo con éxito. El 6 de junio de 2012 se realizó una prueba de lanzamiento del protocolo IPv6 a nivel mundial también con éxito; para conocer más detalles de este evento se sugiere visitar la página http://www.worldipv6launch.org/.

5.5 Direccionamiento IP

El protocolo de Internet es la plataforma fundamental de las comunicaciones y de las redes de información. Cada dispositivo de red necesita de una dirección IP para poder comunicarse entre sí. Cada vez que se quiere enviar algo en la red, debemos de especificar a dónde se enviarán los paquetes. Es aquí donde la dirección IP juega el papel primordial de comunicación y de identificación de quién envía y quién recibe dicha información.

En la actualidad, en el mundo de las redes, la versión de IP más utilizada es la versión 4 (IPv4), la cual no ha sido sustancialmente modificada desde que el RFC 791 fue publicado en 1981. Desde entonces, el protocolo IPv4 ha probado ser robusto, fácil de acceder e interoperable; la prueba más real es la red Internet de la actualidad. Los diseñadores de Internet jamás se imaginaron el crecimiento explosivo del número de nodos conectados a la supercarretera de la información; así que decidieron que las direcciones IP contendrían 32 *bits*, permitiendo 4 mil millones de direcciones. Parecerán muchas, pero no es ni siquiera la población total mundial.

A principios de los noventas, con la apertura comercial del Internet, la revolución de las computadoras personales, las redes de área local (LAN), el *world wide web* aunado a la inequitativa repartición de las IP, demostraron claramente que los 4 mil millones de direcciones no serían suficientes. Hoy, muchas personas quieren conectar toda clase de dispositivos a Internet (e.g. teléfonos celulares, consolas de videojuegos, dispositivos inalámbricos, etc.). Este crecimiento explosivo de dispositivos requerirá de un nuevo esquema de direccionamiento para mantenerlos en operación. Nadie imaginó que una red que empezó con fines militares iba a tener tanto éxito en el mundo comercial. Esta tendencia de interconectar todo tipo de dispositivos es conocida como el Internet de las cosas *(The Internet of things)*.

¿Cómo me conecto a una red basada en TCP/IP?

La dirección IP junto con otros parámetros nos ayudará a entender cómo los dispositivos pueden conectarse a una red, ya sea Internet o una red local privada. ¿Qué se necesita para poder conectarse a una red?

Además de la conexión física y de la tarjeta o interface de red serán necesarios varios parámetros:

- Una dirección IP.
- Una máscara de subred.
- Una pasarela o *gateway*.
- Un Domain Name Server (DNS).

La Figura 5.7 muestra una caja de diálogo del sistema operativo *Windows 7*, para configurar los parámetros de red (dirección IP, máscara de subred, pasarela y DNS). A todos los sistemas operativos se les puede cambiar la configuración de los anteriores parámetros. A continuación explicaremos a detalle cada uno de estos:

Dirección IP

La dirección IP es una convención numérica para asignar identificadores a un dispositivo *host* de una red. Como se mencionó anteriormente, un *host* es "cualquier dispositivo que tiene una dirección IP asignada para identificarlo de los demás nodos en la red". Hay varias formas de representar una dirección IP: formato decimal, binario y hexadecimal (ver Tabla 5.3).

Tabla 5.3. Diferentes formatos para las direcciones IP

Representación	Dirección IP
Decimal:	192. 168. 0. 1
Binaria:	11000000. 10101000. 00000000. 00000001
Hexadecimal	C0. A8. 0. 1

Para mayor facilidad las direcciones IP son normalmente expresadas en formato decimal en vez de la forma binaria, pero las computadoras y demás dispositivos de red se comunican entre sí, en forma binaria. La representación hexadecimal, en la versión 4, no se utiliza, pero sí ampliamente en la versión 6. Así que emplearemos la notación decimal para fines prácticos y la notación binaria para algunos cálculos que más adelante realizaremos.

Basándonos en el formato binario de la Tabla 5.3 (11000000. 10101000. 00000000. 00000001), los ocho dígitos separados por puntos se nombran "octetos", debido que pueden representar números de hasta 8 *bits*. Por ello, a cada grupo de 8 *bits*, de izquierda a derecha, se le conoce como primer octeto, segundo octeto, tercer octeto y cuarto octeto.

Los 4 octetos juntos representan 32 *bits*; por eso, las direcciones IP versión 4 contienen números de 32 *bits*. Cado uno de los *bits* de cada octeto puede representar dos estados diferentes (0 o 1). El número más pequeño que se podría representar con 8 *bits* es 00000000 (0 en decimal) y el número más grande sería 11111111 (255 en decimal), es decir, cada octeto contiene un valor entre 0 y 255. Combinado los cuatro octetos se obtendría 2^{32} o 4,294,967,296 direcciones IP diferentes.

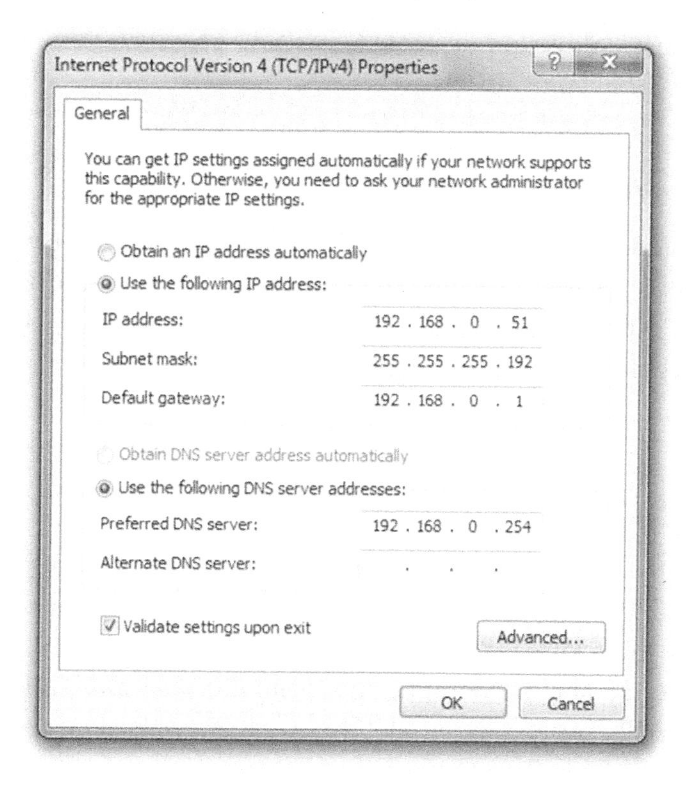

Figura 5.7. Caja de diálogo para configurar los parámetros

Máscara de subred

La máscara de subred *(subnet mask)* es utilizada para determinar qué parte de la dirección IP es usada por la red y cuál por el *host*; en otras palabras, la máscara de subred nos ayuda a conocer el número de subredes y de *hosts* que serán permitidos en cada una de esas subredes. El número de 1s (unos) de una máscara nos dice el número de (sub)redes, los 0s (ceros) representan el número de *hosts* disponibles.

Por ejemplo, la máscara 255.255.255.0 (11111111.11111111.11111111.0000000), nos dice que habrá 2^{24} redes, por los 24 unos. Entonces, los ocho ceros restantes indican que habrá $2^8 = 256$ *hosts* disponibles.

¿Qué pasará con la máscara 255.255.255.192 (11111111.11111111.11111111.11000000)? Precisa que habrá 2^{26} redes y $2^6 = 64$ *hosts* disponibles; el exponente 26 es el número de 1s de la máscara y el exponente 6 son los 0s de la máscara.

Las máscaras de subred se utilizan para definir un intervalo de direcciones (para los *hosts*) a partir de una dirección IP o dirección de red. Juntos, la dirección IP y la máscara, definen un intervalo de direcciones. Estos dos valores son utilizados por los enrutadores para conocer cuántos *hosts* hay "debajo" de una determinada dirección de subred, evitando preguntar *host* por *host*. Esto hace los paquetes fluyan rápida y eficientemente.

Pasarela *(default Gateway)*

La dirección de la pasarela es la ruta por omisión (*default*) por la cual pasarán los paquetes, al menos que una trayectoria diferente sea especificada por una ruta estática. Es la ruta primaria de salida de la red hacia el exterior o la subred más próxima. Generalmente, el *default gateway* es la siguiente dirección IP seguida de la subred IP, pero se puede especificar otra, tal como la dirección IP de un enrutador.

Servidor de nombres de dominio (DNS)

El DNS es una computadora configurada como servidor donde se almacena un programa que contiene una tabla con direcciones IP y su correspondiente nombre de dominio. Este servidor se encarga de traducir las direcciones IP a nombres de dominio, y viceversa. Si estamos en un navegador y ponemos un nombre de dominio, por ejemplo, *yahoo.com*, nuestra computadora se conectará a la dirección IP especificada en el DNS y obtendrá la dirección correspondiente al nombre de dominio yahoo.com. Recordemos que las computadoras operan con números, y los humanos retenemos mejor los nombres. El DNS nos facilita esa tarea.

La dirección IP, la máscara, la pasarela y el DNS son parámetros importantes para poder conectarse a una red. Si el DNS no se especifica, es posible conectarse a la red sólo que tendremos que hacerlos por medio de las IP numéricas, aunque, pero será imposible hacerlo por nombres de dominios. Si el resto de los parámetros no se especifican, será imposible conectarte a una red basada en TCP/IP.

Las clases de direcciones IP

La separación de las direcciones IP en octetos tienen un propósito fundamental: crear clases de direcciones. Esta separación sirve para asignar direcciones IP a diferentes entidades (universidades, negocios, proveedores de servicios, particulares, etc.) con fundamento en las dimensiones de su red y necesidades.

Los cuatro octetos de una dirección IP son divididos en dos secciones: red y *host*, tal como se muestra en la Figura 5.8. La primera sección sirve para identificar la red o subred a la que la computadora o dispositivo pertenece. La parte de *host* identifica la computadora actual en la red. La sección de red siempre contendrá el primer octeto, mientras que la sección de *host*, el último octeto. Bajo esta premisa, el espacio de direcciones IPv4 está dividido en cinco clases. Con algunas excepciones, los cuatro *bits* menos significativos del primer octeto (en la representación binaria) determinan a qué clase pertenece:

Figura 5.8. División de los octetos de IPv4 en RED y HOST

- **Clase A:** utiliza sólo el primer octeto para identificar la red, dejando los 3 octetos (24 *bits*) restantes para identificar los *hosts*. La clase A es utilizada por grandes corporaciones internacionales, ya que provee 16,777,214 (2^{24}-2) direcciones IP para los *hosts*, pero está limitada a 126 redes, es decir, sólo existen 126 corporaciones en el mundo que tienen direcciones de clase A, cada una de éstas puede manejar más de 16.7 millones de direcciones IP (Figura 5.9).

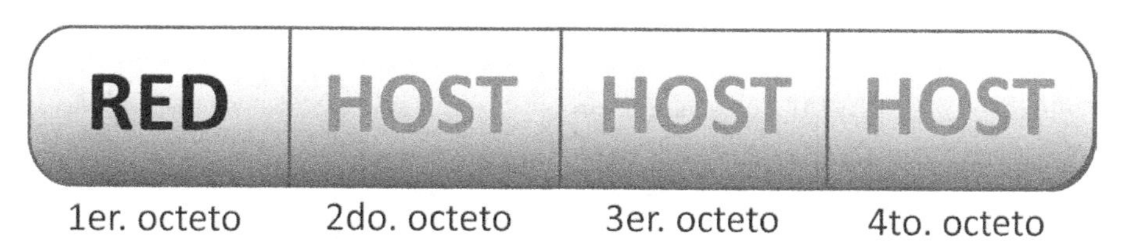

Figura 5.9. Subdivisión *red-host* para la clase A de IPv4

- **Clase B:** aprovecha los primeros dos octetos para identificar la *red* dejando los 16 *bits* restantes (2 octetos) para los *hosts*. La clase B corresponde a grandes compañías, universidades y otras entidades que necesitan un gran número de nodos. Los dos octetos le dan cabida a 16,384 redes y un total de 65,534 (2^{16}-2) direcciones IP para los *hosts* (Figura 5.10).

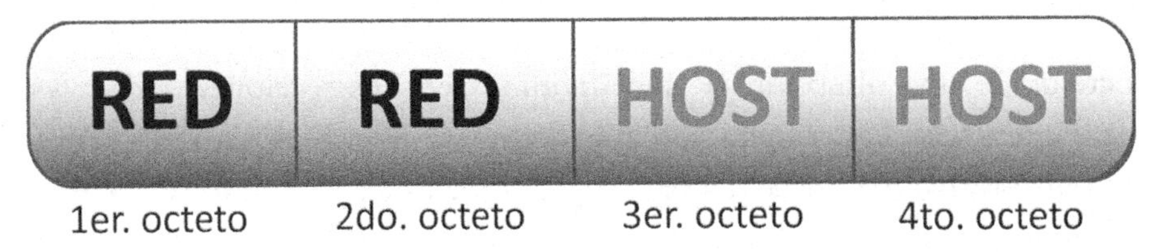

Figura 5.10. Subdivisión *red-host* para la clase B de IPv4

- **Clase C:** los primeros tres octetos indican el identificador de *red*, los ocho *bits* restantes, los *hosts*. La clase C está asignada a pequeñas y medianas empresas, las cuales suman un total de 2,097,152 redes con un máximo de 254 (2^8-2) *hosts* cada una (Figura 5.11).

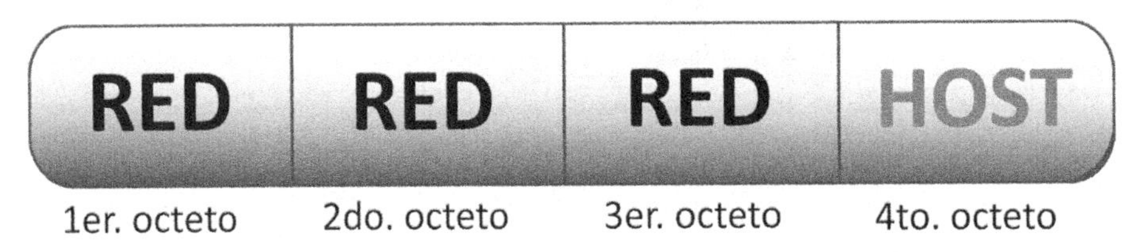

Figura 5.11. Subdivisión *red-host* para la clase C de IPv4

Tabla 5.4. Características de las distintas clases de direcciones en IPv4

Clase	*Bits* (primer octeto)	Intervalo (primer octeto)	Dirección de inicio	Dirección final	Máximo número de redes	Máximo número de *hosts*
A	0xxx	1-126	0.0.0.0	126.255.255.255	126	16,777,214
B	10xx	1 28-191	128.0.0.0	191.255.255.255	16,384	65,534
C	110x	192-223	192.0.0.0	223.255.255.255	2,097,152	254
D	1110	224-239	224.0.0.0	239.255.255.255	-	-
E	1111	240-255	240.0.0.0	255.255.255.255	-	-

Las direcciones de clase D están reservadas para multicast, que es un mecanismo para definir grupos de nodos y enviarles mensajes IP al mismo tiempo. Sólo para diferenciar, cuando se transmite a cada nodo en la red de área local (LAN) se denomina *broadcast* y cuando se envía información a un solo nodo se conoce como *unicast*. Para mayor información sobre el uso de las direcciones Clase D, visite *http://www.iana.org/assignments/multicast-addresses*. La clase E, hasta el momento, está reservada para uso futuro.

Como se observa en la Tabla 5.4 no se utilizan los bloques de direcciones 0.x.x.x ni las direcciones 127.x.x.x. El bloque 0.x.x.x (0.0.0.0 - 0.255.255.255) tiene un uso especial en las redes, en particular la 0.0.0.0 es utilizada como subred por omisión y es que en funciones de enrutamiento se utiliza como una ruta estática. Cuando un dispositivo de red suele mostrar una dirección 0.0.0.0 significa que no están conectadas a una red TCP/IP. También algunas aplicaciones de *software* utilizan la dirección 0.0.0.0 como una técnica de programación para monitorear el tráfico de la red de cualquier dirección IP válida. Cuando las computadoras conectadas no utilizan esta dirección, los mensajes enviados por IP algunas veces incluyen 0.0.0.0 dentro de la cabecera cuando la fuente del mensaje es desconocida.

Por otro lado, los bloques de direcciones de la 127.0.0.1 a la 127.255.255.255 están reservados para uso privado; la dirección 127.0.0.1, en particular, está designada para el *localhost* o computadora local. Otros usos especiales de direcciones IPv4 pueden encontrarse en el RFC 3330.

Además del direccionamiento con clases, existe el direccionamiento sin clases CDIR *(Classless InterDomain Routing)*, el cual sirve para administrar direcciones IP sin tomar en cuenta las clases vistas anteriormente. Esto ayuda en gran medida a optimizar las direcciones IP, ya que el esquema jerárquico por clases visto anteriormente, genera un gran desperdicio de direcciones.

Direcciones IP privadas

Existen otras direcciones especiales que tampoco pueden emplearse en la red IP pública. A este tipo de direcciones se les conoce como direcciones IP privadas. La IANA *(Internet Assigned Numbers Authority)*, entidad que administra las direcciones IP y nombres de dominio, tiene reservado los siguientes bloques de espacio de direcciones para redes privadas (Tabla 5.5).

Tabla 5.5. Direcciones privadas de IPv4		
10.0.0.0	-	10.255.255.255
169.254.0.1	-	169.254.255.255
172.16.0.0	-	172.31.255.255
192.168.0.0	-	192.168.255.255

Información más detallada del uso del espacio de las direcciones IPv4 puede encontrarse en el RFC 3330. Pero, si estas direcciones no aplican en la Internet pública, ¿dónde se utilizan? La respuesta es sencilla: en redes privadas.

Ahora bien, si esta red privada tiene una conexión a la red pública, se puede utilizar estas IP privadas con un mecanismo que se le conoce como NAT *(Network Address Traslation)*, el cual se activa o se configura en el enrutador local. NAT es un traductor de direcciones privadas a públicas, y viceversa.

Este mecanismo, junto con el DHCP *(Dynamic Host Control Protocol)*, lo emplean frecuentemente los proveedores de acceso a Internet ISP *(Internet Service Provider)* para dar acceso a Internet a sus miles de usuarios con direcciones privadas IP dinámicas. Estas direcciones privadas también se emplean para la configuración inicial de equipos de red, tales como puntos de acceso inalámbrico *(access point)*, enrutadores, consolas de videojuegos, etcétera.

¿Quién regula y administra las direcciones IP?

Una red pública como el Internet tiene que estar regulada y administrada por alguna entidad que dicte y defina mecanismos o políticas para su utilización. Como se mencionó anteriormente, respecto a direcciones IP a nivel técnico la IETF *(Internet Engineering Task Force)* se encarga del enrutamiento, seguridad, transporte, desarrollo e investigación de nuevos protocolos de la suite TCP/IP.

Tabla 5.6. Registradores regionales de Internet (RIR)

Entidad Regional	Significado	Región	URL
AfriNIC	African Network Information Centre	África	www.afrinic.net
APNIC	Asia Pacific Network Information Centre	Asia/Pacifico	www.apnic.net
ARIN	American Registry for Internet Numbers	EUA/Canadá	www.arin.net
LACNIC	Regional Latin-American and Caribbean IP Address Registry	Latinoamérica y el Caribe	lacnic.net/sp
RIPE NCC	Réseaux IP Européens	Europa, Medio Oriente y Asia Central	www.ripe.net

La entidad que se encarga de la administración y regulación de las direcciones IP a nivel mundial es IANA (*Internet Assigned Numbers Authority*). A su vez, existen varias entidades que realizan la misma función pero a nivel regional RIR *(Regional Internet Registry)*, local LIR *(Local Internet Registry)* y nacional NIR *(Nacional Internet Registry)*, mejor conocidas como NIC *(Network Information Centres)*. En el caso particular de México, la entidad registradora nacional es el NIC.MX.

Tanto, IPv4 como IPv6 son asignadas de una manera delegada. Las direcciones de los usuarios finales son asignadas por los ISP, que obtienen las direcciones IP de los LIR o NIR, o de sus respectivos RIR.

El rol fundamental de IANA es asignar direcciones IP de las pilas de direcciones sin designar de los RIR, de acuerdo a las necesidades. Cuando un RIR requiere más direcciones IP dentro de su región, IANA establece una asignación adicional.

En la Tabla 5.6, se muestran los registradores regionales de direcciones IP que dependen directamente de IANA.

La extinción de las direcciones IP versión 4

Mucho se ha dicho sobre la pronta extinción de las direcciones IPv4. El modelo jerárquico de direcciones IPv4, la inadecuada distribución, el uso ineficiente de las clases D y E y, sobre todo, el incremento exponencial de los usuarios en Internet provocó que las direcciones IP se fueran extinguiendo. Hoy en día, las direcciones IP están distribuidas entre las grandes corporaciones, proveedores de servicios de telecomunicaciones y de Internet. Ante esto, el IETF propuso diversos mecanismos para mitigar el efecto de la extinción de las direcciones IP versión 4, entre los cuales están:

- Direcciones IP privadas.
- Direccionamiento sin clases CIDR *(Classless Inter-Domain Routing)*.
- Traslación de direcciones NAT *(Network Address Traslation)*.

Las direcciones IP privadas

Las direcciones IP privadas se utilizan precisamente en redes privadas, de esta manera nos evitamos la necesidad de emplear las direcciones IP públicas para nombrar a nuestros *hosts*; por lo que una ventaja de emplear direcciones privadas es conservar el espacio de direcciones. Otra ventaja de utilizar direcciones privadas es que nos brinda flexibilidad en el diseño de la red, ya que podemos disponer de un gran número de direcciones. Si se desea conectar a Internet será necesario la utilización de enrutadores con mecanismos de translación de direcciones (NAT).

El Direccionamiento sin clases CIDR *(Classless Inter-Domain Routing)*

Desde 1992, el crecimiento exponencial de Internet preocupó seriamente a los miembros del IETF acerca del sistema de enrutamiento, escalamiento y soporte futuro. Estos problemas estaban relacionados con:

- La extinción a corto plazo del espacio de direcciones de clase B.
- El rápido crecimiento global del tamaño de las tablas de enrutamiento del Internet.
- La extinción eventual del espacio de direcciones de 32 *bits* de IPv4.

Los primeros dos problemas, más críticos por la premura del tiempo, serían resueltos con el desarrollo del CIDR; el tercer problema, de más largo plazo, sería resuelto con el desarrollo de un nuevo protocolo IP de siguiente generación (IPng o IPv6). CDIR fue oficialmente documentado en septiembre de 1993 en los RFC 1517, 1518, 1519 y 1520.

Ahora, expliquemos más detalladamente cómo funciona el CDIR, pero para eso recordemos las clases de direcciones y sus máscaras. Las direcciones que se utilizan actualmente fueron dividas en tres bloques jerárquicos conocidos como clase A, B y C.

En la Tabla 5.7 se muestran los tres tipos de máscaras para cada clase. El número de unos (1s), en el formato binario, representa el total de redes que se pueden formar y los ceros (0s) representan el espacio destinado para los *hosts*. Para la clase A, el número de 0s es 24, lo cual significa que pueden existir 2^{24}-2 (16,777,214) direcciones posibles para los *hosts* para cada subred. Se le restan 2 debido a que no se utiliza la primera dirección IP, que está destinada para la dirección de red, ni la última destinada para la dirección IP utilizada para el *broadcast*. Para la clase B, se tienen dieciséis 0s destinados a los *hosts*, es decir, se pueden tener hasta 65,534 *hosts*. Para la clase C, pueden tenerse hasta 254 *hosts* posibles subred. En otras palabras, las máscaras de subred, nos delimitan el espacio máximo de direcciones IP destinadas para los *hosts*.

Tabla 5.7. Clases de máscaras

Clase	Máscara de subred (decimal)	Máscara de subred (binario)	Número máximo de *hosts* por Subred
A	255.0.0.0	11111111.00000000.00000000.00000000	16,777,214 (2^{24} -2)
B	255.255.0.0	11111111.11111111.00000000.00000000	65,534 (2^{16} -2)
C	255.255.255.0	11111111.11111111.11111111.00000000	254 (2^{8} -2)

Como vimos anteriormente, el direccionamiento tradicional con clases tiene la limitante de desperdiciar muchas direcciones IP, en casos particulares. Imaginemos a un administrador de una red de una pequeña empresa XYZ con 20 computadoras que contrata el servicio de Internet y el ISP le proporciona una dirección de subred y una máscara clase C. ¿Qué significa esto? El problema es que con una máscara de clase C se dispone de 254 direcciones IP, de las cuales se van a utilizar sólo 20, lo cual significa más de 230 direcciones que no se emplearán.

Ahora, pensemos en una pequeña universidad que tiene alrededor de 2,000 *hosts* y que posee una máscara de clase B. De las 65,534 direcciones IP disponibles, sólo emplea 2 mil. Si ponemos un ejemplo con máscaras de clase A, el problema de desperdicio de direcciones se expandiría más.

El direccionamiento sin clases CDIR nos ayuda a evitar lo anterior, ya que se pueden asignar direcciones IP de acuerdo con las necesidades. Volvamos al ejemplo de la compañía XYZ la cual tiene 20 computadoras o *hosts* que desea conectar en red. En la Tabla 5.8 se muestran las posiciones de *bits* de un octecto cualquiera. Para el caso de la compañía XYZ, la mascará más conveniente sería la 255.255.255.224. El valor decimal 224 en forma binaria está representado por tres unos (1s) y cinco ceros (0s) (11100000). Si la base (2) la elevamos a la quinta potencia (número de 0s), o sea 2^5-2, tendremos (32-2), 30 *hosts* disponibles, suficientes para alojar las 20 computadoras de la compañía XYZ. Los 10 *hosts* restantes se podrán reservar para crecimiento futuro.

Tabla 5.8. Valor decimal de las posiciones de *bits*

128	64	32	16	8	4	2	1	Valor decimal
1	0	0	0	0	0	0	0	128
1	1	0	0	0	0	0	0	192
1	1	1	0	0	0	0	0	224
1	1	1	1	0	0	0	0	240
1	1	1	1	1	0	0	0	248
1	1	1	1	1	1	0	0	252
1	1	1	1	1	1	1	0	254
1	1	1	1	1	1	1	1	255

El direccionamiento sin clases se puede utilizar para cualquier octeto. Por ejemplo, si necesitamos espacio para 500 *hosts*, la máscara más adecuada sería la 255.255.254.0, es decir, tenemos en formato binario 11111111.11111111.11111110.00000000, 9 ceros disponibles para los *hosts*, o sea 2^9-2 igual a 510 *hosts* permisibles y sólo quedarían 10 *hosts* como reserva. En la tabla 5.8 se muestra la posición de los *bits* para las diferentes variantes de máscaras sin clase.

¿Qué ocurre si deseo alojar 520 *hosts*? Se tendría que cambiar la máscara a 255.255.252.0 que a su vez tendría diez 0s para los *hosts* que equivaldrían a 2^{10}-2 igual a 1022 *hosts*, de los cuales 502 *hosts* se desperdiciarían y serán demasiados para ser considerados reserva futura.

En resumen, el direccionamiento sin clases o CIDR sirve para asignar *hosts* sin tomar en cuenta las clases de máscaras de la Tabla 5.7. Ha ayudado en mucho a la conservación de las direcciones IP, pero como vimos anteriormente tiene su "lado flaco" en ciertos casos, aunque, en la realidad, las redes se segmentan en pocos *hosts*, quiza menos de 64, no 510 como en el ejemplo anterior.

Los beneficios más importantes de CDIR al sistema global de enrutamiento de Internet, son los siguientes:

- CDIR elimina el concepto tradicional de las clases A, B y C.
- CDIR soporta la agregación de rutas en entrada única de una tabla de enrutamiento permitiendo la representación de miles de espacios de direcciones de rutas tradicionales. Esto permite que en una entrada única de una tabla de enrutamiento, se especifique cómo enrutar individualmente el tráfico de muchas direcciones de red.

Traslación de direcciones (NAT, *Network Address Traslation)*

La traslación o mapeo de direcciones conocida como NAT (*Network Address Translation*) es una técnica que permite a *hosts* con direcciones privadas acceder a la red pública (e.g. Internet) sin necesidad de que cada *host* tenga una dirección IP válida. NAT requiere una conexión única a Internet por sitio y sólo requiere una dirección IP pública.

Para explicar cómo funciona la traslación de direcciones, en la Figura 5.12 se muestra el esquema de un enrutador habilitado con NAT que tiene asignada una dirección IP (10.5.8.1) para la red privada y otra dirección IP (200.23.34.5) para la red pública.

Cada vez que un *host* en la red privada hace una solicitud a la red pública, el dispositivo habilitado con NAT hará una traslación del intervalo 10.5.8.1 al 10.5.8.5. Cualquier *host* de la red privada podrá acceder a cualquier nodo de la red pública, mientras que desde fuera aparecerá que todo el tráfico de salida se está originando de la dirección IP del enrutador (200.23.34.5).

Entre las principales ventajas de NAT, se encuentra la mejora en la seguridad en la red al ocultar su estructura interna. También permite un casi ilimitado número de usuarios en una red de clase C, debido a que las direcciones IP públicas sólo serán requeridas cuando un usuario esté conectado a Internet. Por último, cuando una red privada está conectada a Internet no hay necesidad de reemplazar o renombrar las direcciones de cada *host* en la red privada, ya que esta tarea es realizada por NAT.

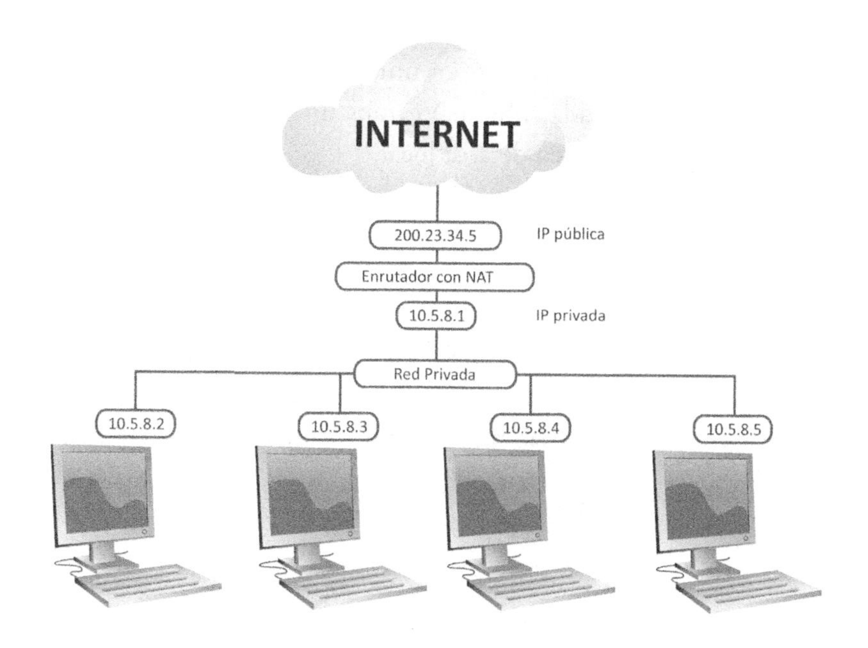

Figura 5.12. Diagrama básico de funcionamiento del NAT

En muchas de las aplicaciones de Internet de tipo *peer-to-peer*, tales como la mensajería instantánea y voz sobre IP, se requiere una visibilidad permanente de una dirección IP que sea estable en un razonable periodo de tiempo, en estos casos, NAT no tiene muchas ventajas.

NAT también viene acompañado por el término PAT *(Port Address Traslation)*, que refiere al proceso por el cual el servicio NAT puede "mapear" un número de puerto a una específica dirección IP privada. Permite que una dirección IP pública dé soporte a una variedad de servicios públicos *(web*, email, FTP...) o *hosts* internos (IP privadas).

Las direcciones privadas con CIDR y NAT descritas anteriormente, se pueden implementar fácilmente en una red local. Se recomienda que los administradores de redes tengan conocimiento de estas tres técnicas, las cuales ya están integradas en la mayoría de los enrutadores. Si se requiere implementar estas técnicas en oficinas, negocios u hogar y sólo dispone de una dirección IP, se puede adquirir un enrutador y dar acceso a la red de todos sus *hosts*. Los hay con interfaces RJ45 (Ethernet) y también con conectividad inalámbrica tipo WiFi. Es posible habilitar estos equipos con la función de asignación dinámica de direcciones IP, conocido como DHCP *(Dynamic Host Configuration Protocol*), la configuración de los *hosts* será aún más sencilla y dinámica.

Aunque estas tres técnicas fueron ideadas para conservar el espacio de direcciones IP de la versión 4 y retrasar su extinción, resultaría más práctico migrar al protocolo IP versión 6.

Poniendo en práctica el direccionamiento IP

Parte de la tarea de los administradores de red es asignar direcciones IP a todos los *hosts* de manera ordenada. Esto se consigue segmentando la red en unidades pequeñas, menores a 62 *hosts*, con el fin de tener un mejor control sobre cada subred. Veamos un par de ejemplos para explicar lo que hemos visto y su aplicación real en una red de área local.

Ejemplo 1:

Supongamos que tenemos una red de 11 computadoras y una máscara de subred 255.255.255.240. Si tomamos un IP al azar, por ejemplo 192.168.10.4, calcularemos la dirección IP de subred (subred IP). Para calcular la subred se aplica un AND lógico entre la dirección IP en cuestión y la máscara. Vamos a utilizar el formato binario para entender mejor este procedimiento.

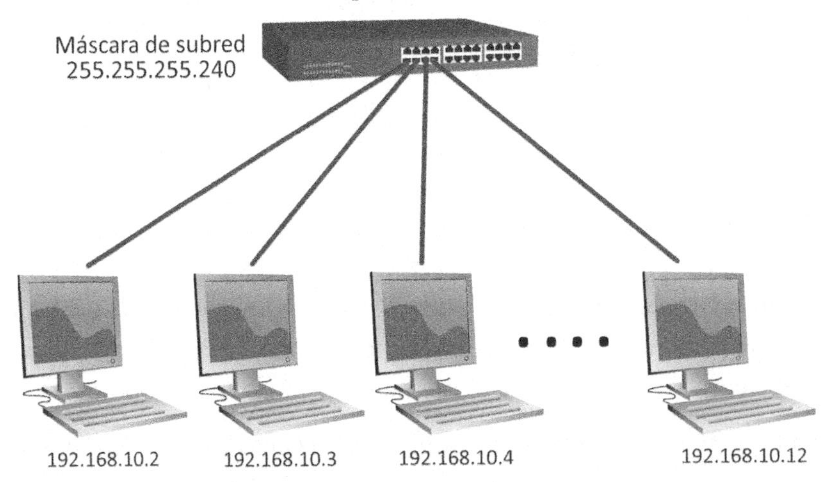

Figura 5.13. Diagrama esquemático del ejemplo 1

IP	192.168.10.4	11000000.10101000.00001010.00000100	
Máscara	255.255.255.240	11111111.11111111.11111111.11110000	AND
------------	----------------------	--	
Subred IP	192.168.10.0	11000000.10101000.00001010.00000000	

AND es verdadero sólo cuando A y B son 1, según la Tabla 5.9

Tabla 5.9. Tabla de verdad AND

A	B	A AND B
1	1	1
1	0	0
0	1	0
0	0	0

Entonces, para el ejemplo anterior la subred IP es 192.168.10.0.

Para este mismo ejemplo calculemos:

a) Número máximo de *hosts* válidos.

b) Primer *host* válido.

c) *Broadcast* IP.

d) Último *host* válido.

Para calcular a) El número máximo de *hosts* válidos necesitamos primero saber el número de 0s de la máscara, la cual nos da el intervalo de direcciones IP. Analizando la máscara 255.255.255.240 en binario (11111111.11111111.11111111.11110000) vemos que tiene 4 ceros (0000), entonces, el número máximo de *hosts* válidos es 2^4-2 = 14 *hosts*. Recordemos que se restan 2 porque no se utilizan las IP de la subred IP ni la dirección IP del *broadcast*.

Para calcular b) El primer *host* válido, simplemente le sumamos un 1 a la dirección IP de la subred. En binario se vería así.

11000000.10101000.00001010.00000000	Subred IP
11000000.10101000.00001010.00000001	Primer *host* válido (192.168.10.1)

Para calcular c) El *broadcast* IP, simplemente llenamos con 4 unos (1s), en este caso, el último octeto de la dirección de subred, lo cual nos da 11000000.10101000.00001010.00001111 (192.168.10.15). ¿Por qué cuatro unos? Obsérvese que hay cuatro ceros de la máscara, si llenamos con 1s, basado en la dirección de subred nos da el valor máximo del *host* en ese intervalo.

Para calcular d) El último *host* válido, restamos uno a la IP del *broadcast.*

11000000.10101000.00001010.00001111 Broadcast

11000000.10101000.00001010.00001110 Último *host* válido (192.168.10.14)

Los cálculos de b), c) y d) pueden hacerse usando las IP en decimal, pero estos ejemplos se llevaron a cabo en binario para hacer notar de dónde se derivan los resultados.

Entonces, los *host* válidos para este ejemplo son:

192.168.10.1, 192.168.10.2, 192.168.10.3, 192.168.10.4, 192.168.10.5, 192.168.10.6, 192.168.10.7, 192.168.10.8, 192.168.10.9, 192.168.10.10, 192.168.10.11, 192.168.10.12, 192.168.10.13 y 192.168.10.14

Se podrá observar que, si a cualquier *host* válido de la lista anterior se le aplica un AND con la máscara 255.255.255.240, resultará la misma dirección IP de subred.

Ahora veamos qué nos dice la combinación Subred IP/Máscara: 192.168.10.0/255.255.255.240

Nos dice simplemente que tenemos una red con 14 *hosts* (válidos), a partir de 192.168.10.0

Otra notación simplificada de esta combinación (Subred IP/Máscara) es la siguiente:

192.168.10.0/28, por lo que:

192.168.10.0/28 = 192.168.10.0/255.255.255.240

El /28 es el número de 1s de la máscara 255.255.255.240.

Para resumir este ejemplo tenemos lo siguiente:

192.168.10.0 (subred IP), 192.168.10.1 (primer *host* válido), 192.168.10.2, 192.168.10.3, 192.168.10.4, 192.168.10.5, 192.168.10.6, 192.168.10.7, 192.168.10.8, 192.168.10.9, 192.168.10.10, 192.168.10.11, 192.168.10.12, 192.168.10.13, 192.168.10.14 (último *host* válido), 192.168.10.15 *(broadcast)*.

¿Qué nos dice la siguiente combinación de Subred/máscara?

192.168.10.0/255.255.255.0 o 192.168.10.0/24

La respuesta es la siguiente: tenemos una red de 254 (2^8-2) *hosts* válidos, a partir de la subred 192.168.10.0. Los *host* válidos serían 192.168.10.1, 192.168.10.2, 192.168.10.3,... y sucesivamente hasta 192.168.10.254.

Ejemplo 2:

Analícemos otro ejemplo, semejante al anterior, sólo que ahora la máscara recae en el 3er. octeto.

Dada la dirección IP 172.16.0.34 y la máscara 255.255.252.0, calcular lo siguiente:

a) Número máximo de *hosts* válidos.

b) Subred IP.

c) Primer *host* válido.

d) *Broadcast.*

e) Último *host* válido.

Solución:

a) El número de *hosts* válidos los podemos determinar por el número de 0s de la máscara

255.255.252.0 = 11111111.11111111.11111100.00000000

Entonces 2^{10} - 2 = 1024-2 = 1022 *hosts* válidos

El resto de los cálculos se ven directamente en la Tabla 5.10.

Tabla 5.10. Solución al ejemplo 2

Dirección IP	10101100. 00010000. 00000000. 00100010	172.16.0.34
Máscara	11111111. 11111111. 11111100. 00000000	255.255.252.0
b) Subred IP	10101100. 00010000. 00000000.00000000	172.16.0.0
c) Primer *host*	10101100. 00010000. 00000000.00000001	172.16.0.1
d) Broadcast	10101100. 00010000. 00000011.11111111	172.16.3.255
e) Último *host*	10101100. 00010000. 00000011. 11111110	172.16.3.254

b) La Subred IP la obtenemos al hacer el AND entre la dirección IP y la máscara.

c) El primer *host* válido corresponde al siguiente *host* seguido de la subred IP.

d) El *broadcast*, lo obtenemos al rellenar de 1s el espacio reservado (10 *bits*) para los *hosts*, tomando como base la Subred IP.

e) El último *host* válido corresponde al restarle uno al *broadcast*.

Resumiendo el ejemplo, tenemos una Subred IP/Máscara 172.16.0.0/22, lo cual indica que tenemos abajo de ésta 1022 *hosts* válidos. Estos ejemplos fueron presentados para propósitos didácticos, en casos reales se ven ejemplos con máscaras de valores más pequeños, tales como:

255.255.255.192	62 *hosts* válidos
255.255.255.224	30 *hosts* válidos
255.255.255.240	14 *hosts* válidos
255.255.255.248	6 *hosts* válidos

Con la práctica ya no será necesario utilizar los números binarios, sino directamente los números decimales.

También existen en Internet calculadoras que nos dan resultados en cuestión de segundos. Lo importante es entender los conceptos teóricos y las bases del direccionamiento IP. Si comprendemos el direccionamiento con IPv4, con IPv6 será más sencillo su análisis.

5.6 Enrutamiento

El enrutamiento es una función crucial en la operación de Internet. Cuando estamos dentro del ámbito de una red de área local *(intra-red)*, la comunicación entre los diferentes dispositivos la realizan las tarjetas o interfaces de red o los *switchs*, es decir, en la capa 2 del modelo OSI. Pero cuando dos redes remotas se quieren comunicar, las tarjetas de red o los conmutadores de paquetes *(packet switch)* ya no podrán hacer esa tarea de "inter-comunicación entre las redes" *(inter-red)*. Será necesario algún mecanismo de capa 3 y de algoritmos de encaminamiento de paquetes. Aquí entra en función un equipo de comunicaciones de datos conocido como enrutador *(router)*.

Hagamos uso de nueva cuenta la analogía del correo postal para reforzar el concepto de enrutamiento. El servicio de correo postal funciona de manera semejante al enrutamiento en Internet, veamos: todo comienza con una carta (carga útil) dentro de un sobre donde se ponen los datos del remitente (nombre y dirección postal) y del destinatario (encabezado). El personal de la oficina postal local se encargará de clasificar la carta según la ciudad del destinatario. La carta sale de la oficina postal local hacia la oficina postal de mayor jerarquía, donde nuevamente se reclasificará para enviarla por la ruta más adecuada, así sucesivamente hasta llegar a la oficina postal foránea de la ciudad del destinatario, donde nuevamente se clasificará para ser entregada al domicilio del destinatario de manera local. Parecería sencilla la entrega de una carta, pero es en realidad un sistema complejo donde intervienen varias personas y diversos factores durante el proceso. El encaminamiento de la carta a través de una ruta desde el remitente hasta el destinatario depende totalmente de los datos del encabezado del sobre.

En ocasiones se extravían las cartas; en otras es incorrecta la dirección del destinatario y la carta se regresa al remitente. Todo esto ocurre también en la red Internet.

Realizar una llamada de larga distancia también podría ser un símil con el enrutamiento. El encaminamiento de una llamada depende de los códigos de larga distancia, código de país y el número telefónico del destino, y pasa por diversos conmutadores telefónicos hasta llegar a su destino final.

En una inter-red como Internet, el enrutamiento es vital para la entrega y recepción de los paquetes, que se encaminan desde una dirección IP fuente a una dirección IP destino. Tales paquetes necesitan atravesar muchos puntos de cruce, como las intersecciones en la red de carreteras. Los puntos de cruce en el Internet son conocidos como enrutadores. La función de un enrutador es leer la dirección destino, etiquetada en los datagramas IP. Después, el enrutador consulta la información de enrutamiento para identificar un enlace de salida en el cual el paquete será encaminado, entonces, enviará el paquete al punto de cruce seleccionado y así sucesivamente hasta llegar a la dirección IP del punto final.

Los enrutadores mantienen un registro de las mejores trayectorias para distintos destinos en la red en una tabla de enrutamiento. Redes pequeñas pueden involucrar tablas de enrutamiento configuradas manualmente. Las grandes redes, las cuales involucran topologías complejas y pueden cambiar constantemente, hacen que la configuración manual de las tablas de enrutamiento sea problemática. Por ello, el enrutamiento dinámico intenta resolver estos problemas al construir tablas de enrutamiento automático, basándose en la información enviada por los protocolos de enrutamiento, permitiendo a la red actuar autónomamente sin fallas, ni bloqueos en la red. El enrutamiento dinámico es el que predomina en Internet, sin embargo, la configuración de los protocolos de enrutamiento requiere de administradores de red con amplios conocimientos.

Los enrutadores se comunican entre sí por medio de mensajes para actualizar sus tablas de enrutamiento. Los mensajes generalmente consisten de toda o una porción de la tabla de enrutamiento. Analizando las actualizaciones de las tablas de enrutamiento de enrutadores vecinos, un enrutador puede construir, en tiempo real, una vista detallada de la topología de la red.

El enlace que conecta a dos enrutadores está limitado por una variedad de factores, entre ellos la capacidad de información o, en otras palabras, cuántos datos pueden transferirse por unidad de tiempo y representado por la velocidad de información en *bits* por segundo (bps). Una red, entonces, envía tráfico sobre sus enlaces a través de sus enrutadores a un destino en particular. Supongamos que repentinamente la cantidad de tráfico se incrementa en una red debido a que, por ejemplo, muchos usuarios tratan de descargar simultáneamente un archivo en un sitio *web*. Entonces, los paquetes que son generados pueden posiblemente ser puestos en una cola en el enrutador o inclusive sean descartados. A pesar de que un enrutador posee un monto de memoria temporal finita conocida como *buffer,* es posible rebasar su límite en circunstancias de mucho tráfico.

Por otro lado, desde el punto de vista de una entrega eficiente, es deseable no tener pérdidas de paquetes (o al menos minimizarla) durante el tránsito porque la noción de la entrega confiable funciona sobre el principio del reconocimiento *(acknowledge)* y la retransmisión de paquetes. Si hay muchas retransmisiones de paquetes eso equivale a retardos. Además, durante el tránsito, es posible que el contenido de un paquete sea corrompido debido, por ejemplo, a un problema eléctrico sobre un enlace de comunicación. Desde el punto de vista de una comunicación extremo-extremo, un paquete incomprensible o indescifrable es lo mismo que un paquete perdido.

De esta manera, para una entrega eficiente de paquetes existen varios factores a considerar:

- Enrutadores con espacio razonable en el *buffer.*
- Enlaces con suficiente ancho de banda.
- Transmisión con mínimo error, para minimizar los paquetes incomprensibles.
- Eficiencia de los enrutadores en encaminar un paquete al apropiado enlace de salida.

Los primeros tres factores ya fueron vistos anteriormente; el cuarto, se verá más adelante cuando se traten los algoritmos de enrutamiento.

Arquitectura de enrutamiento de Internet

La red Internet está organizada en regiones llamadas sistemas autónomos AS *(Autonomous Sytems).* Cada AS consiste de un conjunto de enrutadores bajo el control de una sola entidad administrativa. Por ejemplo, todos los enrutadores de una universidad forman un sistema autónomo.

Un sistema autónomo no es necesariamente una red independiente. Es una colección de redes y pasarelas *(gateways)* con su propio mecanismo interno de colección de información de enrutamiento, que la comparte con otros sistemas de red independientes (Figura 5.14). Esta información de enrutamiento compartida con otros sistemas de red, es llamada "información de accesibilidad", simplemente nos dice qué redes pueden ser alcanzadas a través de ese sistema autónomo. Cuando Internet tenía un sólo núcleo, los sistemas autónomos pasaban información de accesibilidad dentro del núcleo para su procesamiento. El protocolo de enrutamiento EGP *(Exterior Gateway Protocol)* servía para dicha función.

Una arquitectura más reciente se basa en colecciones similares de sistemas autónomos llamados dominios de enrutamiento *(routing domains),* los cuales intercambian información con otros dominios usando el protocolo BGP *(Border Gateway Protocol).* Cada dominio de enrutamiento procesa la información que recibe de otros dominios. A diferencia del modelo jerárquico, éste no depende de un sistema de un solo núcleo para escoger las mejores rutas. Cada dominio de enrutamiento realiza el procesamiento por sí mismo; por lo tanto, este modelo es más versátil.

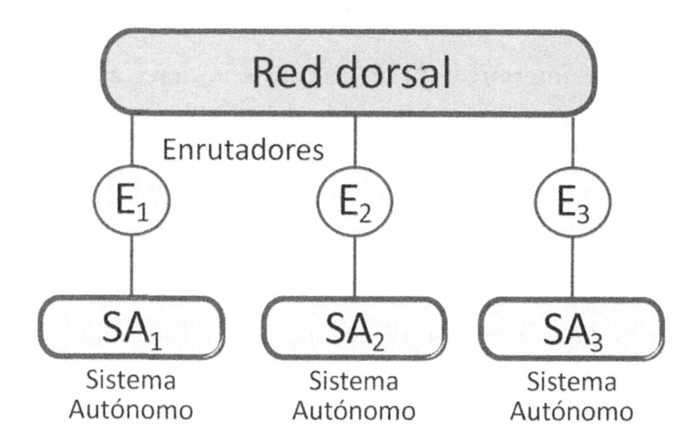

Figura 5.14. Arquitectura de Internet con sistemas autónomos como dorsal

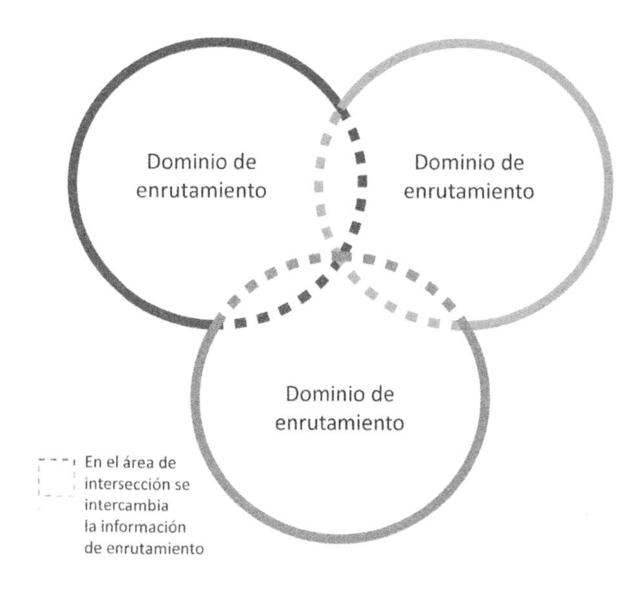

Figura 5.15. Diagrama de intersección de dominios de enrutamiento

En la Figura 5.15 se representa el modelo de dominios de enrutamiento con tres círculos intersectándose. Cada círculo es un dominio de enrutamiento y las áreas traslapadas, de frontera, comparten la información de enrutamiento. Los dominios comparten información pero no dependen de ningún sistema para proveer toda la información de enrutamiento.

Este modelo plantea un problema: ¿cómo se determinan las "mejores" rutas en una red global si no existe una autoridad central de enrutamiento, como el núcleo, que es más confiable para determinar las mejores opciones? En los días de la red NSFNET, la política PRDB *(Policy Routing DataBase)* sirvió para validar la información de accesibilidad anunciada por un sistema autónomo. Ahora, esa base de datos, inclusive dentro de la NSFNET, ya no juega un papel central.

Para enfrentar la problemática anterior, la NSF creó los servidores árbitros de enrutamiento RA *(Routing Arbiter)* cuando crearon los puntos de acceso de red (NAP). Los servidores proveen acceso a la base de datos RADB *(Routing Arbiter Database)*, la cual reemplazó a la PRDB. Los ISP pueden consultar los servidores para validar la información de accesibilidad anunciada por un sistema autónomo.

La base de datos RADB es sólo una parte del IRR *(Internet Routing Registry)*. El IRR es una base de datos de información de enrutamiento distribuida globalmente, establecida en 1995, con el propósito de asegurar la estabilidad y consistencia del enrutamiento en Internet al compartir información entre los operadores de las redes. Cada registrador regional RIR *(Regional Internet Registry)* tiene su propia base de datos, parte de la cual es usada para información de enrutamiento.

Una de las ventajas de la arquitectura de enrutamiento distribuido es que existen muchas organizaciones que validan y registran información de enrutamiento. El centro de control de red, RIPE *(Reseaux IP Europeens)* provee registro de información de enrutamiento para las IP europeas. RADB y RIPE son bases de datos públicas donde cualquier ISP puede publicar sus políticas. La mayoría de las bases de datos son un espejo de las demás.

El primer protocolo interdominios, el EGP *(Exterior Gateway Protocol),* tenía muchas limitaciones y fue reemplazado posteriormente por BGP, el cual provee mejores funcionalidades que su antecesor. Crear una efectiva arquitectura de enrutamiento continua siendo uno de los mayores retos de Internet y, sin duda alguna, seguirá evolucionando con el tiempo. La información de enrutamiento, sin importar como sea obtenida, al final es recibida por el enrutador de la red local, donde es utilizada por el protocolo IP para facilitar el enrutamiento y tomar las decisiones correctas del encaminamiento de los paquetes hasta su destino final.

Determinación de trayectorias

Los protocolos de enrutamiento utilizan métricas para evaluar qué ruta será la mejor para enviar un paquete. La métrica es una medida estándar, como el ancho banda, retardo, etc., la cual es usada por los algoritmos de enrutamiento para determinar la ruta óptima hasta el destino final. Para ayudar al proceso de determinación de trayectorias, los algoritmos de enrutamiento inicializan y mantienen tablas de enrutamiento, las cuales contienen la información de las trayectorias. La información de rutas varía dependiendo del algoritmo de enrutamiento empleado.

En la Figura 5.16 se muestra un grafo que representa una red con topología de malla provista de varios nodos, enlaces y costes en cada uno de los enlaces. El número sobre cada uno de los enlaces representa un peso o coste previamente asignado.

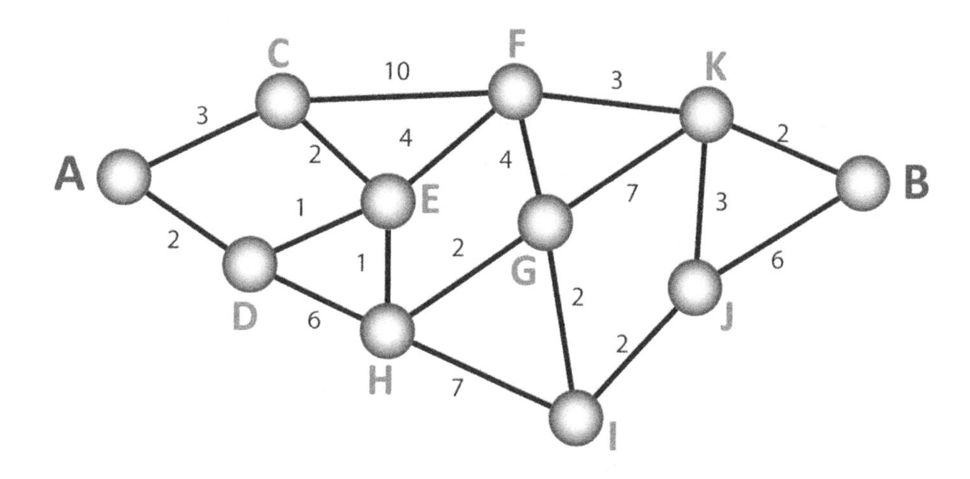

Figura 5.16. Determinación de trayectorias en un grafo

¿Cuál sería la ruta más corta entre los nodos A y el nodo B? Para contestar esta pregunta hay que analizar la información de cada enlace y hacer una comparación de los costes de los diversos enlaces que salen de un nodo en particular. Esto representa el trabajo de los enrutadores, tomar decisiones con base en su información almacenada y actualizada a cada momento. Basándose en los costes de cada enlace, la ruta más corta entre A y B es: A-D-E-H-G-I-J-K-B, considerando no la distancia física, sino en la métrica con menor coste. Por ejemplo, para enlazar I-B es preferible la ruta I-J-K-B que I-J-B, aunque sean más saltos en la primer ruta, la suma de los costes es menor aunque sea por una unidad.

Las tablas de enrutamiento también pueden contener otra información, como los datos de la conveniencia de una ruta. Los enrutadores comparan las métricas para determinar las trayectorias óptimas, y esas métricas difieren dependiendo del diseño del algoritmo de enrutamiento empleado.

Algunas de las métricas más empleadas son las siguientes:

- **Coste:** valor arbitrario basado en otras métricas, como el ancho de banda, costo de comunicación, retardo, etcétera.
- **Longitud de la trayectoria:** es la métrica más común de enrutamiento. Algunos protocolos permiten a los administradores de red asignar costes arbitrarios para cada enlace de red. Si es el caso, la longitud de la trayectoria es la suma de los costes asociados de cada enlace.

- **Número de saltos:** algunos protocolos definen cuenta de saltos *(hop count)* como una métrica que especifica el número de pasadas, a través de dispositivos de interconexión (e.g. enrutadores), que un paquete debe tomar en la trayectoria desde un origen a un destino.
- **Confiabilidad:** se refiere a la razón de *bits* de error BER *(Bit Error Rate)* de cada enlace de la red. Generalmente son asignaciones de calificación de confiabilidad, comúnmente valores numéricos arbitrarios asignados a los enlaces por los administradores de red.
- **Retardo:** es el tiempo requerido para mover un paquete de un origen a un destino a través de la inter-red. Los retardos dependen de muchos factores, entre otros: ancho de banda, colas de puertos de cada enrutador a lo largo del camino, congestiones de red de todos los enlaces intermedios, la distancia física, etc. Los retardos son generalmente del orden de milisegundos,
- **Capacidad de transmisión:** se refiere a la capacidad de tráfico disponible de un enlace en bps. Un enlace con una mayor capacidad de transmisión y ancho de banda no necesariamente provee la mejor ruta. Muchas veces los enlaces con mayor capacidad son los más ocupados y con mayor tráfico.
- **Carga:** se refiere al grado de desempeño de un enrutador cuando está ocupado. La carga puede ser calculada de varias maneras, por ejemplo la utilización de la unidad central de procesamiento CPU *(Central Processing Unit)* y los paquetes procesados por segundo.
- **Costo de comunicación:** este parámetro se refiere al costo por pasar por los enlaces de una determinada compañía, en vez de hacerlo a través de la red pública.

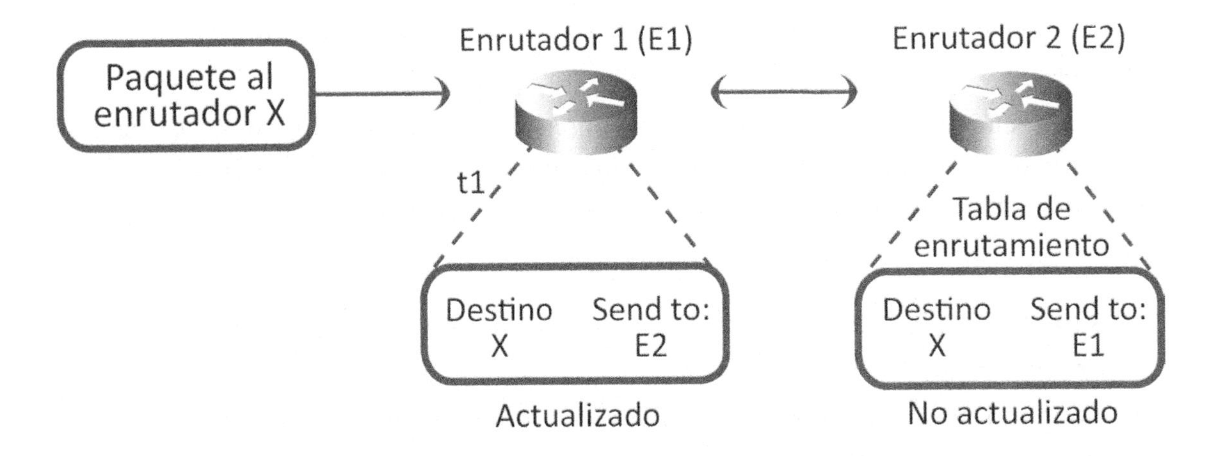

Figura 5.17. Ejemplo de las asociaciones *destination/next hop*

Algoritmos de enrutamiento

Un requerimiento importante de las redes de comunicaciones es encaminar el tráfico desde un nodo origen a un nodo destino. Para hacer esto posible, es necesario determinar una ruta, la cual es una trayectoria desde el nodo fuente al nodo destino. Sin embargo, es deseable la utilización de un algoritmo para determinar la mejor trayectoria.

Los algoritmos de enrutamiento cuentan con una estructura de tablas que son llenadas con una variedad de información. Por ejemplo, los campos salto destino/siguiente *(destination/next hop)*, dicen al enrutador que un destino en particular puede ser alcanzado óptimamente enviando el paquete a un determinado enrutador, representando el siguiente salto *(next hop)* en el camino al destino final. Cuando un enrutador recibe un paquete, revisa la dirección destino e intenta asociar su dirección con el siguiente salto. La Figura 5.17 describe un ejemplo de una tabla de enrutamiento.

Muchas de las propiedades de la interconexión de redes son consecuencia directa de los algoritmos de enrutamiento empleados. Algunas de las propiedades que debe tener este tipo de algoritmo son:

- **Conectividad:** es la habilidad para enrutar paquetes desde cualquier nodo origen a cualquier nodo destino.
- **Adaptabilidad:** es la destreza para enrutar paquetes a través de rutas alternativas en la presencia de contención o componentes con fallas. La adaptabilidad o flexibilidad significa que los algoritmos deben adaptarse rápida y exactamente a una variedad de circunstancias en la red, como cambios en el ancho de banda, tráfico, retardos, caídas en la red y otras variables.
- **Libre de interbloqueos** *(deadlock & livelock freedom)*: es para garantizar que los paquetes no deambulen por la red para siempre.
- **Robustez y tolerancia a fallas:** es la habilidad para enrutar los paquetes en la presencia de circunstancias imprevistas, tales como fallas en *hardware*, altas condiciones de tráfico, etc. La tolerancia a fallas no implica adaptabilidad, sino la posibilidad de enrutar paquetes en dos o más fases, almacenados en algunos de los nodos intermedios. Debido a que los enrutadores son puntos de cruce de muchos enlaces, si éstos fallan pueden causar problemas considerables en la red. Los mejores algoritmos se caracterizan por probar estabilidad bajo una variedad de condiciones adversas en la red.
- **Optimalidad:** es la habilidad del algoritmo para seleccionar la mejor ruta, la cual depende en gran medida de las métricas utilizadas para hacer el cálculo y así tomar la mejor decisión.

- **Simplicidad y bajos costos operativos:** los algoritmos deben ser simples y eficientes al mismo tiempo. Eficientes en el uso de los recursos (e.g. memoria primaria y secundaria), ya que son incrustados en un enrutador, el cual es una computadora con recursos de cómputo limitados
- **Convergencia rápida:** la convergencia, desde el punto de vista de enrutamiento, es el proceso en el cual todos los enrutadores involucrados en las decisiones, consensuan y eligen las rutas óptimas. El tiempo de respuesta de tal consenso (convergencia) es otra métrica para evaluar los algoritmos o protocolos de enrutamiento.

Tipos de algoritmos

Los algoritmos de enrutamiento, que utilizan en su núcleo los protocolos de enrutamiento, se pueden clasificar en:

- Estáticos y dinámicos.
- Trayectoria única y multitrayectorias.
- Horizontal y jerárquico.
- Intradominio e interdominio.
- Vector de distancias.
- Vector de trayectorias.
- Estado de enlaces.

Estáticos y dinámicos

En los algoritmos o protocolos con enrutamiento estático se configuran manualmente las tablas de enrutamiento. Si hay un cambio en la configuración o topología de la red, será necesario modificar las trayectorias en cada enrutador involucrado. El enrutamiento estático es la forma más simple de enrutamiento, pero funciona sólo para redes pequeñas.

En los algoritmos de enrutamiento dinámicos las trayectorias son actualizadas dinámicamente por el mismo enrutador. Ante cualquier cambio en la red, el enrutamiento dinámico siempre actualizará dichos cambios en las tablas, ya que descubren dinámicamente los destinos en la red y cómo llegar a ellos. Un enrutador primero aprenderá las rutas de todas las redes conectadas directamente a éste. Luego aprenderá las trayectorias de otros enrutadores que corren el mismo protocolo. El enrutador analizará dichas rutas y seleccionará una o las mejores para cada destino de la red que conoce o ha aprendido. Los protocolos dinámicos entonces distribuirán la información de la "mejor ruta" a los otros enrutadores, difundiendo la información en las redes existentes. Esto da a los protocolos de enrutamiento la habilidad para adaptarse a los cambios de la topología lógica de red, fallas en los equipos o caídas de la red en tiempo real.

Trayectoria única y multitrayectorias

Los protocolos o algoritmos de trayectoria única de las rutas aprendidas, seleccionan una trayectoria para cada destino. Aunque esto pudiese simplificar las tablas de enrutamiento y las rutas de flujo de los paquetes, las inter-redes con una sola trayectoria no son tolerantes a fallas. Estos protocolos, además, son incapaces de llevar a cabo balance de cargas de tráfico.

Los protocolos multitrayectorias de las rutas aprendidas, pueden seleccionar más de una trayectoria para cada destino. Las redes multitrayectorias, sin embargo, puede ser más complejas para configurar y tienen una alta probabilidad de bucles de enrutamiento, cuando se están utilizando protocolos de enrutamiento basados en vector de distancias. Sin embargo, los protocolos multitrayectorias son mejores para llevar a cabo balance de cargas.

Horizontal y jerárquico

Los algoritmos o protocolos horizontales distribuyen información según sea necesario para cualquier enrutador que pueda ser alcanzado o pueda recibir información. Ningún esfuerzo se hace para organizar la red o su tráfico, sólo para descubrir la mejor ruta hacia un destino por cualquier trayectoria. En los sistemas de enrutamiento horizontal los enrutadores ven a los demás como sus pares *(peers)* dentro de un mismo plano, ningún enrutador tienen un papel especial dentro la inter-red.

Cuando una inter-red está definida jerárquicamente, la dorsal sólo está compuesta por algunos enrutadores. Los enrutadores de la dorsal atienden y coordinan las rutas y el tráfico de enrutadores que no están en la inter-red local. En sistemas de enrutamiento es común designar grupos lógicos de nodos llamados dominios, sistemas autónomos o áreas. En sistemas jerárquicos, algunos enrutadores en un dominio pueden comunicarse con enrutadores de otros dominios, mientras otros pueden comunicarse sólo con enrutadores dentro del mismo dominio. En redes grandes, pueden existir niveles adicionales de jerarquía; los de más alta jerarquía siempre serán los enrutadores de la dorsal. Una de las principales ventajas del enrutamiento jerárquico es que se adapta mejor a la mayoría de las empresas u organizaciones y a sus patrones de tráfico.

El protocolo de enrutamiento RIP, es un claro ejemplo de un algoritmo tipo horizontal mientras que el protocolo OSPF *(Open Shortest Path First)* es jerárquico.

Intradominio e interdominio

Algunos algoritmos o protocolos de enrutamiento funcionan sólo dentro de un intradominio (dentro del dominio), otros funcionan en intradominio e interdominio (entre dominios). La naturaleza de ambos esquemas es totalmente diferente, ya que unos algoritmos trabajan óptimamente en intradominios, pero no necesariamente en interdominios, y viceversa.

Los protocolos de enrutamiento RIP y OSPF son un claro ejemplo de protocolos intradominios o IGP *(Interior Gateway Protocol)*, mientras que BGP o EGP *(Exterior Gateway Protocol)* son protocolos interdominios.

Vector de distancia

En los algoritmos de vector de distancia (también conocidos como *Bellman-Ford*), cada enrutador difunde toda o una porción de su tabla de enrutamiento, pero sólo a sus vecinos o nodos contiguos. Los nodos vecinos examinan esta información y la comparan con la que ya tienen almacenada, actualizando su tabla de encaminamiento. El algoritmo, tras varias iteraciones, converge a las mejores trayectorias. El cálculo es simple, asíncrono, incremental y distribuido (Figura 5.18).

Ejemplos de protocolos por vector de distancias son: RIP, RIPv2, IGRP, EIGRP.

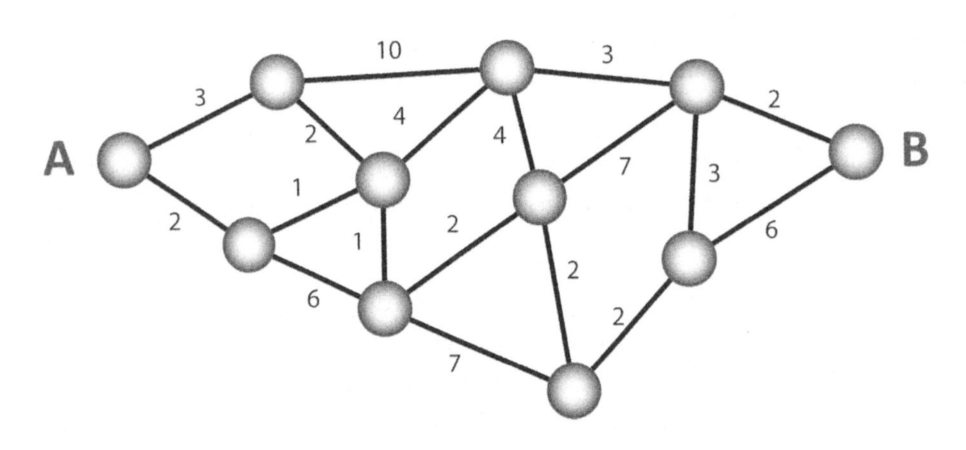

Figura 5.18. Diagrama del algoritmo de enrutamiento vector de distancia

Vector de trayectorias

Este algoritmo de enrutamiento funciona similar al de vector de distancias. El cálculo de las métricas es distribuido. Los enrutadores informan a sus vecinos de las trayectorias calculadas pero incluyendo la trayectoria hasta el destino de cada ruta. Mientras que los algoritmos de vector de distancias y estado de enlaces son utilizados en intradominios, los algoritmos de vector de trayectorias sirven para determinar rutas entre redes autónomas como las dorsales de Internet.

BGP es el protocolo de enrutamiento más característico de vector de trayectorias.

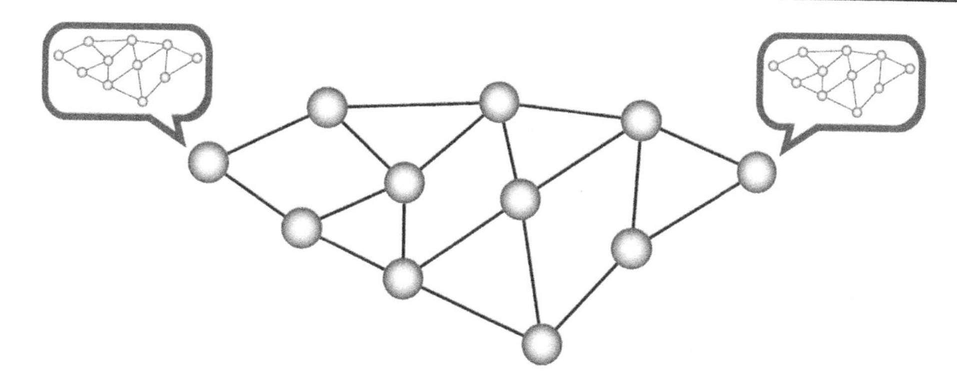

Figura 5.19. Diagrama del algoritmo de enrutamiento vector de trayectorias

Estado de enlaces

Los algoritmos de estado de enlaces, también conocidos como la ruta "más corta primero", distribuyen la información de enrutamiento a todos los enrutadores en la inter-red. Sin embargo, cada enrutador envía sólo la porción de la tabla de enrutamiento que describe el estado de sus propios enlaces. Cada enrutador construye una imagen de toda la red en sus tablas de enrutamiento. Este tipo de enrutamiento se basa en que cada nodo llegue a conocer la topología de la red y las métricas asociadas a los enlaces para que, a partir de estos datos, pueda obtener el árbol y la tabla de encaminamiento tras aplicar el algoritmo de coste mínimo (algoritmo de Dijkstra) al grafo de la red. Los algoritmos de estado de enlaces ofrecen mejor cambio de convergencia que los algoritmos de vector de distancias. Algunos ejemplos de protocolos de enrutamiento de estado de enlaces son OSPF y EIGRP.

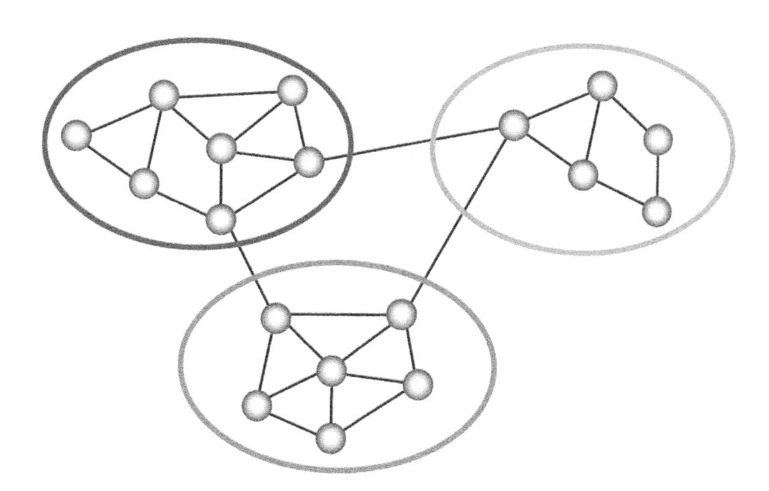

Figura 5.20. Diagrama del algoritmo de enrutamiento estado de enlaces

Protocolos de enrutamiento

A continuación se describen brevemente algunos de los protocolos de enrutamiento más utilizados, tales como:

- Routing Information Protocol (RIP).
- Routing Information Protocol version 2 (RIPv2).
- *RIP next generation* (RIPng).
- Open Shortest Path First (OSPF).
- Border Gateway Protocol (BGP).
- Internal Gateway Routing Protocol (IGRP).
- Enhanced Internal Gateway Routing Protocol (EIGRP).

Routing Information Protocol (RIP)

RIP es el protocolo de enrutamiento más antiguo. Aunque para algunas aplicaciones se le considera obsoleto, su uso es muy amplio todavía. Los algoritmos basados en vector de distancias fueron desarrollados por Bellman, Ford y Fulkerson y adoptados a principios de 1969, en la red ARPANET y CYCLADES. En 1982, la versión 4.2 de UNIX BSD incluía RIP en un "demonio" llamado *routed.* El término "demonio" (*daemon*), significa que el proceso está corriendo en el segundo plano (*background*) del sistema operativo, en vez de ser controlado directamente por el usuario. No fue hasta 1988, cuando se libera el primer estándar del protocolo, en el RFC 1058, que describe la primera versión de RIP (RIPv1).

RIP tiene una estructura simple, utiliza el número de saltos como su métrica. Si existen dos o más rutas hacia el destino más próximo, RIP elegirá la que presente menor cantidad de saltos. RIP tiene muchas limitaciones, la principal es que toda la información que cada enrutador conoce acerca de la red, se difunde (*broadcast*) cada 30 segundos en promedio, inundando la red con este tipo de anuncios. Finalmente, RIP es basado en clases, por lo que no funcionaría en redes actuales con CIDR (*Classless Inter-Domain Routing*). RIP fue diseñado para redes pequeñas donde los enlaces son homogéneos. A pesar de sus limitaciones, RIP es un protocolo de enrutamiento popular, sobre todo en ambientes UNIX/LINUX.

Routing Information Protocol version 2 (RIPv2)

La versión 2 del protocolo RIP fue desarrollada en 1993 y estandarizada en 1998 (RFC 2453 o STD-56). RIPv2 resuelve algunas de las limitaciones de RIPv1, pero no todas. RIPv2, no difunde la información de enrutamiento cada 30 segundos, pero, utiliza direccionamiento multicast para sus anuncios. Esta mejora en el protocolo puede reducir la carga en *hosts* que no están escuchando mensajes RIPv2. De esta manera, se provee un mejor aprovechamiento del ancho de banda de la red. Al igual que su antecesor, RIPv2 incluye capacidades para direccionamiento sin clases CIDR. Otra de las mejoras de RIPv2 es el soporte de seguridad con autentificación criptográfica MD5 *(Message Digest Algorithm 5)*, introducida en 1997 (RFC 4822).

A pesar de haber subsanado muchas de las desventajas de RIPv1, RIPv2 sigue utilizando como métrica la contabilidad de los saltos.

RIP next generation (RIPng)

RIPng, definido en el RFC 2080, está basado en RIPv2 para darle soporte al protocolo IPv6. No es una extensión de RIPv2, sino un protocolo aparte, ya que RIPng no es compatible con IPv4. Sin embargo, utiliza los mismos temporizadores, procedimientos y tipos de mensajes que RIPv2. RIPng elimina la autentificación criptográfica MD5, dejando esta tarea a los mecanismos de seguridad que trae implícito el protocolo IPv6. RIPng utiliza como métrica el conteo de saltos y permite que *hosts* y enrutadores intercambien información para calcular las rutas a través de la red IP.

Open Short Path First (OSPF)

La primera versión de OSPF fue descrita en el RFC 1131, publicada en 1989. La versión 2 de OSPF fue publicada en 1991 (RFC 1247) y reemplazó rápidamente la primera versión. Desde entonces, han existido muchas revisiones de OSPF versión 2, las cuales están definidas en los RFC 1583, 2178 y 2328. La versión 2 es la única versión en uso actualmente, así que usualmente se refiere al protocolo como "OSPF" sin incluir el número de versión.

OSPF es un protocolo universal de enrutamiento adaptativo perteneciente a los algoritmos de estado de enlaces. Utiliza el algoritmo "la ruta más corta primero", también conocido como el algoritmo de Dijkstra. Básicamente, OSPF utiliza un algoritmo que le permite calcular la distancia más corta entre un nodo origen y un nodo destino al determinar la ruta para un grupo específico de paquetes.

OSPF es diferente a RIP y otros protocolos, ya que utiliza IP directamente, es decir, no utiliza UDP o TCP. OSPF tiene su propio valor de identificador para el campo *protocol* en el encabezado de IPv4. OSPF está diseñado para facilitar el enrutamiento de sistemas autónomos, tanto grandes como pequeños.

Border Gateway Protocol (BGP)

BGP es un protocolo interdominios utilizado para el intercambio de información entre enrutadores en diferentes sistemas autónomos. BGP es un reemplazo del viejo protocolo llamado EGP que fue usado en la red ARPANET. La primera versión de BGP se convirtió en estándar en 1989, definido en el RFC 1105. La versión más reciente, BGP versión 4, fue adoptada en 1995 (RFC 4271). Cuando se habla de BGP, implícitamente significa BGP4, sin especificar el número, ya que en la actualidad no se utilizan las versiones anteriores.

BGP provee un conjunto de mecanismos para soportar CIDR definidos en el RFC 4632. Estos mecanismos incluyen soporte para anuncios de un conjunto de destinos como un prefijo IP y la eliminación del concepto de "clase" de red dentro de BGP. BGP también incluye mecanismos que permiten la agregación de rutas, las de sistemas autónomos. La información de enrutamiento intercambiada vía BGP soporta sólo el paradigma de reenvío basado en el destino, el cual asume que un enrutador envía un paquete basado únicamente en la dirección destino del encabezado IP.

Un número único de sistema autónomo ASN *(Autonomous Systems Number)* es permitido para cada sistema autónomo usado en el enrutamiento con BGP. Los números son asignados por IANA y los RIR. Estos son números públicos, los cuales pueden ser usados en la red Internet dentro de un intervalo de 1 a 64511; para los números privados, el intervalo va desde 64535 a 65535 y pueden ser usados dentro de una organización. Los ASN son números enteros de 16 *bits*, pero se está empezando a desarrollar ASN de 32 *bits*, para evitar su escasez (ver RFC 4893).

A diferencia de los protocolos intradominios (RIP, OSPF, BGP) no usa las métricas convencionales tales como número de saltos, ancho de banda, etc. En vez de eso, BGP toma decisiones de enrutamiento basado en políticas de la red o reglas que utilizan atributos de ruta BGP.

Internal Gateway Routing Protocol (IGRP)

IGRP es un protocolo de enrutamiento propietario de *Cisco Systems Inc.*, desarrollado en 1998. IGRP es un algoritmo parecido a RIP, ya que utiliza el algoritmo *Bellman-Ford* de vector de distancias. Las métricas utilizadas por IGRP son una combinación de ancho de banda disponible, retardo, utilización de carga y disponibilidad del enlace. Esto permite un reajuste fino de las características del enlace para obtener las rutas óptimas. IGRP anuncia la información de enrutamiento cada noventa segundos y es utilizado en sistemas autónomos

Enhanced Internal Gateway Routing Protocol (EIGRP)

EIGRP es una versión mejorada del protocolo IGRP en lo que respecta al enrutamiento sin clases CIDR. Al igual que IGRP, EIGRP utiliza algoritmos de vector de distancias para la selección de las mejores rutas. Otras mejoras del protocolo, respecto a su antecesor, son las propiedades de convergencia y eficiencia en la operación. .

Tanto IGRP como EIGRP son protocolos propietarios de la compañía *Cisco Systems, Inc.*, con lo cual sólo enrutadores y otros equipos de esa marca, se pueden comunicar entre sí. A pesar de que EIGRP es un protocolo propietario, goza de gran popularidad porque es fácil de administrar y configurar.

El enrutador

El enrutador es una computadora de propósito específico. Posee una unidad central de procesamiento (CPU), memoria primaria de acceso aleatorio RAM *(Random Access Memory)*, memoria secundaria no-volátil para almacenar las configuraciones y otra información, tiene un sistema operativo que permite la ejecución de comandos y, lo más importante, puertos de consola, LAN y WAN.

Los puertos de consola sirven para configurar y administrar el enrutador de forma local o remota, mediante acceso vía telnet o línea telefónica. Los puertos LAN permiten conectar dispositivos de red LAN, tales como concentradores o conmutadores de paquetes, a los cuales se le conectan dispositivos terminales como computadoras. Los puertos WAN son utilizados para conectarse a una red de salida que prácticamente es la puerta de enlace *(gateway)* hacia otro enrutador.

Los puertos LAN de un enrutador son generalmente interfaces RJ45 para Ethernet. Los puertos WAN pueden ser interfaces Ethernet, ISDN, FDDI, X.25, etc. Cada interface, ya sea LAN o WAN es identificada mediante una dirección IP. A las interfaces LAN se les conoce comúnmente como Interfaces Ethernet y, a las interfaces WAN como interfaces seriales.

Existen aplicaciones de *software* que simulan las funciones de un enrutador y pueden instalarse en cualquier versión de los sistemas operativos UNIX/LINUX. La aplicación de enrutamiento más popular es GNU Zebra (www.zebra.org), que es un paquete de *software* libre que provee soporte para protocolos de enrutamiento como RIP, RIPv2, OSPF y BGP, para IPv4 y, RIPng y OSPFv6, para el protocolo IPv6.

Un enrutador virtual es prácticamente una computadora de propósito específico, configurada con una distribución de Linux con algún *software* de enrutamiento. Aunque Zebra y otras aplicaciones de enrutamiento virtual proveen las mismas funcionalidades que un enrutador físico, la diferencia estriba en la velocidad de procesamiento. Un enrutador físico, como del que hablamos al principio, hace todo el procesamiento basado en *hardware* mientras que un enrutador virtual lo realiza en *software*. El enrutador es más rápido y eficiente, aunque de costo más elevado.

5.7 Referencias

Abbate, J. (2000). *Inventing the Internet.* USA: The MIT Press.

Acharya, V. (2006). *TCP/IP Distributed System.* India: Laxmi/Firewall Media.

Antonakos, J. y Mansfield, K. (2009). *Computer networking for LANs to WANs: hardware, software and security.* USA: Delmar Cengage Learning.

Aries Technology Inc. (2007). *Aries Security Essentials.* USA: Aries.

Arnold, D. & McCartney, F. (2005*). Spying from space: constructing America's satellite command and control systems.* USA: TexasA&M University Press.

Beijnum, Iljitsch van. (2005). *Running IPv6.* USA: Apress.

Bhatia, M.; Bhatia, M. (2009). *Introduction to Computer Network.* India: USP.

Boyne, W. (2002). *Air warfare: an international enciclopedia.* Volume 1. USA: ABC-CLIO.

Bruno, A. Anthony; Kim, Jacqueline. (2003). *CCDA self-study: CCDA exam certification guide.* 2nd edition. USA: Cisco Press.

Cisco Systems, Inc. (2003). *Internetworking technologies handbook.* 4th edition. Cisco Press.

Comer, Douglas. (2000). *Internetworking with TCP/IP: Principles, protocols, and architecture.* 4th edition. USA: Prentice Hall.

Donahue, G. (2007). *Network warrior.* USA: O'Reilly Media.

Doyle, J. y Carroll, J. (2006). *Routing TCP/IP". V*olume I. Second edition. USA: Cisco Press.

Duato, J., Yalamanchili, S. y Ni, L. (1997). *Interconnection networks: an engineering approach.* 1st edition. USA: IEEE.

Ferguson, Bill. (2009). *CompTIA Network+ Review Guide: (Exam: N10-004*). USA: Sybex.

Godbole, A; Kahate, A. (2002). *Web technologies: TCP/IP to Internet application architectures.* USA: McGraw-Hill.

Gopalan, N.P. y Selvan, B. (2008). *TCP/IP illustrated.* India: Prentice Hall.

Goralski, W. (2008). *The Illustrated network: How TCP/IP works in a modern network.* USA: Morgan Kaufmann Publishers.

Hagino, J. (2005). *IPv6 network programming.* USA: Elsevier.

Hall, Eric A. (2000). *Internet core protocols: the definitive guide.* USA: O'Reilly Media.

Hunt, C. (2002). *TCP/IP network administration.* 3rd edition. USA: O'Reilly Media.

Javvin Technologies. (2005). *Network protocols handbook".* 2nd edition. USA: Javvin Technologies Inc.

Jones, S. (2002). *Encyclopedia of new media: an essential reference to communication and technology.* First edition. USA: SAGE Publications.

Kundu, Sudakshina, *Fundamentals of computer networks.* Second Edition. Prentice-hall Of India Pvt. Ltd. 2008.

Kozierok, Charles M. (2005). *The TCP/IP guide: a comprehensive, illustrated Internet protocols* reference. USA: No Starch Press.

Loshin, Pete. (2004). *IPv6: theory, protocol, and practice.* 2nd edition. USA: Morgan Kaufmann.

Malhotra, R. (2002). *IP routing.* USA: O'Reilly Media.

Medhi, Deepankar; Ramasamy, Karthikeyan. (2007). *Network routing: algorithms, protocols, and architectures.* USA: Elsevier/Morgan Kaufmann.

Miller, P. (2009). *TCP/IP - The Ultimate Protocol Guide: Volume 1 Data Delivery and Routing.* USA: Brown Walker Press.

Okin, J. R. (2005). *The Internet revolution: the not-for-dummies guide to the history.* USA: Ironbound Press.

Parziale, L. Britt, D.; Davis, C.; Forrester, J.; Liu, W.; Matthews, C. y Rosselot, N. (2006). *TCP/IP tutorial and technical overview.* USA: Redbooks IBM.

Singh, B. (2007). *Networking.* India: Laxmi.

Sugano, A. (2004). *The real-world network troubleshooting manual: tools, techniques, and scenarios.* USA: Charles River Media.

Trinkle, D. y Merriman, S. (2000). *The history highway 3.0: a guide to internet resources.* 3rd edition. USA: M.E. Sharpe.

Páginas de Internet

ARBOR Networks. Tracking the IPv6 Migration. Global insights from the largest study to date IPv6 traffic on the internet.
<http://www.haakonringberg.com/work/papers/SR_IPv6_USFINAL.pdf>

Cisco Systems, Inc. *IPv6 Extension Headers Review and Considerations.*
<http://www.cisco.com/en/US/technologies/tk648/tk872/technologies_white_paper0900aecd8054d37d.pdf>

Martínez Martínez, Evelio. "*IPv6 el protocolo de Internet de la nueva generación*".
<http://www.eveliux.com/mx/ipv6-el-protocolo-del-internet-de-la-nueva-generacion/page-3.php>

Moscaritolo, Angela. "Generation 6". *SC Magazine.* Volume 21. No. 9. September 2010. 32-35p.
<www.scmagazineus.com>

National Science Foundation, NSF. *NSF and High-Performance Networking Infrastructure.*
<http://www.nsf.gov/news/news_summ.jsp?cntn_id=103049>

Thia, Tyler. *"Lack of vision, high costs hinder IPv6 migration"*. ZDNET Asia.
<http://www.zdnetasia.com/lack-of-vision-high-costs-hinder-ipv6-migration-62202312.htm>

Tom Sheldon's Linktionary. *Internet Arquitecture and backbone*
<http://www.linktionary.com/i/internet_arch.html>

Algunos RFC de referencia sobre direccionamiento IP

Address Allocation for Private Internets (RFC 1918)
<http://www.faqs.org/rfcs/rfc1918.html>

An Architecture for IP Address Allocation with CIDR (RFC 1518)
<http://www.faqs.org/rfcs/rfc1518.html>

CIDR: an Address Assignment and Aggregation Strategy (RFC 1519)
<http://www.faqs.org/rfcs/rfc1519.html>

Dynamic Host Configuration Protocol (RFC 2131)
http://www.faqs.org/rfcs/rfc2131.html

Guidelines for Management of IP Address Space (RFC 1466)
<http://www.faqs.org/rfcs/rfc1466.html>

Status of CIDR Deployment in the Internet (RFC 1467)
<http://www.faqs.org/rfcs/rfc1467.html>

The IP Network Address Translator [NAT] (RFC 1631)
<http://www.faqs.org/rfcs/rfc1631.html>

CAPÍTULO

6

REDES INALÁMBRICAS

La telegrafía inalámbrica no es difícil de entender. La telegrafía con alambres es como un gato muy largo. Le jalas la cola al gato en Nueva York, y maúlla el gato en Los Ángeles. Lo inalámbrico es lo mismo, sólo que sin el gato.

—Albert Einstein

6.1 Introducción

Las comunicaciones inalámbricas han tenido un avance vertiginoso en los últimos años. Ofrecen muchos beneficios a los proveedores de servicios y a los usuarios, pero comparadas con las redes cableadas, las redes inalámbricas enfrentan retos particulares: efectos de multitrayectoria, desvanecimientos de las señales, dispersión del tiempo de retardo y dispersión tipo *Doppler*, por mencionar los más importantes.

Para afrontar estos retos se han desarrollado técnicas que mitigan los efectos anteriormente mencionados. Técnicas avanzadas de codificación, acceso al medio, antenas inteligentes, esquemas de modulación y métodos *dúplex* eficientes han favorecido el avance continuo de la tecnología inalámbrica para poder servir a un número creciente de usuarios y ofrecer servicios convergentes.

En este capítulo se describirán los conceptos básicos de radio propagación y cuatro de las tecnologías más importantes aplicables a las redes de comunicaciones.

- Microondas terrestres.
- Comunicaciones vía satélite.
- Redes inalámbricas de área local (WLAN).
- Telefonía celular.

La Figura 6.1 muestra los servicios de telecomunicaciones a ofrecerse, según el tamaño de las celdas, el tipo de servicio, el ancho de banda a utilizar y la tecnología de transporte asociada.

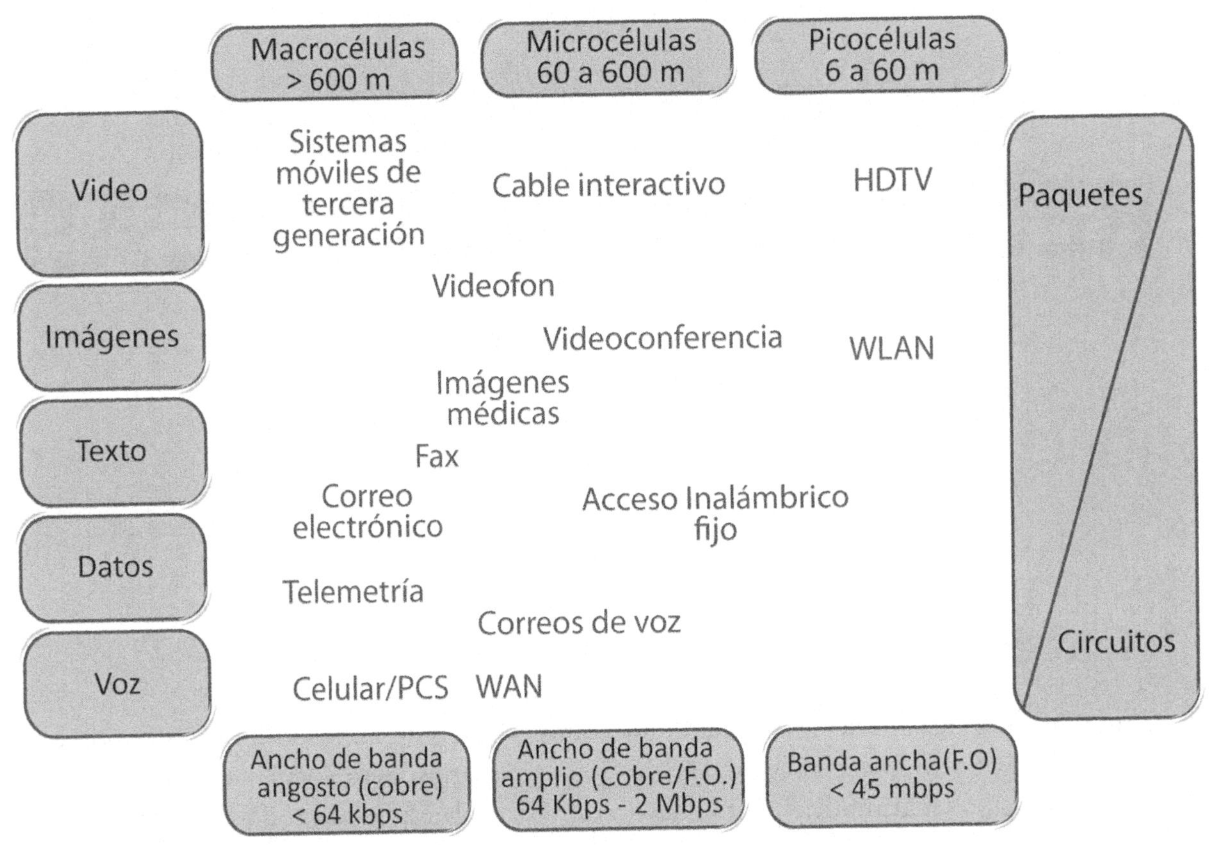

Figura 6.1. Servicios ofrecidos mediante los sistemas inalámbricos celulares

6.2 Conceptos de radio propagación

En un sistema de comunicaciones un parámetro fundamental es la relación Portadora/Ruido en el receptor C/N *(Carrier to Noise Ratio)*. Este parámetro define qué tanta potencia de la señal se compara con la potencia de ruido presente en el canal. Por lo tanto, C/N se puede considerar como un factor de mérito del sistema de comunicaciones y se expresa mediante la siguiente ecuación:

$$\frac{C}{N} = \frac{P_{RE} P_p \, G_r}{N} \qquad (6.1)$$

Donde P_{RE} es la potencia radiada efectiva; P_p, la pérdida por propagación en el canal; G_r, la ganancia de la antena receptora; N, la potencia efectiva de ruido.

Normalmente, el tipo de ruido que se considera es el térmico, cuya potencia N se expresa:

$$N = kTB \qquad (6.2)$$

Donde k es la constante de Boltzmann; T, es la temperatura de ruido del receptor; y B, es el ancho de banda del sistema.

De acuerdo con las expresiones anteriores, se puede determinar que la calidad del enlace es dependiente de los siguientes parámetros: ganancias de las antenas transmisión y recepción, potencia de transmisión y temperatura de ruido del receptor.

Un parámetro que no es posible controlar, sin embargo, se puede estimar, son las pérdidas por propagación o pérdidas por trayectoria. Este parámetro se refiere a la atenuación que sufre la señal en su ruta entre el transmisor y el receptor. Otro parámetro de calidad de importancia fundamental en el entorno de las comunicaciones inalámbricas, es la relación portadora a interferencia C/I, *(Carrier to Interference Ratio)* en la que el dominador no sólo incluye el ruido térmico, sino también las potencias de interferencia de otras fuentes.

Pérdidas por propagación

Las pérdidas por propagación (PPP) consideran todas las posibles causas que afectan a la señal en su viaje entre el transmisor y el receptor. Estas pérdidas se pueden estimar mediante modelos empíricos y analíticos en los que la distancia entre transmisor y receptor y las condiciones del entorno son críticas en el enlace inalámbrico. Estos modelos consideran los efectos predominantes en la propagación; por ejemplo, en comunicaciones por satélite consideran los efectos atmosféricos y absorción por lluvia. En el caso de comunicaciones móviles celulares, la existencia de línea de vista entre el receptor y transmisor es fundamental para definir las pérdidas del sistema.

Los modelos de propagación más usados son los siguientes:

- Modelo de Kafaru.
- Modelo de Ukumura.
- Modelo de Sakagmi y Kuboi.
- Modelo de Hata.
- Modelo de Ibrahim y Parsons.
- Modelo de Lee.
- Modelo del espacio libre.

Un resumen del modelo del espacio libre se explica a continuación:

Modelo del espacio libre

En el espacio libre, las ondas electromagnéticas disminuyen su amplitud como una función del inverso al cuadrado de la distancia d. Expresada en su forma lineal, las pérdidas por propagación en el espacio libre vienen dadas por:

$$P_p = \frac{4\pi d^2}{\lambda^2}\ Watts \qquad (6.3)$$

Donde d es la distancia y λ es la longitud de onda

En forma logarítmica:

$$P_p = 32.4 + 20Log_{10}(f) + 20Log_{10}(d)\ \ dB \qquad (6.4)$$

Este modelo es ampliamente utilizado en sistemas de comunicación, tanto terrestres como vía satélite y, en general, en sistemas de comunicación como una primera aproximación al conocimiento y evaluación del enlace inalámbrico.

Conceptos de estudio del canal de radio móvil

Estudiar el canal de radio implica conocer los mecanismos fundamentales de propagación de las señales de radio, los factores de atenuación y las fuentes de distorsión. Con esta información, se puede modelar matemáticamente el canal de radio y, a su vez, el modelo permite diseñar apropiadamente algunos sistemas importantes como son los moduladores y codificadores de canal.

Al medio físico utilizado para enviar señales desde un transmisor hacia un receptor se le conoce como canal de comunicación. El canal radio móvil es el canal de comunicación que utiliza el espacio libre y la atmósfera como medios de transmisión. Este canal se caracteriza al considerar que al menos una de las terminales involucradas en la comunicación se encuentra en movimiento. En el caso de las redes radio celulares, las estaciones base son fijas mientras que las terminales que utilizan los usuarios poseen libertad de movimiento.

Los mecanismos de propagación de las señales de radio pueden atribuirse principalmente a la reflexión, difracción y dispersión. La mayoría de los sistemas celulares operan en áreas urbanas y las múltiples reflexiones de las señales de radio en edificios y estructuras hacen que la estación móvil reciba una gran cantidad de versiones de la señal transmitida, en lugar de una sola. De hecho, cada versión de la señal transmitida llega a la estación móvil con un retardo de tiempo, un desfasamiento de amplitud, fase y frecuencia, determinados por la trayectoria seguida por la señal, desde la estación base hacia la estación móvil. En consecuencia, las señales recibidas por las estaciones móviles son sustancialmente diferentes a las versiones transmitidas.

El nivel de la señal recibido se mejora cuando las señales de las diferentes trayectorias interfieren constructivamente en la antena de la estación móvil, sin embargo, ocurre lo contrario cuando interfieren destructivamente. A este fenómeno de atenuación se le conoce como desvanecimiento por multitrayectorias y puede ser tan significativo que anule la señal recibida.

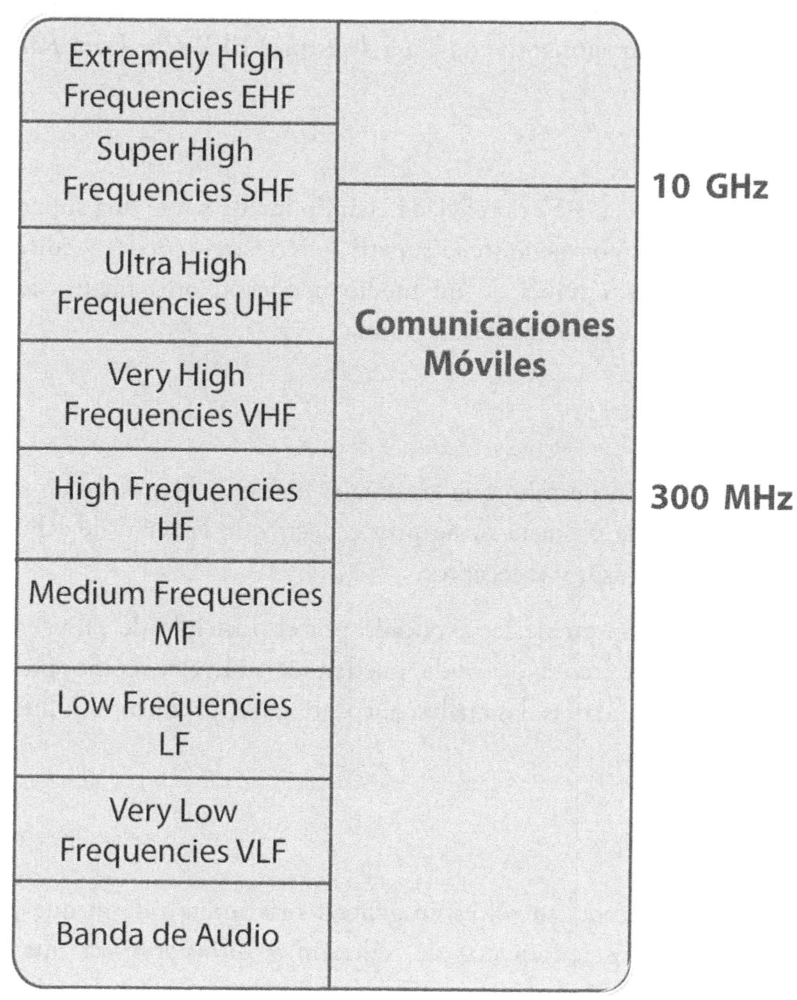

Figura 6.2. Frecuencias de operación de las comunicaciones móviles

Frecuencias de operación

Es importante considerar las frecuencias de operación, ya que las condiciones ambientales afectan a las señales de manera diferente en función de su frecuencia. Algunos fenómenos meteorológicos, como la niebla, la lluvia y la nieve deterioran en mayor medida las transmisiones de alta frecuencia.

En la Figura 6.2 se muestran las frecuencias de operación de las comunicaciones móviles.

Mecanismos básicos de propagación

Los tres mecanismos básicos de propagación de las señales de radio son la reflexión, la difracción y la dispersión. Estos mecanismos dan origen a desvanecimientos, pérdidas de trayectoria y distorsiones (efecto *Doppler*), que se traducen en una reducción de la relación señal a ruido SNR *(Signal to Noise Ratio)* y un aumento en la tasa de errores BER *(Bit Error Rate)*.

Reflexión

La señal de radio frecuencia (RF) es reflejada cuando incide sobre una superficie de mayor longitud que su longitud de onda, por ejemplo, la superficie terrestre, paredes y edificios. Cuando una señal de radio que se propaga a través de un medio incide en otro medio de propiedades eléctricas diferentes, es parcialmente reflejada y transmitida.

Difracción

El fenómeno de difracción permite que las señales de radio se propaguen sobre la superficie curva de la Tierra y a través de obstáculos. Se puede decir que la señal de RF se flexiona para vencer obstáculos entre el transmisor y el receptor.

El fenómeno de difracción puede ser explicado por el principio de Huygens, el cual establece que todos los puntos de un frente de onda pueden considerarse como fuentes puntuales para la generación de ondas secundarias, las cuales, al combinarse, producen un nuevo frente de onda en la dirección de propagación.

Dispersión

La señal recibida en un canal móvil es en general más intensa de lo que pudiera predecirse, esto debido a el efecto de los fenómenos de reflexión y difracción; ya que la energía reflejada es distribuida hacia todas direcciones cuando una onda de radio incide sobre una superficie rugosa (superficie de menor tamaño que la longitud de onda de la señal incidente). Algunos objetos, como postes de iluminación, árboles y anuncios de tránsito, tienden a distribuir la energía hacia todas direcciones.

6.3 Transmisión por microondas

La tecnología de microondas tuvo su origen a finales de 1930, durante la segunda guerra mundial, y se investigó la tecnología de radares en el sector militar. En las comunicaciones por microondas terrestres la transmisión de señales se lleva a cabo mediante una serie de torres provistas con antenas del tipo parabólico con línea de vista. No deben existir obstáculos de ningún tipo entre las antenas instaladas en torres para que las señales puedan ser recibidas y transmitidas de manera apropiada. La señal transmitida por una antena de microondas viaja en forma directiva y no en forma radiada o difundida; por eso, la línea de vista es primordial entre ambas antenas. La comunicación por microondas puede extenderse por más de 30 kilómetros dependiendo de la frecuencia de transmisión utilizada; la única limitante es la curvatura de la Tierra. Sin embargo, con antenas repetidoras es posible extender la distancia a miles de kilómetros.

Una señal de microondas es una onda electromagnética con una longitud corta. La banda de las microondas en el espectro electromagnético comienza en la banda de UHF en los 900 a 1000 MHz. Se considera convencionalmente que las microondas son todas aquellas frecuencias por encima de los 300 MHz y por debajo de la luz en infrarrojo (300 GHz). Por otro lado, los intervalos entre 30 y 300 GHz son llamados ondas milimétricas, debido a que las longitudes de onda asociadas varían de 1 a 10 milímetros.

Tabla 6.1 Nomenclatura de bandas de frecuencia de microondas (IEEE Standard 521-1984)

Banda	Frecuencia (GHz)	Longitud de onda en espacio libre (centímetros)
L	1 - 2	30.0 - 15.0
S	2 - 4	15 - 7.5
C	4 - 8	7.5 - 3.8
X	8 - 12	3.8 - 2.5
Ku	12 - 18	2.5 - 1.7
K	18 - 27	1.7 - 1.1
Ka	27 - 40	1.1- 0.75
V	40 - 75	0.75 - 0.40
W	75 - 110	0.40 - 0.27

Con el desarrollo de tecnologías de telefonía celular, satélite y fibra óptica, los enlaces terrestres vía microondas son cada vez menos utilizadas en enlaces de larga distancia, sin embargo, continua empleándose como dorsales de respaldo en redes telefónicas, para intercomunicación de radio bases en telefonía celular, para difusión de señales de televisión, interconexión de redes privadas, etc. Aunque el término microondas terrestre se refiere a las antenas con línea de vista, las frecuencias utilizadas en tecnologías de redes inalámbricas de área local WLAN *(Wireless Local Area Network)* como las IEEE 802.11, Bluetooth (802.15), WiMAX *(Worldwide Interoperability for Microwave Access)*, LMDS *(Local Multipoint Distribution Service)*, MMDS *(Multichannel Multipoint Distribution Service)*, comunicaciones vía satélite, telefonía celular digital, radiolocalización por satélite *(Global Positioning System)*, radio por satélite, entre otras tecnologías caen dentro de esta gama.

En la Tabla 6.1 se muestran las diferentes bandas en microondas de acuerdo con la nomenclatura de asignación de frecuencias del estándar IEEE 521-1984.

6.4 Comunicaciones vía satélite

Como mencionamos en en capítulo 1 en la sección de historia de las telecomunicaciones, las comunicaciones vía satélite tuvieron su origen conceptual, en 1945. El novelista de ciencia ficción Arthur C. Clarke, basado en las leyes de Newton y Kepler, propuso un sistema de comunicaciones global utilizando satélites artificiales. Doce años después, en 1957, apareció el primer satélite experimental lanzado por la extinta URSS, el Sputnik.

La utilización de los satélites como medio de comunicación dio otra dimensión a las telecomunicaciones. Otras tecnologías o medios de comunicación están limitados en cuanto su cobertura, en cambio, una constelación de satélites puede cubrir casi la totalidad del globo terrestre, dotando de comunicaciones a la superficie terrestre, mar adentro, islas, y lugares remotos donde otros medios de comunicación no pueden llegar. Los usos de los satélites son variados entre ellos se encuentra: la telefonía fija y celular, televisión, meteorología, localización (GPS) y acceso a Internet, entre otros servicios.[17]

Órbitas satelitales

Aproximadamente tres cuartas partes del costo de un satélite está asociado a su lanzamiento y a su mantenimiento en órbita. La mecánica orbital, aplicada a los satélites artificiales, está basada en la mecánica celeste, una rama de la física clásica, la cual comenzó con dos gigantes de la física: Johannes Kepler *(1571-1630)* e Isaac Newton (1643-1727). Lagrange, Laplace, Gauss, Hamilton y muchos otros, también contribuyeron al refinamiento matemático de la teoría, empezando con las

---

[17] *Para obtener una información más amplia sobre sistemas vía satélite, recomendamos las siguientes obras mencionadas en la sección de referencias al final de este capítulo: Chartrand (2004, Maral (2009) y Rappaport (2002).*

nociones básicas de la gravitación universal, las leyes del movimiento de Newton y los principios de conservación de la energía y el *momentum*. Las tres leyes de Kepler y las leyes de gravitación universal y del movimiento de Newton se describen brevemente a continuación.

Leyes de Kepler

Las propiedades fundamentales de las órbitas se resumen en las tres leyes del movimiento planetario de Kepler, quien las descubrió empíricamente, basándose en las conclusiones de las notas de extensas observaciones de Marte realizadas por el astrónomo danés *Tycho Brahe* (1546-1601). A través de estas leyes se estableció el movimiento planetario con respecto al Sol; estas leyes son igualmente aplicables a los satélites artificiales con respecto a la Tierra.

- La órbita de cada planeta (satélite) es una elipse con el Sol (Tierra) en uno de sus focos. El punto de la órbita en el cual el planeta está más cerca del Sol se denomina perigeo, y el punto donde está más lejos del astro rey se le denomina apogeo.
- La línea que une al Sol (Tierra) con el planeta (satélite) barre áreas iguales en tiempos iguales.
- El cuadrado del periodo de revolución es proporcional al cubo de su eje mayor.

Las primeras dos leyes de Kepler fueron publicadas en 1609 y la tercera en 1619.

Leyes de Newton

Las leyes fundamentales de la física de la teoría de la mecánica orbital están basadas en la ley de la gravitación universal y la segunda ley del movimiento de Newton publicadas en 1687. La ley de la gravitación universal establece que la fuerza de atracción entre dos cuerpos varía de acuerdo al producto de sus masas M y m, e inversamente al cuadrado de la distancia r entre ellas y es dirigida a lo largo de una línea que conecta sus centros.

Esta fuerza se expresa en la siguiente ecuación:

$$F = \frac{GMm}{r^2} \qquad (7.5)$$

Donde G es la constante de gravitación universal, M es la masa mayor, m es la masa menor, r la distancia entre ambas masas.

La segunda ley de Newton nos dice que la aceleración de un cuerpo es proporcional a la fuerza que actúa en ella e inversamente proporcional a sus masas:

$$F = ma = m\frac{dv}{dt} \tag{7.6}$$

Donde $a = dv/dt$ es la aceleración, v la velocidad y t el tiempo.

Dos satélites en la misma órbita no pueden tener diferentes velocidades. Para las órbitas circulares, la velocidad es inversamente proporcional a la raíz cuadrada de su radio. Si un satélite, inicialmente en una órbita circular sobre la Tierra, se le incrementa su velocidad por un impulso, no podrá moverse mas rápido en esa órbita. Por lo que, la órbita se convertirá en elíptica, con el perigeo en el punto donde ocurra el impulso.

Tipos de órbitas satelitales

Existen varios tipos de órbitas de los satélites artificiales, las cuales se clasifican de acuerdo con:

- Su distancia de la Tierra (geosíncrona, de baja altura, de media altura y geoestacionaria).
- Su plano orbital con respecto al Ecuador (ecuatorial, inclinada y polar).
- La trayectoria orbital que describen (circular y elíptica).

Órbitas con respecto a la distancia de la Tierra

- **Órbita geosíncrona:** es una órbita circular con un periodo de un día sideral. Para tener este periodo, la órbita debe tener un radio de aproximadamente 42,164.2 km desde el centro de la Tierra o 36,000 kilómetros desde la superficie de la Tierra.
- **Órbita de baja altura** LEO *(Low Earth Orbit)*: esta órbita se encuentra en el intervalo de 640 km a 1,500 km entre las llamadas región de densidad atmosférica constante y la región de los cinturones de Van Allen. Los satélites de órbita baja circular son usados en sistemas de comunicaciones móviles.
- **Órbitas de media altura** MEO *(Medium Earth Orbit)*: van desde 9,500 km hasta la altura de los satélites geosíncronos. Los satélites de órbita media también son usados en comunicaciones móviles.
- **Órbita geoestacionaria** GEO *(Geostacionary Earth Orbit)*: posee las mismas propiedades que la geosíncrona, pero debe tener una inclinación de cero grados respecto al ecuador y viajar en la misma dirección en la cual rota la Tierra. Un satélite geoestacionario aparenta estar en la misma posición relativa (36,000 kilómetros) a algún punto sobre la superficie de la Tierra, lo cual lo hace atractivo para las comunicaciones a gran distancia.

Órbitas con respecto al plano ecuatorial

- **Órbita ecuatorial:** en este tipo de órbita la trayectoria del satélite sigue un plano paralelo al ecuador, es decir, tiene una inclinación de 0 grados.
- **Órbita inclinada:** en este curso la trayectoria del satélite sigue un plano con un cierto ángulo de inclinación respecto al ecuador, diferente de 0 o 90 grados.
- **Órbita polar:** en esta órbita el satélite sigue un plano paralelo al eje de rotación de la Tierra pasando sobre los polos y perpendicular al ecuador.

Órbitas con respecto a la trayectoria

- **Órbita circular:** se dice que un satélite posee una órbita circular si su movimiento alrededor de la Tierra es precisamente una trayectoria circular.
- **Órbita elíptica**: se afirma que un satélite posee una órbita elíptica si su movimiento alrededor de la Tierra es, precisamente, una trayectoria elíptica. Este tipo de órbitas poseen un perigeo y un apogeo.

Beneficios de las comunicaciones vía satélite

Algunos de los beneficios de la comunicación por satélite, desde el punto de vista de comunicaciones de datos, podrían ser los siguientes:

- Ideal para comunicaciones en puntos distantes y no fácilmente accesibles geográficamente.
- Ideal en servicios de acceso múltiple a un gran número de puntos.
- Permite establecer la comunicación entre dos usuarios distantes con la posibilidad de evitar las redes públicas telefónicas.
- Inmunidad a desastres naturales, tales como inundaciones, terremotos, tormentas, comparados con otros medios terrestres.

Entre las desventajas de la comunicación por satélite destacan las siguientes:

- Retardo de al menos un cuarto de segundo, para el caso geoestacionario.
- Sensibilidad a efectos atmosféricos y solares.
- Sensibles a eclipses.
- Fallas del satélite díficiles de afrontar en relación a sistemas terrestres de más fácil acceso.
- Se requiere transmitir a potencias elevadas para alcanzar las posiciones geoestacionarias.

A pesar de las anteriores limitaciones, la transmisión por satélite tiene un nicho importante para aplicaciones que demandan cobertura amplia y comunicación a zonas remotas y aisladas.

Componentes básicos de un sistema de comunicaciones vía satélite

- Segmento espacial.
- Segmento terrestre.

Segmento espacial

El segmento espacial está compuesto de tres unidades: satélite, transpondedores, sistema de telemetría y control. El rol principal del satélite es reflejar las señales, haciendo la función de un repetidor con funciones de reconversión de frecuencias y amplificación. Los transpondedores se encargan de tal reconversión y proveen los canales de comunicación para las diferentes aplicaciones. Cada transpondedor tiene un receptor sintonizado a un intervalo de frecuencias que ha sido habilitado para procesar las señales del enlace ascendente *(up-link)*, es decir, de la Tierra al satélite, las cuales son recibidas por una antena. Cada transpondedor está dotado de un conversor de frecuencias que se usa para reenrutar las señales recibidas a través de un amplificador de alta potencia, para después transmitir la señal ya amplificada a la Tierra. Las señales del satélite a la Tierra se le conocen como enlace descendente *(down-link)* (Figura 6.3).

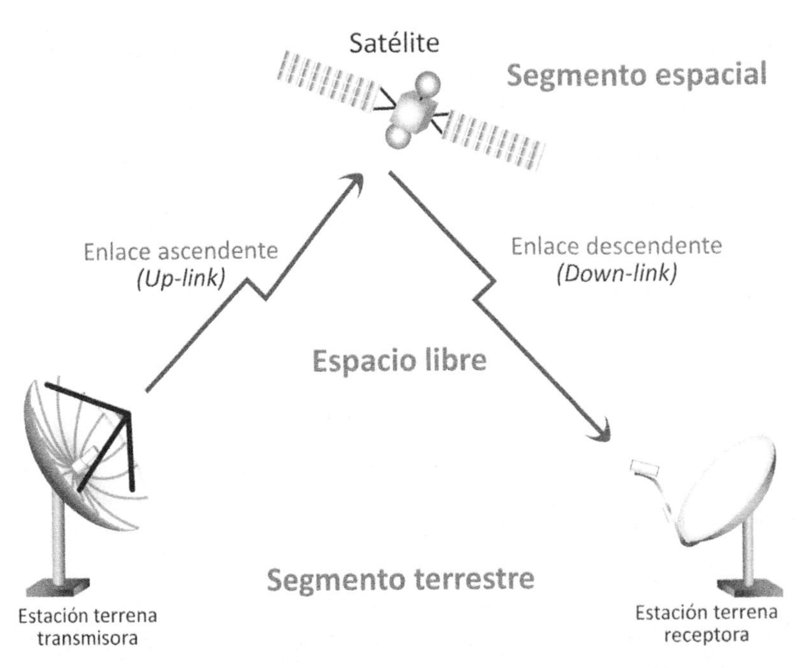

Figura 6.3 Componentes básicos de un enlace satélital

La capacidad de un satélite de comunicaciones es determinada por el número de canales del transpondedor y del ancho de banda de cada canal. Un satélite típico puede tener desde 10 hasta 100 transpondedores. La capacidad típica de cada transpondedor puede variar desde 27 MHz, 36 MHz, 54 MHz y 72 MHz. El ancho de banda disponible en un satélite es de 500 MHz para las bandas *C* y *Ku*, y 2,000 MHz para la banda *Ka*. Mediante sistemas de telemetría y control se monitorea constantemente al satélite para que se mantenga en su órbita y para sensar el funcionamiento de sus principales parámetros.

Segmento terrestre

El segmento terrestre consiste de las estaciones terrestres transmisora y receptora. Una estación terrena satelital es un conjunto de equipos de comunicaciones y de cómputo que pueden ser de tipo terrestre (fijo o móvil), marítimo o aeronáutico. Las estaciones terrenas pueden ser usadas en forma general para transmitir o recibir del satélite, pero existen aplicaciones especiales que sólo aceptan recepción o sólo pueden transmitir. A continuación se enumeran cada uno de los subsistemas básicos que integran una estación terrena satelital.

- **Plato reflector:** es el elemento pasivo que consiste de una superficie reflectora, de fibra de vídrio, metal u otro material, que concentra las señales en un punto geométricamente localizado llamado foco.
- **Alimentador** *(feeder)*: captura las señales, se localizado en el punto focal de la parábola. Va unido con el LNA/LNB o HPA.
- **Amplificador de potencia HPA** *(High Power Amplifier)*: amplificador de alta potencia también conocido como transmisor o transceptor *(transceiver)*. Existen varias versiones de HPA, dependiendo de la potencia radiada y otros factores. Existen amplificadores de estado sólido, SSPA *(Solid State Power Amplifier)* o SSHPA *(Solid State High Power Amplifier)*; de tubos al vacio, conocidos como TWT *(Travelling Wave Tube)* y los KPA *(Klystron Power Amplifiers)*. Los SSPA generalmente se usan para potencias bajas; los TWT y los Klystron, para potencias de transmisión altas.
- **Amplificador de bajo ruido LNA** *(Low Noise Amplifier)*: es una unidad de amplificación de entrada de las señales de satélite, ya que éstas llegan del satélite a una baja potencia, es necesario reducir al mínimo el efecto del ruido y este dispositivo es crítico
- ***Modem* satelital** (modulador, demodulador): selecciona la frecuencia de transmisión/recepción y hace la parte de modulación/demodulación de la señal. Tiene una salida directa para conectarse a una red local en banda base.

- **Conversor de subida/bajada** *(up/down converter)*: Un conversor de subida *(up converter)* y bajada (*down converter*) traslada frecuencias de IF (Frecuencia Intermedia) a RF (Radio Frecuencia) cuando es *up converter*, y de RF a IF cuando es *down converter*. Las frecuencias de IF son generalmente de 70 MHz, 140 MHz. La señal de RF puede estar en la banda *C, Ku, Ka*, etc. El conversor de subida/bajada también puede integrarse junto con el LNA. Cuando es así, se le conoce como LNB (*Low Noise Block*): entonces un *LNB* = *LNA* + *up/down converter*.

En el caso de un enlace ascendente, la estación terrena transmisora envía las señales a través de un amplificador de alta potencia, hacia el foco (alimentador), después hacia el plato parabólico y de ahí la señal es enviada al espacio libre. En el caso de un enlace descendente, la estación terrena receptora trabaja en el orden inverso: las señales son capturadas y concentradas en el plato parabólico, luego pasan al alimentador al conversor de frecuencias y, posteriormente, la señal es nuevamente amplificada y enviada al *modem* o receptor satelital.

Las estaciones terrenas transmisoras/receptoras varían en sus dimensiones. Por ejemplo, si hablamos de un sistema de radiodifusión tipo DTH *(Direct to Home)*, la estación terrena transmisora es en general de grandes dimensiones. Las estaciones receptoras son de menor dimensión (e.g. 60 cm). El costo y tamaño de las estaciones terrenas depende de la aplicación y de la infraestructura de los segmentos terrestre y espacial. Una señal del satélite con mayor potencia, implica una estación receptora más pequeña y menos costosa.

Los satélites para aplicaciones tipo DTH, fueron diseñados para minimizar el costo y tamaño de las estaciones terrenas receptoras.

En el recorrido desde el segmento terrestre hacia un satélite geoestacionario localizado a 36,000 kilómetros, la señal es afectada por ruido y obstáculos; por ello tanto en las estaciones terrenas como en el satélite, la amplificación de señales es primordial. Las atenuaciones de la señal y otros efectos de propagación determinan en gran medida el éxito o fracaso de un enlace satelital y es aquí donde se generan las mayores pérdidas, las cuales son ocasionadas por el largo trayecto de la señal propagada entre el satélite y la estación terrena receptora.

Entre los principales factores que ocasionan la degradación de la señal se encuentran la lluvia, la nieve, la absorción atmosférica, las pérdidas por el espacio libre, las radiaciones solares, interferencia por polarización cruzada e interferencia por intermodulación, entre otras.

6.5 Redes inalámbricas de área local (WLAN)

Las redes inalámbricas de área local *(Wireless Local Area Network)* son tecnologías de radio comunicación con gran penetración en redes de oficinas, hogares, negocios, universidades, aeropuertos, etc. Su gran popularidad se debe a que las frecuencias empleadas por los puntos de acceso *(access point)* son de uso libre. Conviene tener presente que existen equipos que utilizan estas mismas frecuencias y que generan señales de radiofrecuencia, pero que no transmiten información. Estos equipos operan en la banda conocida como ISM *(Industrial, Scientific & Medical)*, para aplicaciones industriales, científicas y médicas.

Ejemplos de estos equipos son: limpiadores domésticos de joyería, humidificadores ultrasónicos, calefacción industrial, hornos de microondas, etc. El uso de equipo de radio frecuencia en las bandas de ISM es usualmente libre de licencia debido a que los equipos que operan en esta banda no emiten montos significativos de energía radiada.

Para aplicaciones de WLAN las bandas de frecuencia más utilizadas son:

- 2,400 - 2,500 MHz.
- 5,725 - 5,875 MHz.

En particular, las WLAN transmiten mediante una técnica conocida como espectro disperso o expandido SS *(spread spectrum)*. Con esta técnica, la energía generada en una o más frecuencias discretas es deliberadamente esparcida o distribuida en el dominio de la frecuencia. La técnica de espectro disperso reduce potencialmente la interferencia a otros receptores y es una técnica que mejora la privacidad de las comunicaciones. Espectro disperso es una técnica de estructuración de una señal, conocida también como interface de aire, que utiliza las técnicas conocidas como secuencia directa DS *(Direct Sequence)*, salto en frecuencia FH *(Frecuency Hopping)*, salto en el tiempo FT *(Time Hopping)*.

Espectro disperso con salto en frecuencia (FHSS)

FHSS *(Frecuency Hopping Spread Spectrum)* utiliza una portadora de banda angosta que cambia la frecuencia con un patrón conocido por el transmisor y el receptor, los cuales están debidamente sincronizados comunicándose por un canal que adapta cada momento la frecuencia. FHSS es utilizado para distancias cortas, en aplicaciones, por lo general, punto-multipunto donde se tienen una cantidad de receptores diseminados en un área relativamente cercana al punto de acceso.

Espectro extendido en secuencia directa (DSSS)

DSSS *(Direct Sequence Spread Spectrum)* genera un patrón redundante por cada bit que sea transmitido. Este patrón de bit es llamado código *chip*. Entre más grande sea este *chip*, mayor la probabilidad de que los datos originales puedan ser recuperados (aunque se requerirá más ancho de banda). Sin embargo, si uno o mas *bits* se dañan durante la transmisión, las técnicas estadísticas embebidas dentro del radio transmisor podrán recuperar la señal original sin necesidad de retransmisión. DSSS se utiliza comúnmente en aplicaciones punto-punto.

En la Tabla 6.2 se sintetizan los principales estándares WLAN en el mercado tanto del IEEE como de HiperLAN/2 de ETSI *(European Telecommunications Standards Institute)*.

Tabla 6.2 Principales estándares de tecnologías WLAN

Estándar	Velocidad máxima	Interface de aire/modulación	Ancho de banda de canal	Banda de Frecuencia
IEEE 802.11b	11 Mbps	DSSS	25 MHz	2.4 GHz
IEEE 802.11a	54 Mbps	OFDM	25 MHz	5 GHz
IEEE 802.11g	54 Mbps	OFDM/DSSS	25 MHz	2.4 GHz
IEEE 802.11n	+100 Mbps	MIMO/OFDM	40 MHz	2.4/5 GHz
HiperLAN/2	54 Mbps	OFDM	25 MHz	5 GHz

DSSS: Direct Sequence Spread Spectrum
OFDM: Orthogonal Frequency Division Multiplexing
FHSS: Frequency Hopping Spread Spectrum
MIMO: Multiple-Input Multiple-Output

6.6 Telefonía celular

Han pasado más de 30 años desde que inició la primera generación de servicios de telecomunicaciones móviles celulares (1G) que empleaban modulación analógica. En 1993, comenzó la segunda generación (2G) de sistemas de comunicaciones móviles introduciendo capacidades digitales y servicios de valor agregado. Durante la primera década de este siglo se introdujeron los primeros servicios de tercera generación (3G) y se espera que para 2015 haya una importante penetración de sistemas de cuarta generación (4G).

En los sistemas de primera y segunda generación el interés técnico fue principalmente aumentar la capacidad del sistema para soportar servicios de voz. El enfoque para los sistemas de tercera generación fue proveer la capacidad requerida para soportar los futuros sistemas multimedios inalámbricos. En la cuarta generación se tendrá acceso a servicios integrados a altas velocidades de transmisión que permitan conectarse a internet en forma ubicua y de manera transparente a los usuarios.

La telefonía celular empezó como un servicio para transportar voz únicamente, pero con el tiempo y el avance en la tecnología, ahora es posible transmitir datos, imágenes, videos, televisión, etc. La telefonía móvil se ha convertido en el servicio con más alcance y penetración en la sociedad. Casi todo el mundo tiene un teléfono celular, tan es así que el número de celulares supera al número de líneas telefónicas fijas.

La capacidad de la telefonía celular varía de acuerdo a varios factores, predominando la tecnología de acceso múltiple al medio. En la primera generación de la telefonía celular, a principios de la década de los ochenta, la capacidad de los teléfonos era limitada.

La segunda generación, que empezó a principios de los años noventa, se caracterizó por ser digital; así, nuevos servicios se sumaron al de la voz, tales como la transmisión de datos a baja velocidad, mensajes cortos de texto SMS *(Short Messaging Service)*, identificador de llamadas, etcétera.

La tercera generación, que comenzó a principios del 2000, se caracteriza por un considerable aumento en el ancho de banda y nuevos servicios, como acceso a Internet, transmisión de video, televisión, transacciones bancarias, etc. La máxima velocidad de transmisión va desde 384 Kbps en ambientes móviles y hasta 2 Mbps en ambientes interiores y fijos.

Concepto celular en comunicaciones inalámbricas

El concepto celular se refiere al esquema adoptado por la mayoría de los sistemas inalámbricos. A partir de este concepto es posible atender de una manera eficiente a miles y miles de usuarios empleando una porción acotada del espectro radioeléctrico.

El concepto celular en comunicaciones inalámbricas permite el cumplimiento de los siguientes objetivos:

- Uso eficiente del espectro.
- Adaptabilidad a diferentes condiciones de densidad de tráfico.
- Calidad de servicio similar al ofrecido por las redes telefónicas fijas.
- Capacidad para un gran número de usuarios.
- Cobertura extendida: regional, nacional, continental.

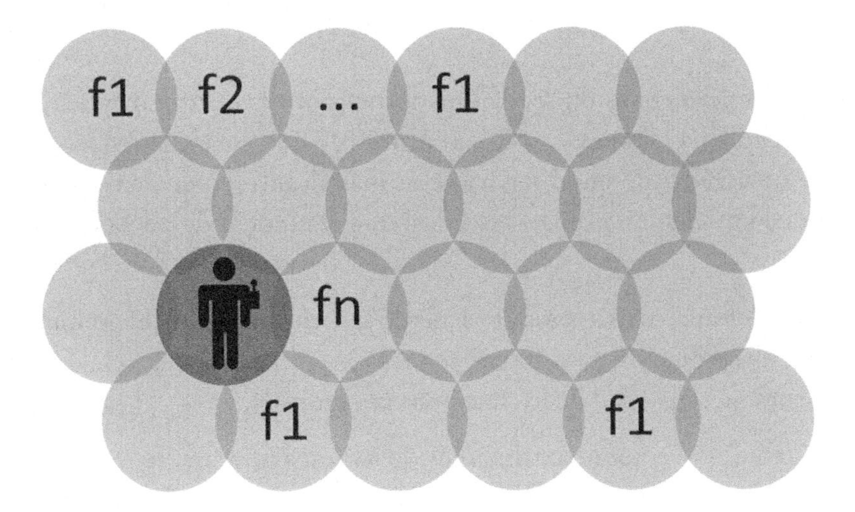

Figura 6.4. Concepto de cobertura celular

El concepto celular está fundamentado en dos aspectos claves: frecuencia de reuso y arreglo celular, tal como se muestra en la Figura 6.4.

Concepto de zona de servicio

El objetivo inicial de los primeros sistemas de radiocomunicaciones era alcanzar una gran área de cobertura empleando un solo transmisor con alta potencia. Sin reuso de frecuencia, la capacidad del sistema es limitada como lo muestra la Figura 6.5.

Características:

- Zona de servicio con múltiples usuarios.
- Espectro radio-eléctrico dividido en varios canales.
- Niveles altos de potencia para cubrir toda la zona.

Limitaciones:

- Área de servicio limitada.
- Bloqueo de llamadas al ocuparse todos los canales.

Soluciones:

- Aumentar el espectro radioeléctrico.
- Reuso de frecuencias.
- Arreglo celular.

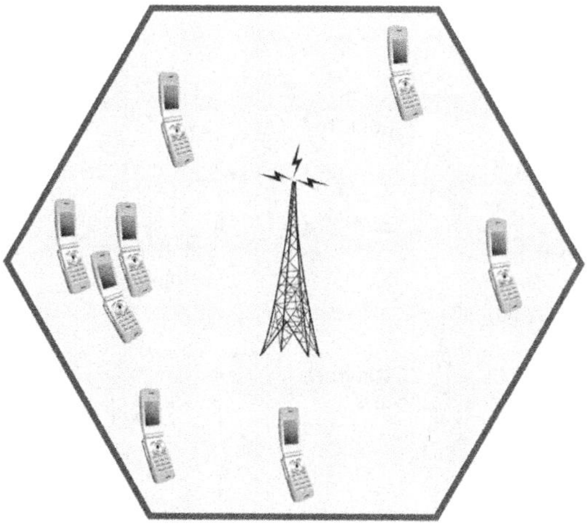

Figura 6.5. Zona única de servicio

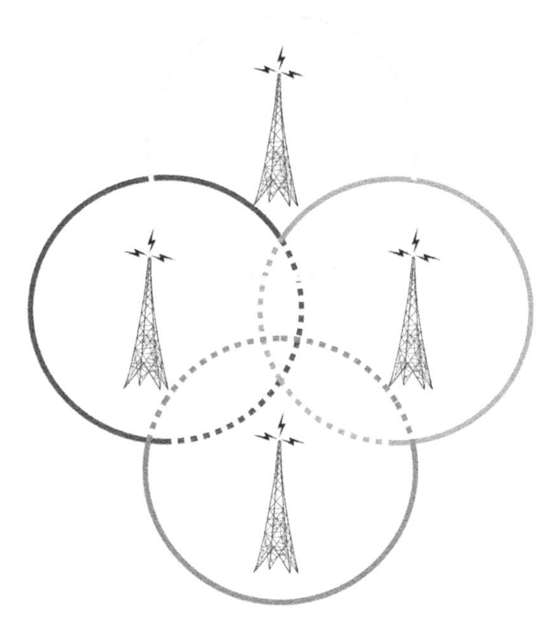

Figura 6.6. Arreglo celular básico

Una alternativa a la anterior limitante es utilizar un arreglo celular descrito en la Figura 6.6, en el cual los sistemas de radio móvil trabajan sobre la base de células cubriendo una zona de servicio con sub-zonas de servicio.

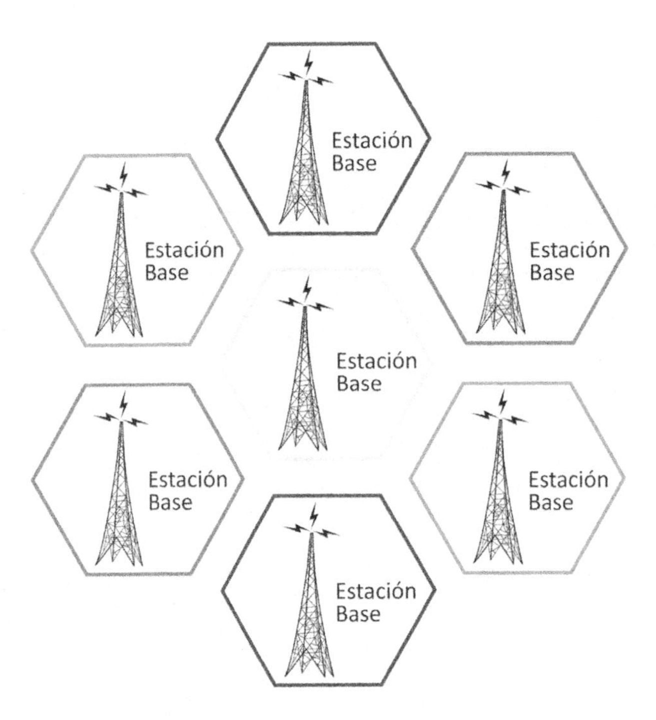

Figura 6.7. Concepto de sectorización

La Figura 6.7 muestra cómo sectorizar la zona de servicio a partir del uso de dichas subzonas cuidando los aspectos de interferencia en zonas adyacentes.

La cobertura de una zona se puede lograr a través de células de diferente dimensión. La Figura 6.8 muestra la clasificación de distintas células de acuerdo con la zona de cobertura escogida y las velocidades de transmisión de datos ofrecidas.

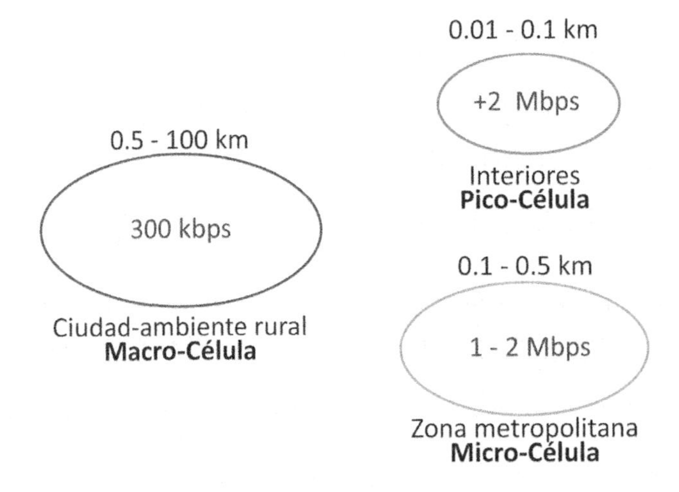

Figura 6.8. Clasificación de células, según su capacidad de cobertura

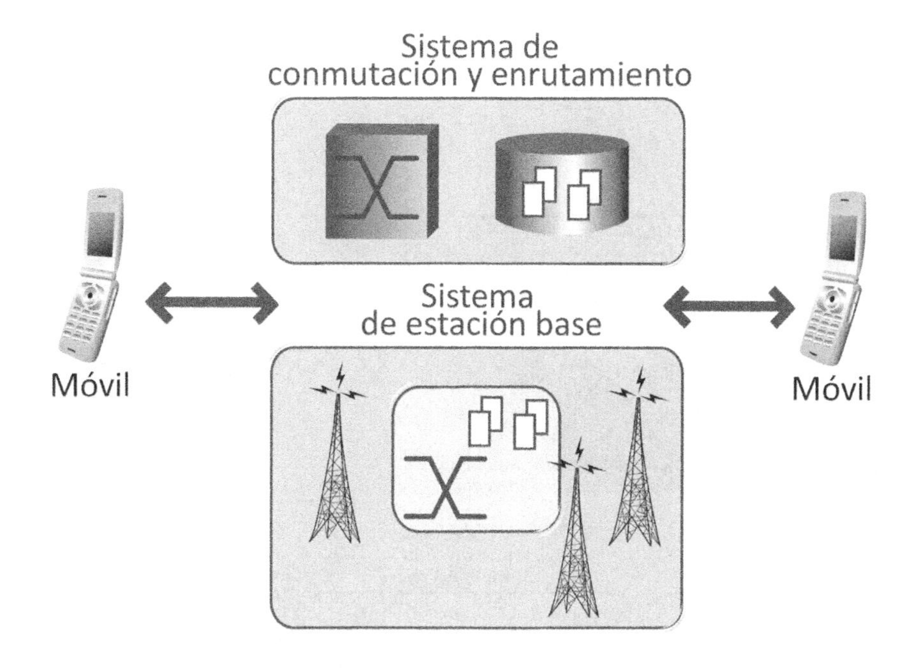

Figura 6.9. Diagrama básico de un sistema celular

En los sistemas móviles celulares el diseño de la red debe hacerse buscando limitar los niveles de interferencia, tanto en los canales adyacentes como entre canales (interferencia co-canal). Así mismo se deben buscar valores de C/I *(Carrier to Interference Ratio)* con calidad aceptable tomando en cuenta que el sistema entregue señales de calidad al usuario a través de la operación armoniosa del subsistema de conmutación y enrutamiento, el subsistema de estación base y los dispositivos móviles, tal como aparece en la Figura 6.9.

Conceptos de Acceso Múltiple por División de Códigos (CDMA)

La técnica de acceso múltiple por división de códigos (CDMA) es fundamental en el entendimiento de la evolución de 3G a 4G, ya que a partir de CDMA de banda ancha (WCDMA) o CDMA2000 ambas tecnologías convergen a través de la llamada evolución de largo plazo LTE *(Long Term Evolution).* Por ello, a manera de conclusión de este capítulo, se presentan conceptos básicos asociados a CDMA. Una de las características de esta técnica de acceso es precisamente permitir a varios usuarios compartir el medio físico de transmisión, cumpliendo con el requerimiento básico de admitir la "separabilidad" de los usuarios en el receptor a través de asignar a cada usuario un código particular.

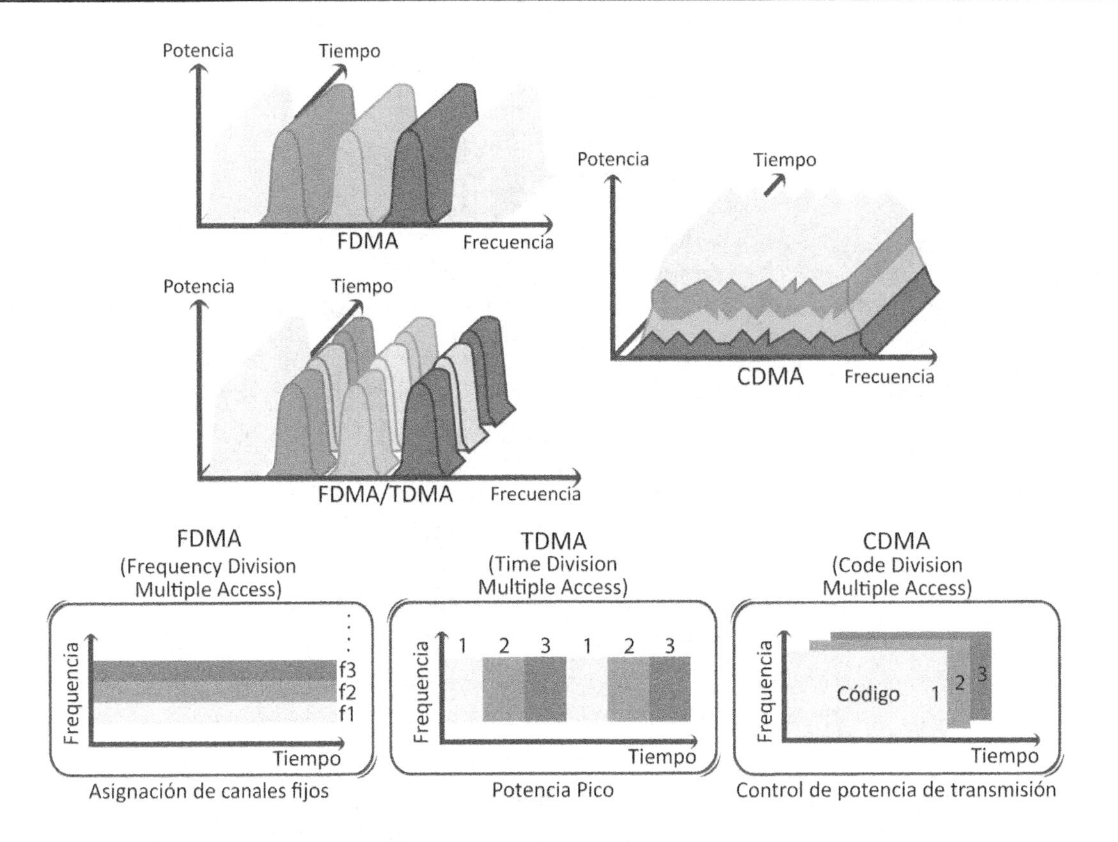

Figura 6.10. Comparación entre CDMA, TDMA y FDMA

La Figura 6.10 muestra una comparación de CDMA frente a TDMA donde puede observarse la característica de CDMA de esparcir el espectro en toda la banda asignada al proveedor de servicios. Esto se lleva a cabo mediante la técnica conocida como esparcimiento de espectro mencionada anteriormente. La combinación CDMA y SS provee una solución tecnológica que ha apoyado el crecimiento y penetración de las tecnologías inalámbricas de nueva generación, en conjunto con métodos de codificación y modulación altamente eficientes, tecnologías *dúplex* y el uso de esquemas de antenas inteligentes.

Las principales ventajas de CDMA, respecto a los otros sistemas de acceso múltiple (FDMA y TDMA) se enlistan a continuación:

- Incremento en la capacidad.
- Mayor calidad de voz.
- Aumento en la privacidad y seguridad.
- Permite simplificar la planificación del sistema celular.
- Reducción en el número de llamadas perdidas debido a fallos en la transferencia.

- Coexistencia con tecnologías ya existentes.
- Uso de espectro disperso.

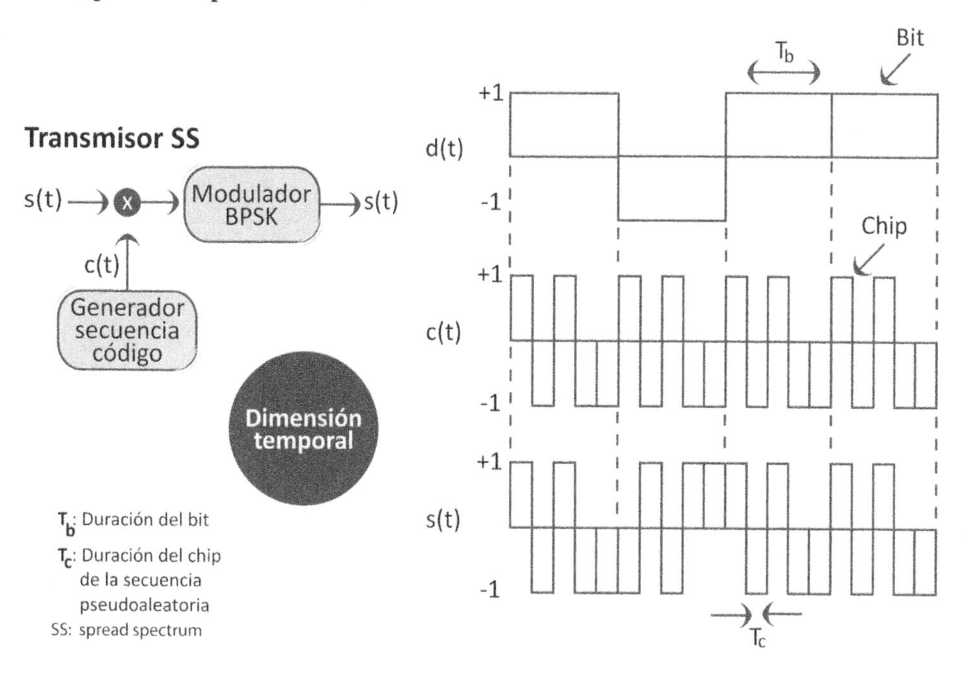

Figura 6.11. Transmisión en espectro disperso o ensanchado en el tiempo (dimensión temporal)

Al utilizar la técnica SS la señal transmitida ocupa un ancho de banda mayor al mínimo necesario para enviar la información, es decir, utiliza ancho de banda en exceso. El proceso de esparcimiento se implementa a través de una señal comúnmente llamada código, la cual es independiente a los datos y posee propiedades pseudo-aleatorias *PN (Pseudo Noise)*; Figuras 6.11, 6.12 y 6.13.

Antes de su transmisión una secuencia *PN* convierte una señal de banda estrecha en una señal de banda ancha del tipo semejante al ruido. En el receptor se lleva a cabo la función de esparcir la señal *(spreading)* a través de la correlación de la señal recibida con una réplica sincronizada de la señal de *spreading* o código.

Las ventajas de los sistemas de espectro disperso SS se resumen como sigue:

- Baja probabilidad de intercepción debido al *spreading* del espectro y a la dificultad de captura de las señales transmitidas por un receptor ajeno a la comunicación.
- Alta inmunidad frente a interferencia intencionada *(anti-jamming)*.
- Protección frente al fenómeno de multitrayectorias *(multipath)*.
- Posibilidad de implementar funciones de acceso múltiple.

- Privacidad de comunicaciones (comunicaciones seguras).
- Mayor eficiencia espectral.

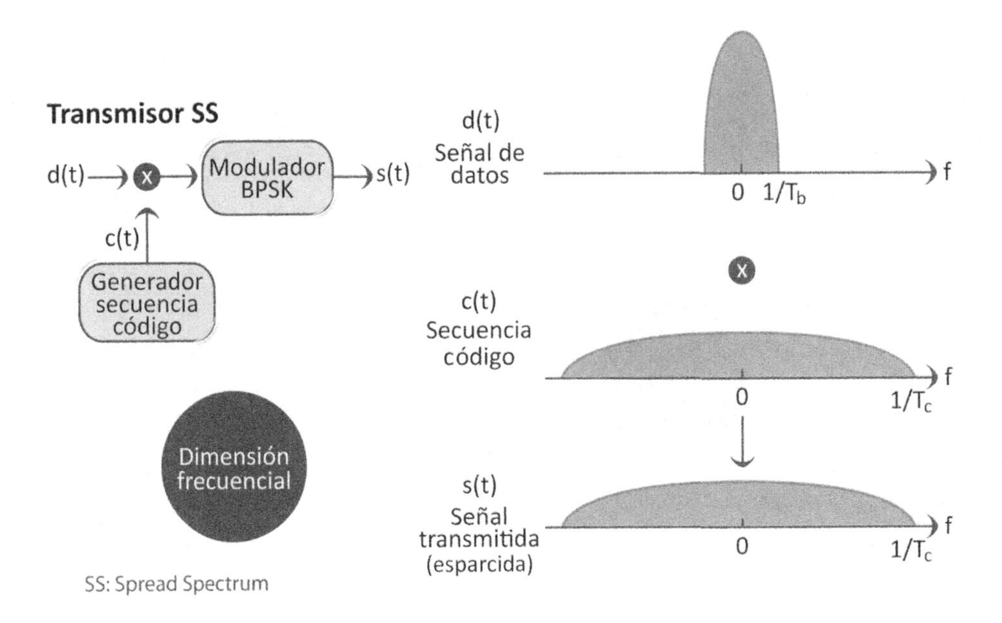

Figura 6.12. Transmisión en espectro disperso o *spreading* en la frecuencia (dimensión frecuencial)

Otras características de la técnica de espectro disperso son:

- Cada usuario emplea la misma frecuencia portadora y pueden transmitir simultáneamente.
- Cada usuario tiene su propio código *PN*, el cual es aproximadamente ortogonal a todos los demás códigos.
- El receptor efectúa una operación de correlación para detectar únicamente la secuencia código de interés. Todas las demás secuencias código aparecen como ruido debido a la correlación.
- Si todos los códigos son ortogonales, la señal de información deseada puede ser fácilmente extraída, ya que la correlación cruzada de dos códigos ortogonales es cero y la autocorrelación de un código es la unidad.
- En la práctica los códigos no son completamente ortogonales; la correlación cruzada entre códigos introduce degradaciones lo que limita el número máximo de usuarios simultáneos en un grupo.

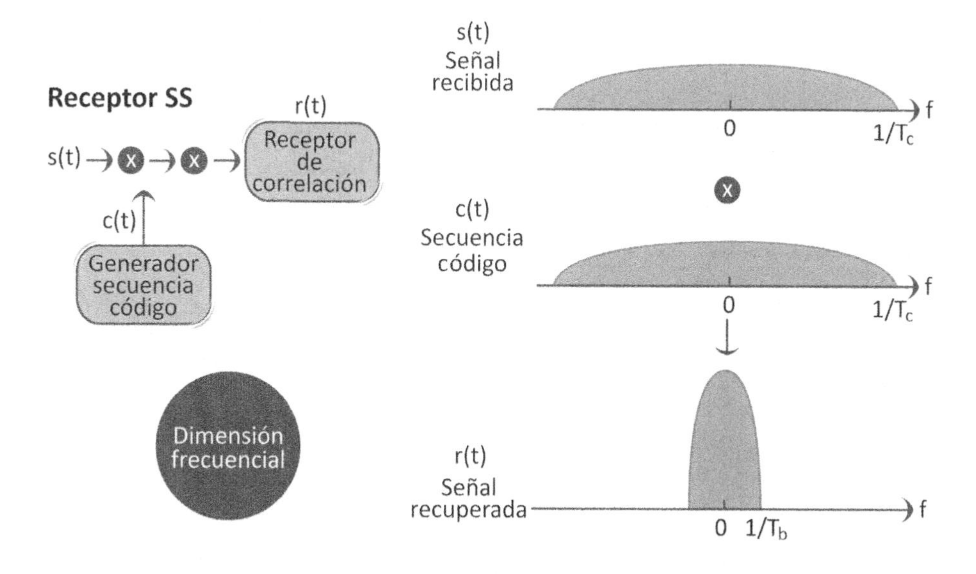

Figura 6.13. Proceso de recepción en espectro disperso

La Figura 6.13 muestra el proceso de recepción de la señal en el dominio de la frecuencia. Dado que múltiples usuarios tienen que compartir el mismo espectro sin interferir entre sí, la dispersión de espectro resulta eficiente en un entorno de múltiples usuarios. Obsérvese que la señal recuperada *r(t)* se obtiene al utilizar en el receptor el mismo código empleado en el transmisor de la Figura 6.11. La señal recuperada *r(t)* de la Figura 6.13 será una réplica lo más cercana a la señal *d(t)* originalmente transmitida, según se observa en la Figura 6.12.

Tabla 6.3. Evolución de los sistemas inalámbricos celulares

Primera Generación	Segunda Generación	Tercera Generación	Cuarta Generación
Servicio de telefonía en unidades móviles	Voz digital + servicios de datos y mensajes	Integración de audio de alta calidad y datos, servicios multimedios de banda amplia y estrecha	Telepresencia, educación, capacitación y acceso dinámico de información
Tecnología celular analógica	Tecnología celular digital microcelular y picocelular; capacidad, calidad, LANs	Ancho de banda amplio, transmisión eficiente de radio, LAN/WAN, compresión de la información, utilización del espectro de altas frecuencias, gestión de red	Transparencia de amplio ancho de banda alámbrico o inalámbrico, operación de la red basada en el conocimiento, servicios unificados de red
1980	1990	2000	2010-2015

Evolución de las redes y servicios inalámbricos

Las redes y servicios inalámbricos, particularmente los llamados celulares, han tenido un crecimiento explosivo. Desde su inicio con tecnología analógica, el mundo ha experimentado su penetración en todos los sectores de la población. Este crecimiento se debió a una combinación de elementos tecnológicos, regulatorios y de mercado.

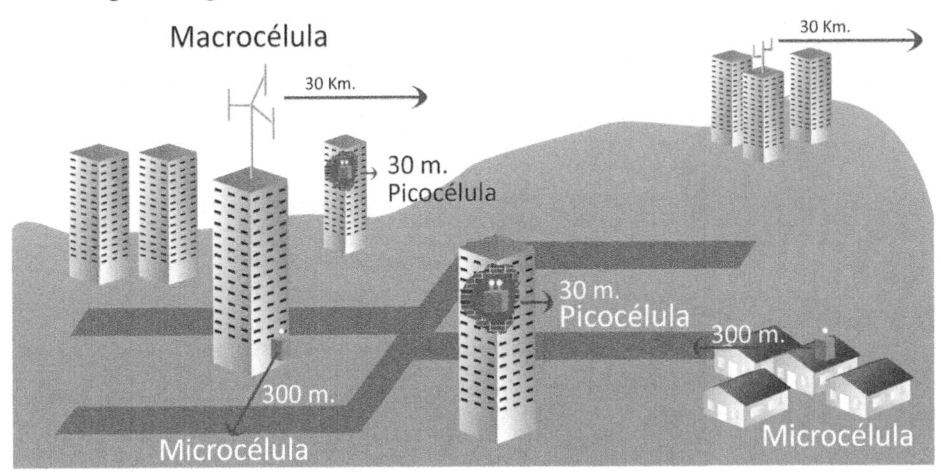

Figura 6.14 Cobertura de sistemas inalámbricos celulares

La Figura 6.14 muestra las zonas de cobertura dependiendo del tipo de celda y distancia a cubrir. La Tabla 6.3 muestra los elementos básicos de la evolución de las redes celulares a partir de la primera generación, en la década de los ochenta.

Primera generación de comunicaciones móviles 1G

Un resumen de las características básicas de la 1G se presenta a continuación:

- Introducida en 1980.
- Tecnología analógica.
- Enfocada en servicios locales de voz.
- Extendida después a coberturas nacionales.
- Técnica de acceso múltiple por división de frecuencia (FDMA).
- Principales desventajas: baja capacidad y calidad.

Los acrónimos de los sistemas comerciales de la 1G son los siguientes, véase la Tabla 6.4

- AMPS: Advanced Mobile Phone Service.
- NTT: Nippon Telephone and Telegraph.
- TACS: Total Access Communication System.
- NMT: Nordic Mobile Telephones.

Tabla 6.4. Principales características de los sistemas 1G

Parámetros	AMPS	TACS	NMT	NTT
Frecuencia (MHz)				
Base	870-890	935-960	463.5 - 467.5	870 – 885
Móvil	825-845	890-915	453 - 457.5	925 - 940
Espacio entre frecuencias	45 MHz	45 MHz	10 MHz	55 MHz
Espacio entre canales	30 MHz	25 MHz	25 MHZ	25 MHz
Número de canales	882	1000	180	600
Cobertura de la celda (Km)	2-25	2-20	1.8-40	-
Señal de audio				
Modulación	FM	FM	FM	FM
Máx. desv. frec. (MHz)	±12	±9.5	±5	±5
Tasa de velocidad (Kbps)	10	8	1.2	0.3

Segunda generación de comunicaciones móviles (2G)

Un resumen de las características básicas de la 2G son mostradas a continuación y sus características técnicas, en la Tabla 6.5:

- Tecnología digital.
- Proporciona voz digital y servicio de mensajes cortos.
- Técnicas de acceso de mayor uso comercial: acceso múltiple por división de tiempo (TDMA) y acceso múltiple por división de código (CDMA).
- Se mejoran las prestaciones.

Los acrónimos de las tecnologías 2G son los siguientes:

- GSM: Global Systems for Mobile Communication.
- PDC: Personal Digital Cellular.
- IS-54/136 e IS-95.

- DECT: Digital European Cordless Telephone.
- PACS: Personal Access Communication Services.
- PHS: Personal Handyphone Systems.

Tabla 6.5. Resumen de características técnicas de los sistemas 2G

Sistema	IS-54	GSM	IS-95	CT-2	CT-3 DTC900	DECT
País	EUA	Europa	EUA	Europa Asia	Suecia	Europa
Tecnología de acceso	TDMA FDMA	TDMA FDMA	CDMA FDMA	FDMA	TDMA FDMA	TDMA FDMA
Uso principal	Celular	Celular	Celular	Inalámbrico	Inalámbrico	Inalámbrico celular
Banda de frecuencia						
Estación Base (MHz)	869-894	935-960	869-894	864-868	862-866	1800-1900
Estación Móvil (MHz)	824-849	890-915	824-849			
Técnica *dúplex*	FDD	FDD	FDD	TDD	TDD	TDD
Codificación de voz	VSELP	RPE-LPT	QCELP	ADPCM	ADPCM	ADPCM
Tasa de voz (Kbs)	7.95	13	8 (tasa variable)	32	32	32
Canales de voz canal RF	3	8	-	1	8	12
Tasa de bit por canal (Kbs)	48.6	270.833	-	72	640	1152
Codificación de canal	½ tasa convolucional	½ tasa convolucional	½ tasa *forward* ⅓ tasa *reverse* CRC	ninguno	CRC	CRC
Duración de trama (ms)	48.6	4.615	20	2	16	10

Debido a la impredecible naturaleza de la propagación y a la inherente movilidad de los usuarios, es necesario que los sistemas 2G utilicen detectores y correctores de error y técnicas de interpolación de la voz para alcanzar los niveles de calidad de servicios deseados. Por eso, el desarrollo de los sistemas 2G está enfocado a mejorar la calidad de servicio, la capacidad del sistema y a combatir los efectos de la movilidad del usuario.

Tercera generación de comunicaciones móviles (3G)

A partir del año 2000 se inició el despliegue de la tecnología 3G, con el objetivo básico de ofrecer servicios de voz de alta calidad y estimular el uso de sistemas multimedios mediante terminales portátiles altamente convergentes.

Resumen de las características básicas de 3G:

- Mayor eficiencia espectral.
- Mayor integración con la red fija.
- Integración con los sistemas vía satélite.
- Prestación de servicios multimedia.
- Técnica de acceso CDMA.

La Figura 6.15 muestra la integración de los sistemas 3G con otras tecnologías inalámbricas y la Figura 6.16 muestra la arquitectura básica de las redes 3G.

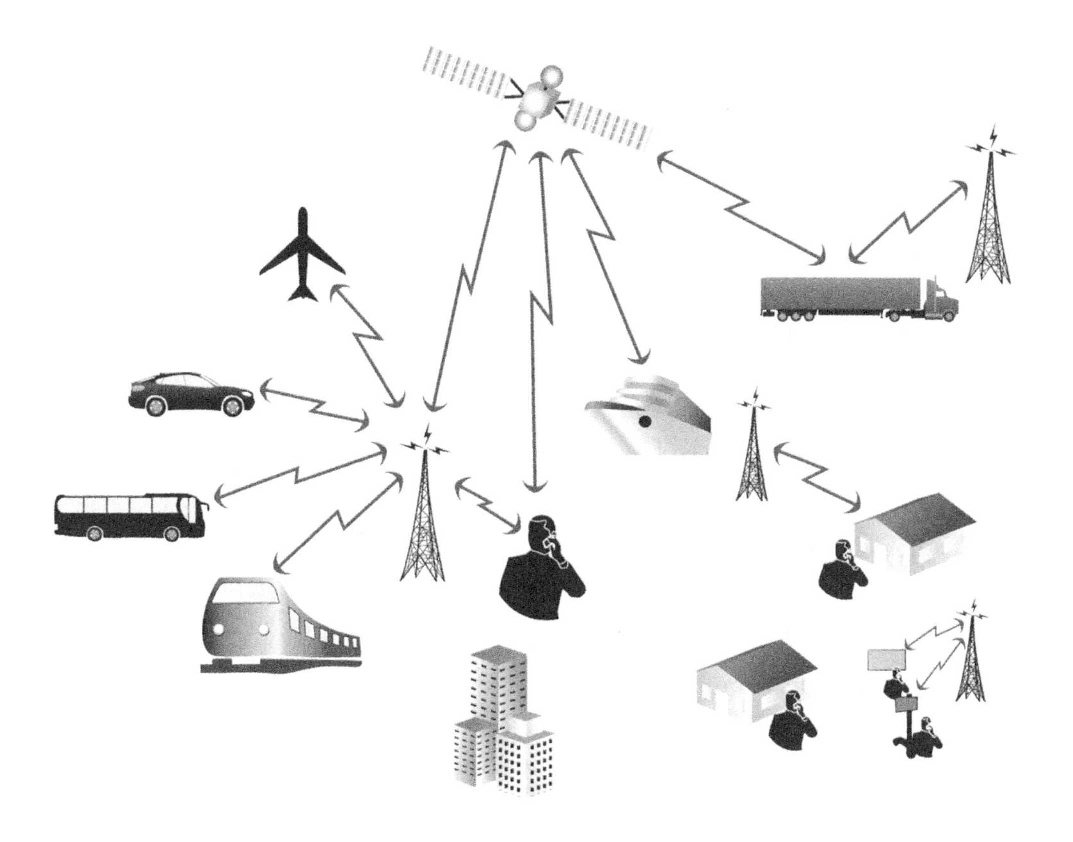

Figura 6.15. Integración de la tecnología 3G con otras tecnologías inalámbricas

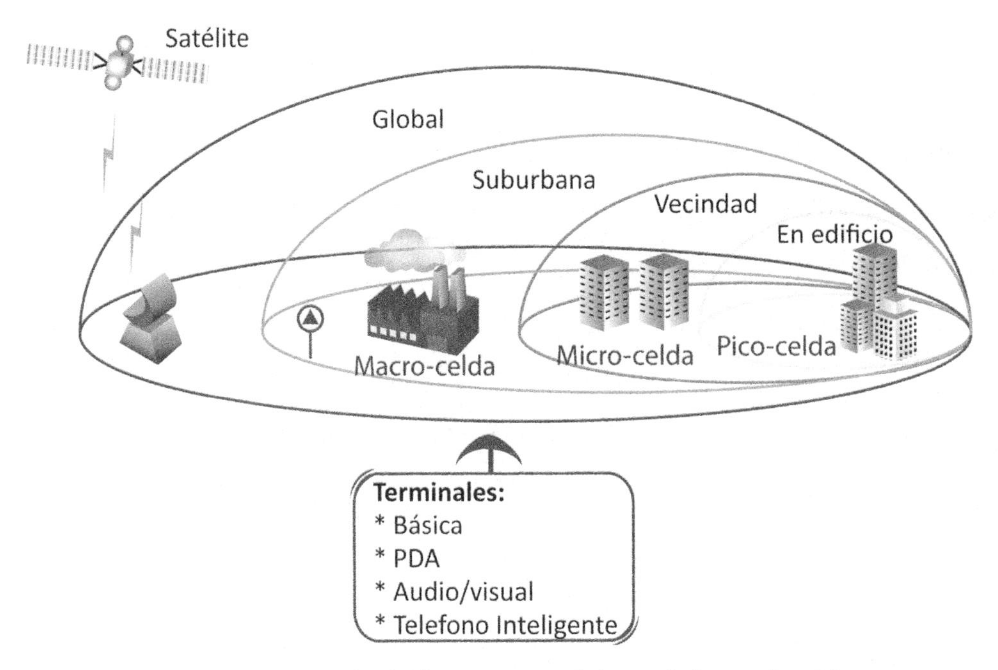

Figura 6.16. Arquitectura básica de las redes 3G

Cuarta generación de comunicaciones móviles (4G)

La cuarta generación (4G) proporciona un avance significativo a la telefonía móvil, ya que ahora se convierte en un servicio de banda ancha que compite directamente con otras tecnologías. Se espera que las tecnologías de cuarta generación no sólo se apliquen a teléfonos móviles, sino a otros dispositivos conectados en red vía el protocolo IP, tales como automóviles, electrodomésticos, televisores, computadoras, etcétera.

En la actualidad, hay dos tecnologías contendientes para la cuarta generación de telefonía móvil; por un lado, se encuentra WiMAX *(Worldwide Interoperability for Microwave Access)* y, por el otro, LTE *(Long-Term Evolution)*.

WiMAX es un sistema de comunicación digital inalámbrico definido en el estándar del IEEE 802.16, para redes de área metropolitana MAN *(Metropolitan Area Network)*. Provee comunicaciones de banda ancha con cobertura de hasta 50 km para estaciones fijas o de 5 a 15 km para estaciones móviles. El estándar 802.16m, conocido como WiMAX móvil, se considera en su versión avanzada como categoría 4G. LTE, mientras tanto, es una tecnología definida por la organización 3GPP *(3rd Generation Partnership Project)*, en la cual participan más de 60 operadores, fabricantes e institutos de investigación para definir en conjunto los estándares de LTE.

Ambas tecnologías son técnicamente similares (más no compatibles), en la forma de transmitir las señales y en las velocidades de transmisión. Tanto LTE como WiMAX utilizan MIMO *(Múltiple-*

Input Multiple-Output), es decir, la información es enviada en dos o más antenas por celda para mejorar la recepción. Ambos sistemas también utilizan OFDM *(Orthogonal Frequency Division Modulation*), una tecnología de modulación que soporta transmisiones de video y multimedia. OFDM es una tecnología madura y probada, que funciona separando las señales en múltiples frecuencias angostas, con *bits* de datos enviados a la vez en forma paralela.

Muchos expertos se han preguntado si LTE y WiMAX son tecnologías rivales o complementarias. Por ejemplo, desde la 2G, 2.5G y 3G las tecnologías basadas en TDMA como GSM, tomaron un rumbo diferente a las tecnologías basadas en CDMA debido a que tenían esquemas de modulación distintos e incompatibles (Figura 6.17).

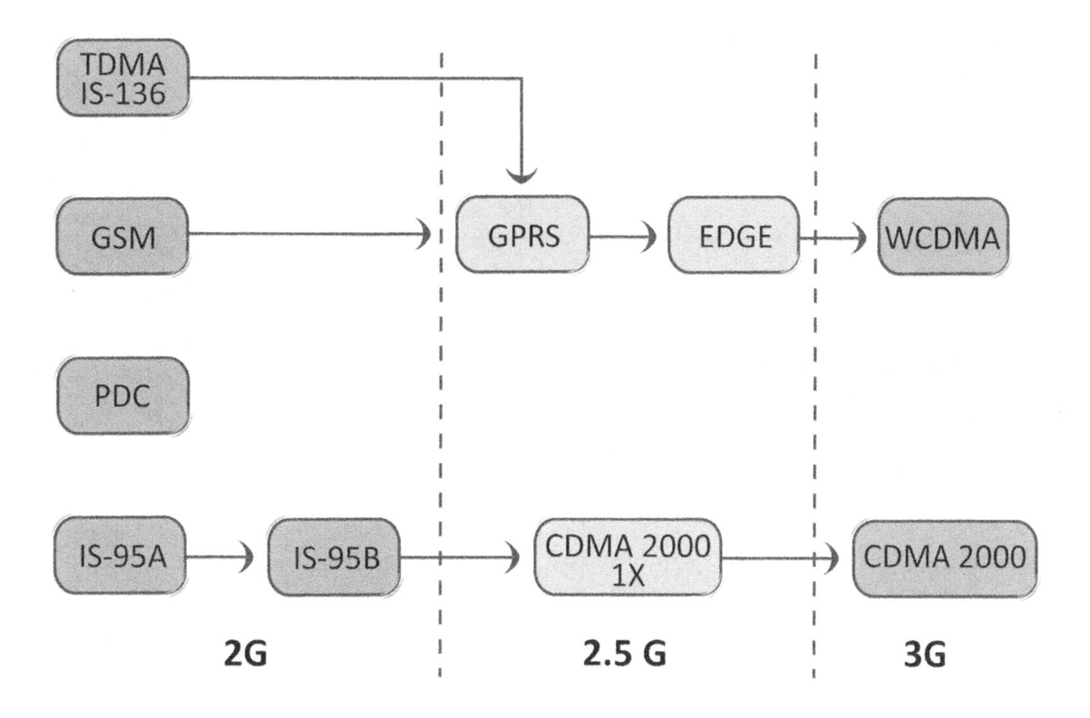

Figura 6.17. El camino de 2G a 3G

Por el contrario, LTE y WiMAX tienen esquemas de modulación basados en OFDM y la misma forma de enviar las señales al aire por antenas múltiples (MIMO); además, ambas están basadas en el protocolo IP. Sobre la posibilidad de que LTE y WiMAX sean tecnologías complementarias, algunos expertos afirman que podrán coexistir en algunas regiones y que los operadores podrán utilizar WiMAX, para algunos servicios, y LTE, para otros.

Tanto LTE como WiMAX emplean, como se dijo anteriormente, tecnologías similares. Las diferencias radican en las políticas de los propios proveedores de servicios de telecomunicaciones, quienes serán los responsables de qué tecnología emplear para, posteriormente, hacer unas fuertes inversiones de miles de millones de dólares para ver cristalizada la infraestructura de su red 4G. WiMAX tiene el respaldo de WiMAX Forum, mientras que LTE es una tecnología en evolución que está respaldada por la organización 3GPP. Ambas son tecnologías prometedoras que brindarán a los usuarios velocidades nunca antes imaginadas en el mundo de la telefonía móvil.

En muchos países, compañías celulares ya están haciendo pruebas con LTE o WiMAX avanzado, en otros, existen dificultades regulatorias debido a que no se han subastado las frecuencias para ofrecer estos servicios.

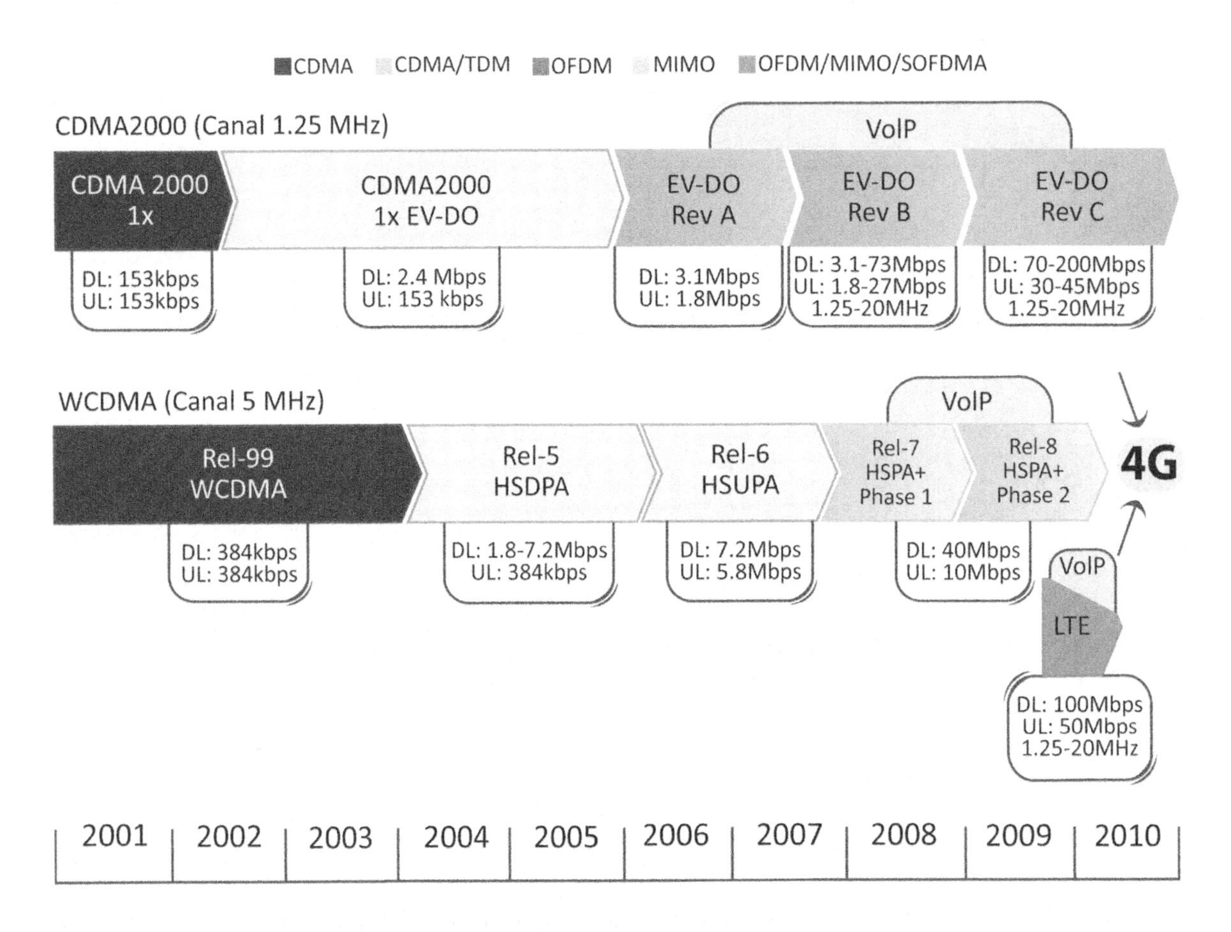

Figura 6.18. La evolución de 3G a 4G

Evolución de 3G a 4G

Con el objeto de adquirir una visión del rumbo de las comunicaciones inalámbricas celulares, se presenta en esta sección un compendio de los procesos de crecimiento y retos tecnológicos, regulatorios y de mercado que se enfrentan. La Figura 6.17 muestra los caminos que se han seguido a partir de los inicios de la 2G. Como puede observarse, el camino de GSM o el de CDMA nativo

(IS-95), a final de cuentas, nos elevarán a tecnologías con fundamento en la operación de CDMA. Hasta 3G, ambos caminos son incompatibles y continuarán con sus características tecnológicas; sin embargo, no será la tecnología el factor preponderante para definir el rumbo final y el estándar o estándares preponderantes. Más bien, dada la penetración de los dispositivos móviles en el tejido social, serán los aspectos de mercado, modelo de negocio y propiedad intelectual los que determinen cuál tecnología dominará.

Para propósitos de mejor comprensión de la terminología de las comunicaciones inalámbricas y su evolución hacia 4G, al final de este capítulo se muestra un glosario que incorpora los principales acrónimos y su expresión en lenguaje inglés. Debe reconocerse el gran número de términos y tecnologías referenciadas, por lo que un glosario resumido ayuda en el seguimiento de los conceptos claves presentados.

La Figura 6.18 muestra la evolución de 3G a 4G donde puede apreciarse cómo las tecnologías avanzan hacia escenarios con características técnicas similares, pero incompatibles. Como se puede observar, en la última etapa evolutiva, la tecnología LTE se convierte en la antesala a la 4G abriendo posibilidades a una mayor penetración de las tecnologías inalámbricas y sus capacidades para una amplia gama de aplicaciones. Sin embargo, los retos que se enfrentarán, como se dijo anteriormente, son los relativos a la adquisición del espectro (regulación) y a modelos de negocio (mercado) atractivos al consumidor, quien será el centro de atención de la competencia. También puede observarse que bajo ambos esquemas de evolución se llegará a escenarios donde el protocolo de Internet (IP) se convertirá en el hilo conductor de ambos caminos.

De la Figura 6.19 se puede observar la participación de tres tecnologías claves: MIMO, OFDM y CDMA, a las cuales se incorporarán sistemas *dúplex* por división de tiempo y por división de frecuencia denominados TDD y FDD respectivamente.

La ITU define a 4G como una tecnología de red con caudal eficaz de 100 Mbps para aplicaciones móviles de cobertura amplia y con caudal eficaz de 1 Gbps para coberturas concentradas locales *(hot spots)* en bandas del espectro con canales de 100 MHz. Aunque al cierre de esta obra la transición a 4G está en proceso, puede afirmarse que es una tecnología de baja latencia, altas velocidades de transmisión y uso de IP de extremo a extremo.

La evolución a 4G contempla tanto las tecnologías mostradas en la Figura 6.18 como aWiMAX, cuya capacidad de cobertura por regiones supera a las de WiFi. Con el objeto de lograr una visión integral del rumbo de las comunicaciones inalámbricas, a continuación se presenta una introducción a la tecnología WiMAX.

Introducción a WiMAX

WiMAX es un estándar de transmisión inalámbrica de datos (IEEE 802.16d) diseñado para el área metropolitana (MAN) para proporcionar accesos concurrentes en áreas de hasta 48 kilómetros de radio y velocidades de hasta 70 Mbps. Esta tecnología inalámbrica está basada en OFDM y utiliza canales a partir de 256 subportadoras. Puede cubrir un área de 48 kilómetros permitiendo la conexión sin línea vista, es decir, a pesar de obstáculos interpuestos; posee capacidad para transmitir datos a una tasa de hasta 75 Mbps con una eficiencia espectral de 5.0 bps/Hz y da soporte a miles de usuarios con una escalabilidad de canales de 1.5 MHz a 20 MHz. Este estándar soporta niveles de servicio SLA *(Service Level Agreement)* y calidad de servicio (QoS).

Existen dos tipos de redes WiMAX:

- De acceso fijo
- De acceso móvil

De acceso fijo: el estándar del 802.16-2004 del IEEE está diseñado para acceso fijo; también se ocupa en instalaciones interiores.

De acceso móvil: el estándar del 802.16e del IEEE es una enmienda para la especificación de la base 802.16-2004 y se enfoca al mercado móvil sumando portabilidad y habilidad para clientes móviles. El estándar del 802.16e usa la tecnología de acceso múltiple ortogonal por división de frecuencia (OFDMA) agrupando subportadoras múltiples en subcanales.

Las Tablas 6.6 y 6.7 muestran, respectivamente, las características generales de la tecnología y los estándares de la interface de aire WiMAX. La Figura 6.19 muestra cómo WiMAX se convierte en un puente entre los enlaces de cobertura amplia y cobertura local y las Figuras 6.20 y 6.21 relacionan las tecnologías por su tipo y cobertura. Es importante analizar como WiMAX se relaciona con las tecnologías 3G y, eventualmente, convivirá con 4G.

Tabla 6.6. Características generales de los sistemas WiMAX

Definición	Dispositivos	Ubicación/velocidad	802.16-2004	802.16-2005
Acceso fijo	Exterior e Interior	Simple/Estacionario	Si	Si
Acceso nomádico	tarjetas PCMCIA	Múltiple/Estacionario	Si	Si
Portabilidad	Laptop PCMCIA o mini tarjetas	Múltiple/velocidad de marcha	No	Si
Portabilidad simple	Laptop PCMCIA o mini tarjetas, PDAs o teléfonos inteligentes	Múltiple/velocidad vehicular baja	No	Si
Portabilidad completa	Laptop PCMCIA o mini tarjetas, PDAs o teléfonos inteligentes	Múltiple/velocidad vehicular alta	No	Si

Tabla 6.7. Interface de aire del estándar WiMAX

	IEEE 802.16	IEEE 802.16-2004	IEEE 802.16e
Banda de frecuencia	10-16 GHz	Menor a 11 GHz	Menor a 6 GHz
Servicio	Fijo	Fijo/nomádico	Fijo, móvil
Segmento de mercado primario	Urbano: edificios de alta densidad tipo condominio	Urbano, suburbano, rural, residencial	Acceso de banda ancha a laptop, PDA o teléfono inteligente
Interface de aire	SOFDMA/OFDMA	OFDM/OFDMA	SOFDMA
Intervalo	Hasta 5 km, línea de vista	Hasta 30 Km línea de vista, hasta 5 Km sin línea de vista	10 Km, sin línea de vista
Ancho de banda de canal	20, 25, 28 MHz	Desde 1.75-20 MHz	Desde 1.25-20 MHz
Capacidad de canal	Hasta 134 Mbps	Hasta 70 Mbps	Hasta 35 Mbps
Técnica *dúplex*	TDD o FDD	TDD o FDD	TDD o FDD
QoS	Voz/datos/video, servicios diferenciados	Voz/datos/video, servicios diferenciados	Voz/datos/video, servicios diferenciados

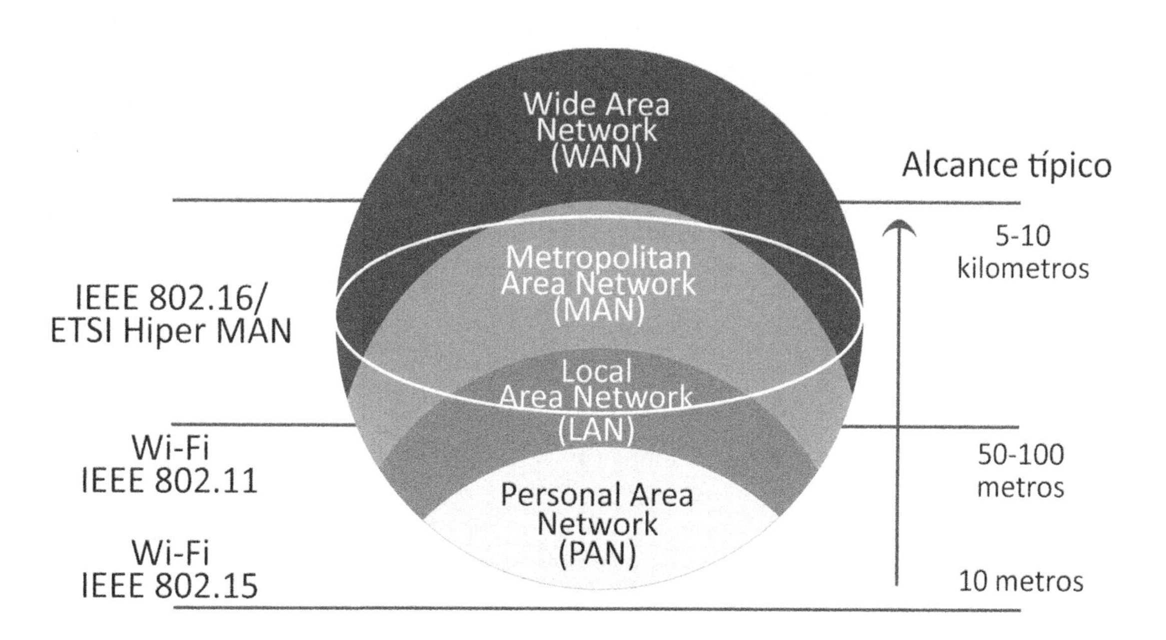

Figura 6.19. WiMAX como puente entre redes de cobertura amplia y local

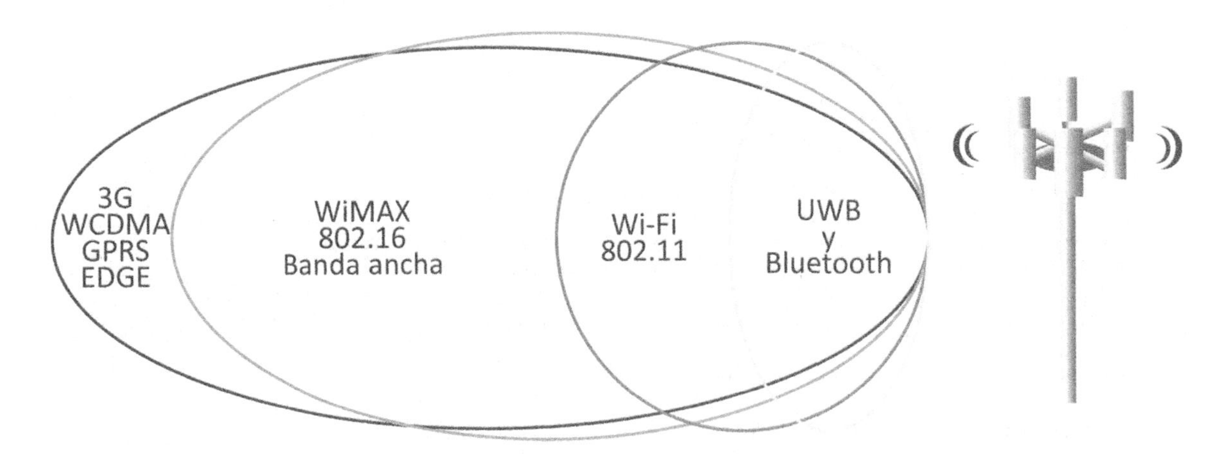

Figura 6.20. Comparación de WiMAX con otras tecnologías inalámbricas

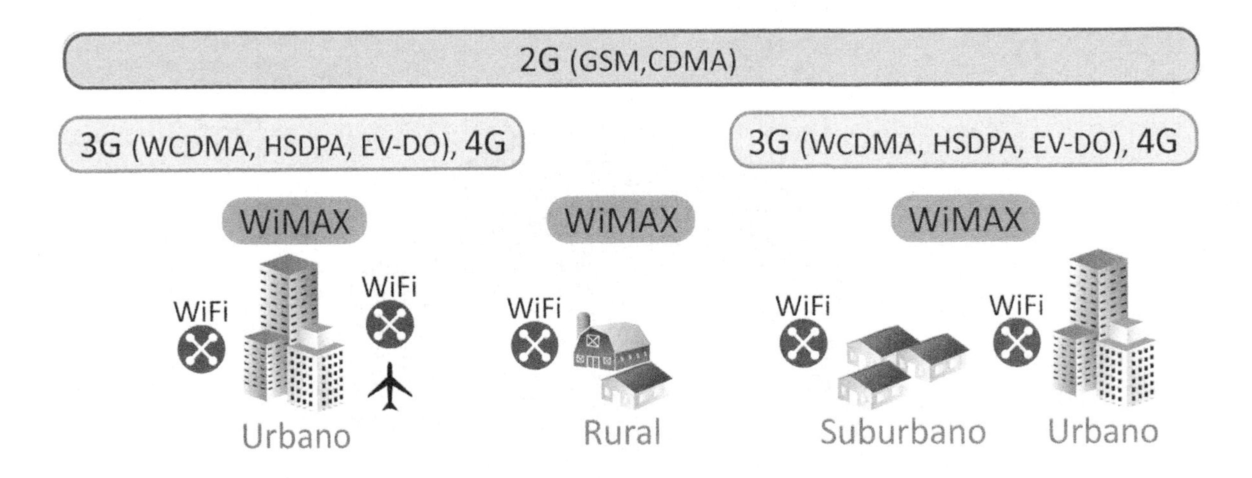

Figura 6.21. Tecnologías inalámbricas emergentes en diferentes contextos

Definitivamente, WiMAX convivirá con las tecnologías celulares y forma parte del conjunto de tecnologías 4G, cuya evolución en conjunto hacia la última versión conocida como WiMAX 2 se muestra en las Figuras 6.22 y 6.23.

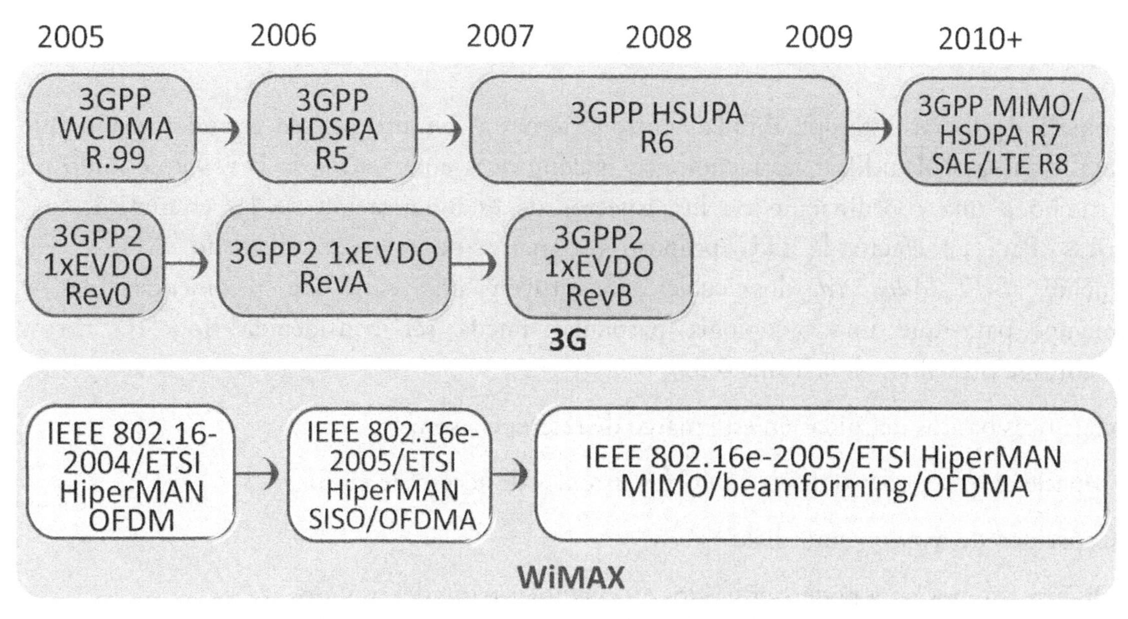

Figura 6.22. Evolución de WiMAX y 3G rumbo a 4G

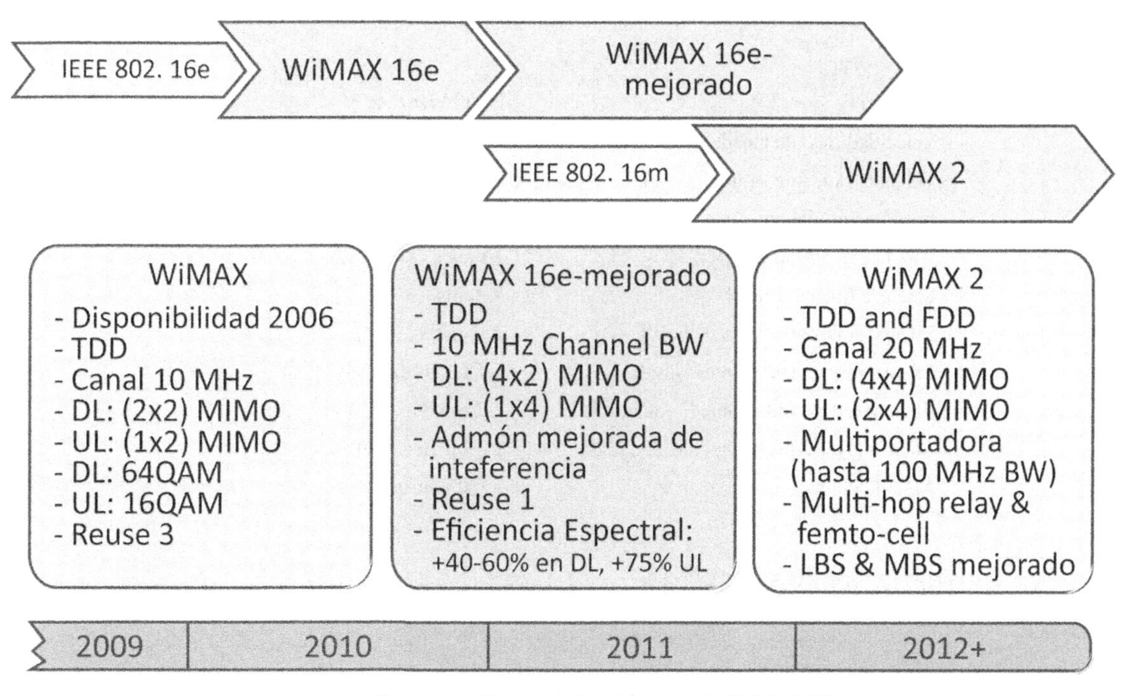

Figura 6.23. Evolución hacia WiMAX2

Retos de interoperatibilidad

Con el objeto de lograr interoperabilidad entre sistemas y un proceso de estandarización que permita en forma global, utilizar las tecnologías inalámbricas emergentes, la ITU ha definido un camino rumbo a una coordinación de los aspectos de estandarización de las comunicaciones inalámbricas. Para tal efecto, la ITU propuso un marco de referencia llamado IMT y más recientemente, *IMT Advanced,* los cuales constituyen una serie de recomendaciones y requerimientos para que una tecnología particular pueda ser considerada tipo 4G. Estos requerimientos se presentan en la Tabla 6.8.

Las características básicas definidas en este marco de referencia son:

- Capacidad para poder trabajar con otros sistemas de acceso de radio.
- Capacidad de *roaming* mundial.
- Diseñar equipos para poder ser usados en cualquier parte del mundo.
- Alta calidad en servicios móviles.

Tabla 6.8. Requerimientos considerados por *IMT-Advanced*

Categoría	IMT-Avanzado
Velocidad pico de bajada	1 Gbps
Velocidad pico de subida	500 Mbps
Localización del espectro	> 40 MHz
Latencia (plano usuario)	10 ms
Latencia (plano control)	100 ms
Eficiencia espectral pico de bajada	15 bps/Hz (4x4)
Eficiencia espectral pico de subida	6.75 bps/Hz (2x4)
Eficiencia espectral promedio de bajada	2.2 bps/Hz (4x2)
Eficiencia espectral promedio de subida	1.4 bps/Hz (2x4)
Movilidad	+350 Km/hr

Existen dos sistemas (Figura 6.24) que han sido seleccionados, en este marco de referencia para ser tecnologías 4G:

- LTE-Advanced.
- WiMAX 2.0.

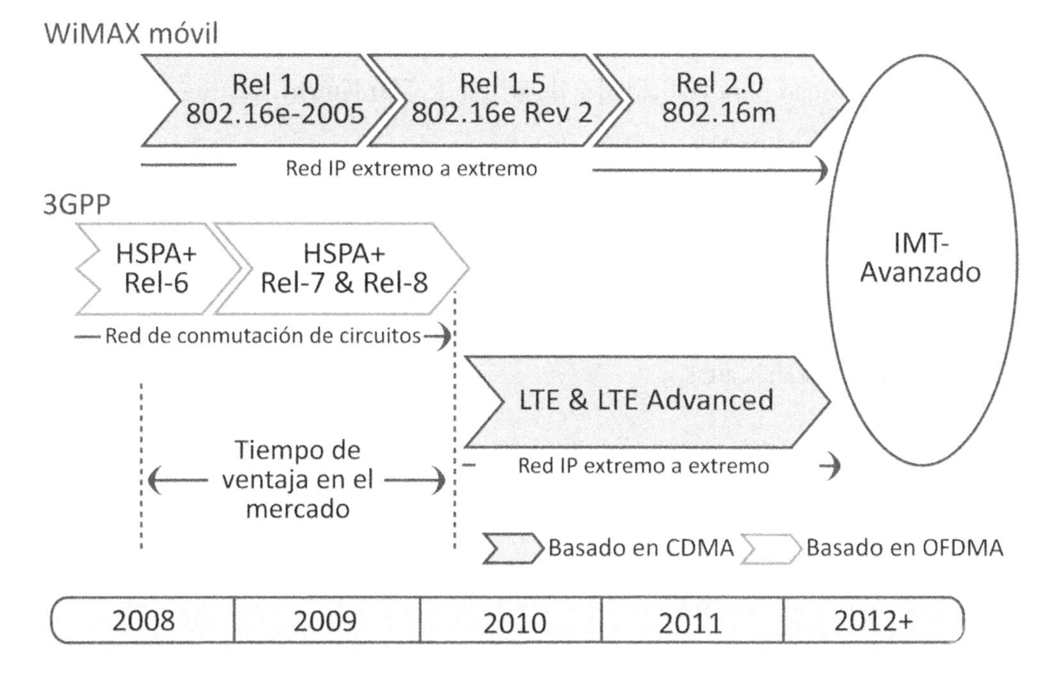

Figura 6.24. Línea de tiempo de WiMAX y LTE-Advanced

LTE-Advanced es el nombre de un proyecto con interface aérea de alto rendimiento para sistemas de comunicación celular móvil, lanzado por el grupo de trabajo del proyecto del grupo de trabajo de 3GPP. Tanto 3GPP como el *WiMAX Forum* constituyen grupos de trabajo fundamentales para dar forma y seguimiento a la evolución hacia *IMT Advanced*, es decir, a la maduración de 4G.

Las características básicas de *LTE Advanced* son:

- Red heterogénea para mejor desempeño *(femto cells)*.
- Tasas de transmisión más altas usando como solución multi-antenas (UL/DL MIMO).
- Transmisión/recepción multipunto coordinada para mejor desempeño.
- Portadora agregada/transmisión de banda expandida.
- Movilidad arriba de 500 km/hr.
- Soporte nativo para calidad de servicio (QoS).
- Todos los servicios por IP.

Por su parte, WiMAX-2 o *Wireless MAN-Advanced* es un estándar (IEEE802.16m) de comunicaciones inalámbricas móviles desarrollado por el IEEE, con el objetivo de ser elegido por la *IMT-Advanced* como una de las tecnologías para el estándar 4G. Sus características básicas son:

- Arquitectura MIMO.
- Soporta alta movilidad para velocidades de arriba de 500 Km/hr.
- Soporte nativo para calidad de servicios (QoS).
- Capacidad de VoIP.
- Puede utilizar femto celdas.
- Disminución de latencia.
- Tasas de transmisión más altas.

Como puede verse en la Tabla 6.9, ambas tecnologías categorizadas como 4G son tecnológicamente similares, pero no compatibles. Actualmente, hay una gran contienda entre WiMAX y LTE para ver cuál de las dos tecnologías será la predominante en los años siguientes. En realidad, ambas coexistirán y tal como se dijo anteriormente, las mejores opciones inalámbricas serán aquellas con mejor modelo de negocio y estrategia de propiedad intelectual. Un aspecto clave serán los aspectos de normalización y estandarización que mundialmente y a nivel de países se pueda logra para obtener la mejor penetración en el mercado.

Tabla 6.9. Comparación entre las tecnologías de 4G, WiMAX & LTE

Parámetros/Tecnología	WiMAX 802.16e	WiMAX 802.16m	LTE
Disponibilidad infraestructura de red	2007	2010	2009
Disponibilidad equipo terminal	2008	2011	2010
Organización de estándares	IEEE & WiMAX Forum	IEEE & WiMAX Forum	3GPP
Frecuencia (MHz)	2300, 2500, 3300, 3500, 3700	Menor de 6 GHz	700, 850, 900, 1800, 1900, 2100, 2500
Ancho de banda del canal	3.5, 5, 7, 8.75, 10 MHz	Escalable 5-20 MHz	1.4, 1.6, 3.5, 10, 15, 20
Caudal eficaz del canal	~3.5 Mbps/Hz enlace de bajada 35 Mbps, 1 sector, canal 10 MHz	~5 Mbps/Hz enlace de bajada 50 Mbps, 1 sector, canal 10 MHz	~5 Mbps/Hz enlace de bajada 50 Mbps, 1 sector, canal 10 MHz

Fuente: Motorola.com

6.7 Glosario de términos empleados en este capítulo

- 3G: Third Generation.
- 3GPP: 3rd Generation Partnership Project.
- 4G: Fourth Generation.
- CM: Constant Module.
- CPE: Customer Premise Equipment.
- DL: Down-link.
- EDGE: Enhanced Data Rates for Global Evolution.
- FDD: Frequency Division Duplex.
- GPRS: General Packet Radio Service.
- GSM: Global System for Mobile Communications.
- HSDPA: High Speed Downlink Packet Access.
- HSPA: High-Speed Packet Access.
- HSUPA: High-Speed Uplink Packet Access.
- IEEE: Institute of Electrical and Electronics Engineers.
- ITU: International Telecommucation Union.
- IMT: International Mobile Telecommunications.
- LTE: Advanced: Long Term Evolution.
- MIMO: Multiple Input Multiple Output.
- QoS: Quality of Service.
- OFDMA: Orthogonal Frequency-Division Multiplexing.
- OFDMA: Orthogonal Frequency-Division Multiple Access.
- PCMCIA: Personal Computer Memory Card International Association.
- PDA: Personal Digital Assistance.
- SCA: The Schmidl and Cox Algorithm.
- SC-FDMA: Single-carrier Frequency Division Multiple Access.
- SOFDMA: Scalable Orthogonal Frequency Division Multiple Access.

- TDD: Time Division Duplex.
- UL: Up-link.
- UMTS: Universal Mobile Telecommunications System.
- OFDM: Orthogonal Frequency-Division Modulation.
- WiFi: Wireless Fidelity.
- WiMAX: Worldwide Interoperability for Microwave Access.

6.8 Referencias

Chartrand, Mark R. (2004). *Satellite communications for the nonspecialist.* USA: SPIE Press.

Garg, V. K. (1996). *Wireless and personal communications systems.* USA: Prentice-Hall.

Jay E. Padgett. (1995). *Overview of wireless personal communications.* USA: IEEE Communications Magazine.

Maral G., Bousquet M. y Sun Z. (2009*). Satellite communications systems: systems, techniques and technology.* UK: John Wiley & Sons.

Rappaport, T. S. (2002). *Wireless communications: principles and practice.* USA: Prentice-Hall.

Steele, R. (1996). *Mobile radio communications.* USA: Wiley-Pentech Publications.

Páginas de Internet

3rd. Generation Partnership Project. LTE
<www.3gpp.org/LTE>

Eberle, D. *LTE vs. WiMAX*
<http://www.snet.tu-berlin.de/fileadmin/fg220/courses/WS1011/snet-project/lte-vs-WiMax_eberle.pdf>

IXIA. *SC-FDMA Single Carrier FDMA in LTE*
< http://www.ixiacom.com/pdfs/library/white_papers/SC-FDMA-INDD.pdf>

Nokia Siemens Networks
http://www.nokiasiemensnetworks.com/

The Global Mobile Suppliers Association
<http://www.gsacom.com/>

WiMAX Forum.
www.WiMaxforum.org

CAPÍTULO

7

REDES DE NUEVA GENERACIÓN

Es un hecho que el hombre tiene que controlar la ciencia y revisar ocasionalmente el avance de la tecnología.
— Thomas Henry Huxley

7.1 Introducción

Desde su aparición, las redes de telecomunicaciones han jugado un papel clave en la interacción social. Su evolución ha sido acelerada y el Internet y las comunicaciones inalámbricas son los ejemplos más significativos. Con la explosión de las comunicaciones inalámbricas a nivel mundial y el surgimiento de los sistemas de banda ancha, nos encontramos en un punto de inflexión en donde la convergencia digital o convergencia de las TIC se convierte en la fuerza que da lugar a una nueva etapa o nueva generación de redes que demanda una moderna estructura o arquitectura para cumplir con los requerimientos que los sistemas convergentes requieren para su aplicación en los diversos campos del quehacer humano. Es decir, se requiere proporcionar servicios de voz, datos, multimedia y otros, a través de redes interoperables que utilicen diversos medios de transporte aprovechen la infraestructura de redes de tecnologías precedentes, conocidas como "redes de legado" *(legacy networks)*, y acomoden diversos servicios de administración y señalización para lograr una verdadera red universal, multi servicios, multi sistemas y totalmente transparente a las necesidades de los usuarios. Éstas son en resumen las características predominantes de las llamadas redes de nueva generación, conocidas por sus siglas en inglés NGN *(New Generation Networks)*. Con la introducción y penetración de las NGN se darán las condiciones para ampliar la cobertura del teletrabajo o la telesalud, entre otras aplicaciones de gran envergadura.

En este capítulo se tratarán aspectos introductorios de las NGN, como sus características, arquitectura, elementos principales y consideraciones generales para la migración de una red tradicional a una red NGN.

7.2 El papel de la convergencia digital

Recordemos que una de las características principales de las redes de nueva generación es la capacidad de ofrecer servicios de voz, audio y multimedia, independientemente del medio de transmisión. Un concepto clave en el despliegue de las NGN, que analizaremos con más detalle posteriormente, es la separación de las funciones principales de la red en capas independientes, pero interconectadas. Con ello se da lugar a un paradigma en los aspectos de provisión de servicios y en la administración de la red, la cual requerirá de sistemas, equipos y programas computacionales que deberán de llevar a cabo operaciones complejas para ofrecer servicios avanzados en forma ubicua y bajo cualquier plataforma tecnológica. La convergencia digital se verá altamente beneficiada y su adopción por la sociedad se dará de manera más eficiente y económica al contar con NGN universales, estandarizadas e interoperables. En este aspecto, la convergencia digital juega un papel fundamental, por tal motivo se presentan a continuación conceptos básicos relativos al carácter y naturaleza de este fenómeno, el cual no solo tiene una connotación tecnológica, sino una concepción que abarca aspectos socioeconómicos, culturales y regulatorios.

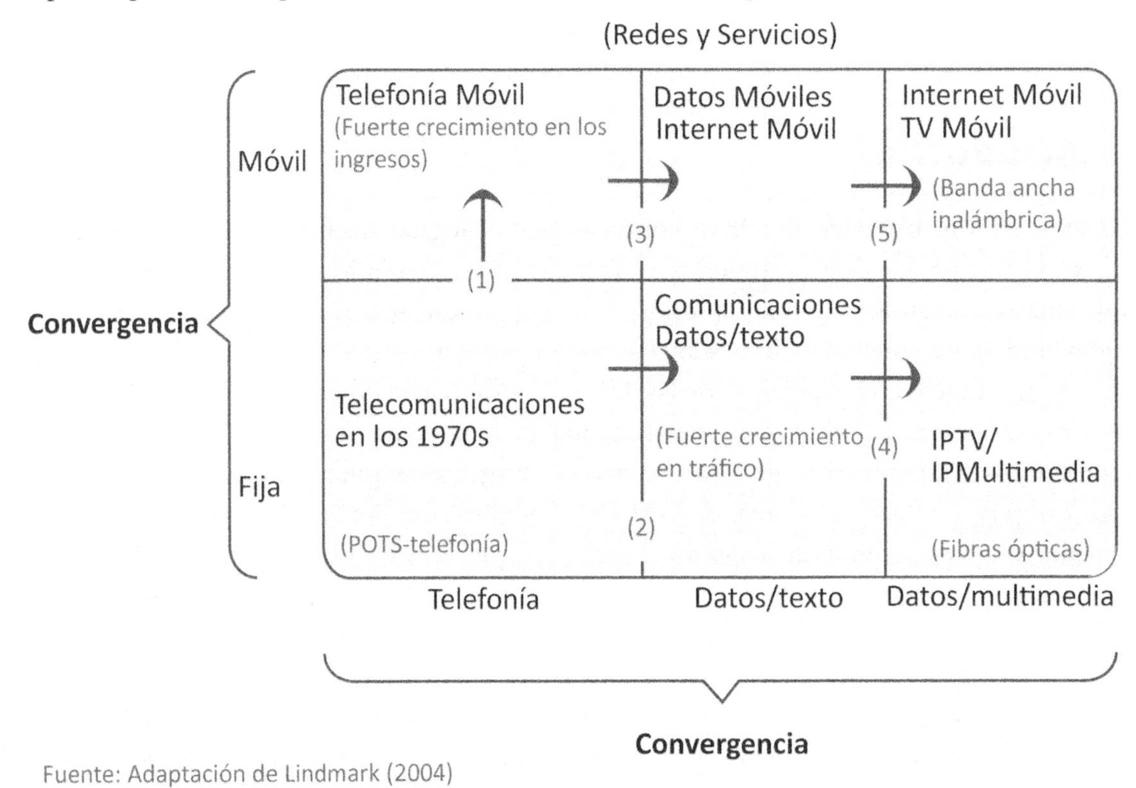

Figura 7.1. Evolución de las grandes tendencias en telecomunicaciones

El término convergencia digital no tiene una definición única; sin embargo, se caracteriza por los siguientes atributos:

- Fusión entre los sectores de telecomunicaciones, informáticos y de contenidos.
- Servicios, aplicaciones y contenidos provistos sobre diferentes redes.
- Una misma red soportando diferentes servicios.
- Terminales con diversos servicios.

El impacto de la convergencia digital en el sector de telecomunicaciones es importante al ofrecer la oportunidad de proveer multiservicios a través de una sola red, lo cual permite obtener menores costos de mantenimiento debido a que las operaciones de transporte están basadas en tecnología IP. De esta forma, el usuario final se beneficiaría por mejoramiento y cobertura de servicios a un costo reducido.

A fines del siglo pasado se vislumbraban ya los elementos de un entorno en el que las telecomunicaciones y la informática evolucionarían hacia una plataforma universal. La Figura 7.1 muestra las trayectorias de evolución tecnológica del sector de telecomunicaciones hacia la convergencia digital.

7.3 Definición de las redes de nueva generación NGN

El término NGN no cuenta con una definición única. En esta obra se utilizarán los conceptos y definiciones del sector de normalización de telecomunicaciones ITU-T de la Unión Internacional de Telecomunicaciones, presentados en el documento T-REC-Y.20001-200412-1 donde se definen a las NGN como redes basadas en paquetes que permiten prestar servicios de telecomunicación y en las que se pueden utilizar múltiples tecnologías de transporte de banda ancha con capacidades de calidad de servicio QoS, y en las que las funciones relacionadas con los servicios son independientes de las tecnologías subyacentes relacionadas con el transporte. Permite a los usuarios el acceso sin trabas a redes y a proveedores de servicios; soporta movilidad generalizada que permitirá la prestación de servicios en forma coherente y ubicua[18].

En el ámbito regulatorio, las NGN están en proceso de solidificación. Para ello, se requerirá que cada país logre los acuerdos necesarios entre operadores y que se fortalezcan los marcos regulatorios que permitan una operación transparente y más económica para los usuarios. Aún no se cuenta con normas de carácter regulatorio totalmente aprobadas debido a que NGN es aún es una tecnología

[18] ITU-T Workshop on NGN, *Geneva 1-2 mayo, 2005.*

en proceso de desarrollo y no se han logrado los acuerdos necesarios entre operadores y entes gubernamentales.

En la Figura 7.2 se indica el modelo conceptual de NGN.

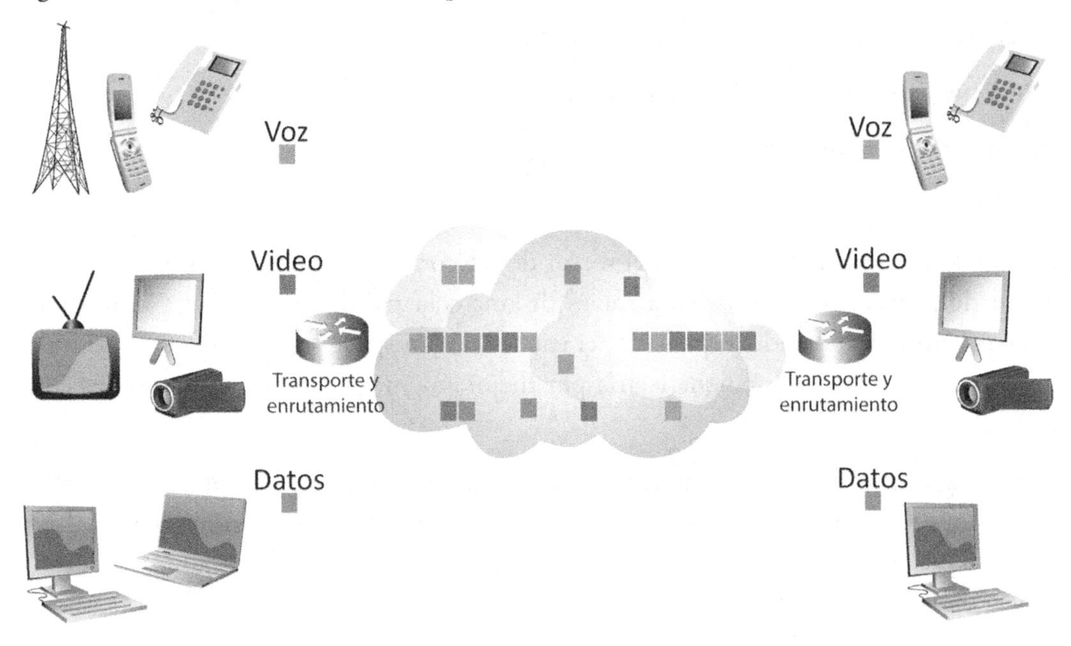

Figura 7.2. Modelo conceptual de una red convergente

7.4 Principales características de las NGN

Para que las NGN se conviertan en una realidad práctica, deben estructurarse con requisitos que garanticen la prestación de los servicios actuales y futuros.

Según la ITU, en su recomendación ITU-T Y.2001 creada en diciembre de 2004, las NGN pueden definirse por las siguientes características fundamentales:

- Transporte basado en paquetes.
- Separación de las funciones de control, autenticación, llamada/sesión y aplicación/servicio.
- Separación entre la prestación del servicio y el transporte, y la provisión de interfaces abiertas.
- Soporte de una amplia gama de servicios, aplicaciones y mecanismos basados en bloques de construcción del servicio (incluidos servicios en tiempo real/de flujo continuo en tiempo no real y multimedia).
- Capacidades de banda ancha con QoS de extremo a extremo.

- Interoperabilidad con redes tradicionales a través de interfaces abiertas.
- Movilidad generalizada.
- Acceso ilimitado de los usuarios a diferentes proveedores de servicios.
- Variedad de esquemas de identificación.
- Percepción del usuario de características unificadas para el mismo servicio.
- Convergencia de servicios entre fijo y móvil.
- Independencia de las funciones relativas al servicio con respecto a las tecnologías de transporte subyacentes.
- Soporte de múltiples tecnologías de la última milla.
- Conformidad con todos los requisitos regulatorios y normativos, por ejemplo en cuanto comunicaciones de emergencia, seguridad, privacidad, interceptación legal, etcétera.

Estas características se enfocan en la necesidad de ver al usuario como un cliente potencial, cuya demanda debe ser atendida a través de nuevas herramientas tecnológicas que le reporten beneficios en términos de costos, calidad y diversidad de los servicios prestados.

Además, las NGN deberán disponer de ciertos elementos indispensables:

- Los sistemas de transmisión serán de última generación, basados en tecnologías ópticas WDM *(Wavelength Division Multiplexing)*.
- Los elementos de conmutación serán del tipo GSR *(Gigabit Switch Router)* o TSR *(Terabit Switch Router)*, conformando una red IPv4/IPv6 con soporte MPLS *(Multiprotocol Label Switching)*.
- Disponer de políticas de seguridad en la red y a nivel de los usuarios.
- Contar con políticas de calidad de servicio que sean operativas.
- Desarrollar una estructura de red escalable que permita su evolución, acorde a los avances tecnológicos.

7.5 Arquitectura de las redes NGN

Las redes de nueva generación constan de cuatro capas para poder realizar el intercambio de información entre en prestador de servicios y el cliente. La Figura 7.3 muestra la disposición de dichas capas.

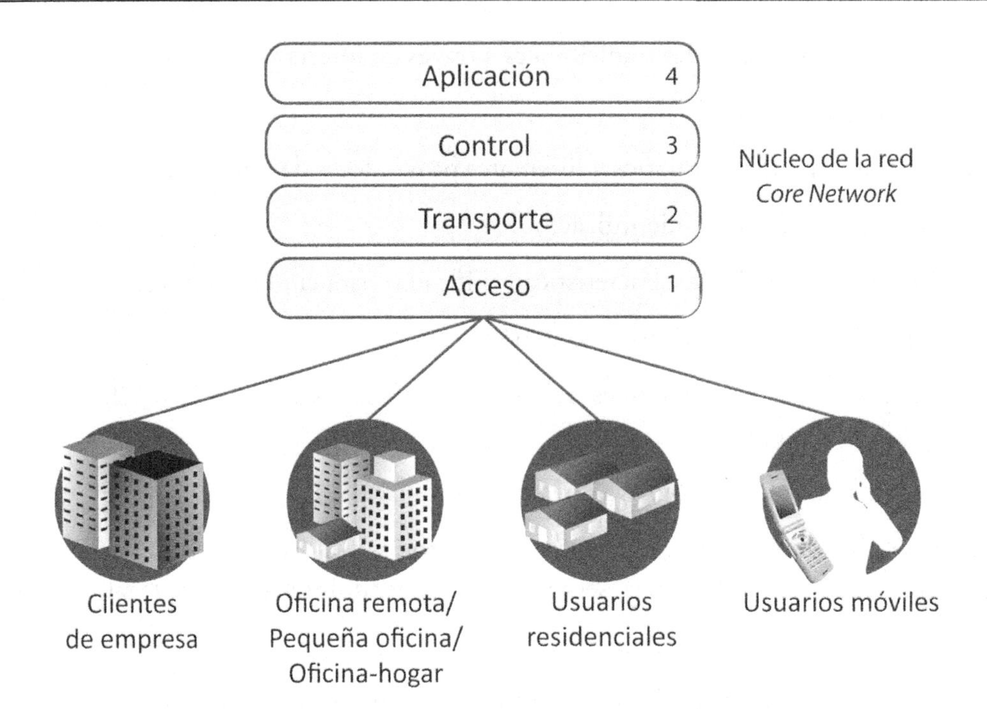

Figura 7.3. Capas o niveles de la arquitectura general de una NGN

1 La capa de acceso proporciona el enrutamiento y conmutación general del tráfico de la red de un extremo al otro, garantizando la transparencia y la calidad del servicio (QoS), ya que el tráfico de los clientes no debe ser afectado por perturbaciones en la calidad de los enlaces, como retardos, fluctuaciones y ecos.

La capa de acceso incluye diversas tecnologías usadas para llegar a los clientes. En las NGN se observa una multiplicidad de tecnologías que han surgido para resolver la necesidad de un crecimiento en ancho de banda y para brindar a las empresas competidoras de comunicaciones un medio para llegar directamente a los clientes. Los sistemas de cable, xDSL *(Digital Subscriber Line)* y WiFi son ejemplos de tecnologías de la capa de acceso.

2 La capa de transporte provee la comunicación entre las entidades de arquitectura de referencia NGN, así como la comunicación entre las capas vecinas del modelo.

3 La capa de control lleva a cabo funciones de coordinación de todos los elementos en las otras capas. Se encarga, además, de asegurar la interoperabilidad de la red de transporte con los servicios y aplicaciones mediante la interpretación, generación, distribución y traducción de la señalización correspondiente. Esto mediante protocolos como H.323, SIP, MGCP, MEGACO/H.248. La separación del control y la inteligencia de la red de las funciones de transporte es una característica intrínseca de la arquitectura de las NGN.

4 En la capa de aplicación se ubican los servidores donde residen y se ejecutan las aplicaciones que ofrecen los servicios a los clientes en cuanto a la provisión de funciones e interfaces. Esta capa se ocupa de la conexión "lógica" con los usuarios y es donde se realiza la mayor parte de la gestión de datos. Contiene el sistema que proporciona los servicios y aplicaciones disponibles a la red. Los servicios se ofrecerán a toda la red, sin importar la ubicación del usuario, y serán tan independientes como sea posible de la tecnología de acceso en uso.

El carácter distribuido de las NGN hará posible consolidar gran parte del equipo que suministra servicios en puntos situados centralmente, en los que pueda lograrse una mayor eficiencia. Además, hace posible distribuir los servicios en los equipos de los usuarios finales, en vez de distribuirlos en la red. Los tipos de servicio que ofrece abarcan todos los de voz existentes y también una gama de servicios de datos y otros nuevos.

Al extremo de la ruta principal de los paquetes se encuentran las denominadas pasarelas *(gateways)*, cuya función es adaptar el tráfico del cliente y de control a la operación y arquitectura de la NGN. Las pasarelas se interconectan con otras redes, en cuyo caso son llamadas pasarelas de red o de enlace, o directamente con los equipos de usuarios finales, en cuyo caso se les denomina pasarelas de acceso (Figura 7.4).

7.6 Elementos de la red NGN

Las redes de nueva generación están constituidas por equipos de telecomunicaciones, pasarelas de diversas funciones, sistemas procesadores avanzados y, lo que es clave, por el manejo de protocolos de comunicación que son fundamentales para el funcionamiento e interoperabilidad de todos los elementos involucrados. Una breve descripción de los elementos de las NGN se muestra en la Figura 7.4.

Pasarelas de acceso

Son equipos que permiten la conexión de líneas de abonado a la red de paquetes, es decir, convierten los flujos de tráfico de acceso proveniente de las redes de legado tipo RTPC (Red Telefónica Pública Conmutada) o los mecanismos de acceso en paquetes.

Pasarelas de enlace

Permiten trabajar conjuntamente entre la red de telefonía conmutada TDM y la red NGN basada en paquetes, convirtiendo flujos de circuitos/enlaces TDM en paquetes de datos, y viceversa.

Pasarelas de señalización y control de medios

Equipos que proporcionan la conversión de señalización entre la red NGN y otras redes que usan, por ejemplo, el protocolo de señalización número 7, SS7 *(Signalling System #7)* de la ITU.

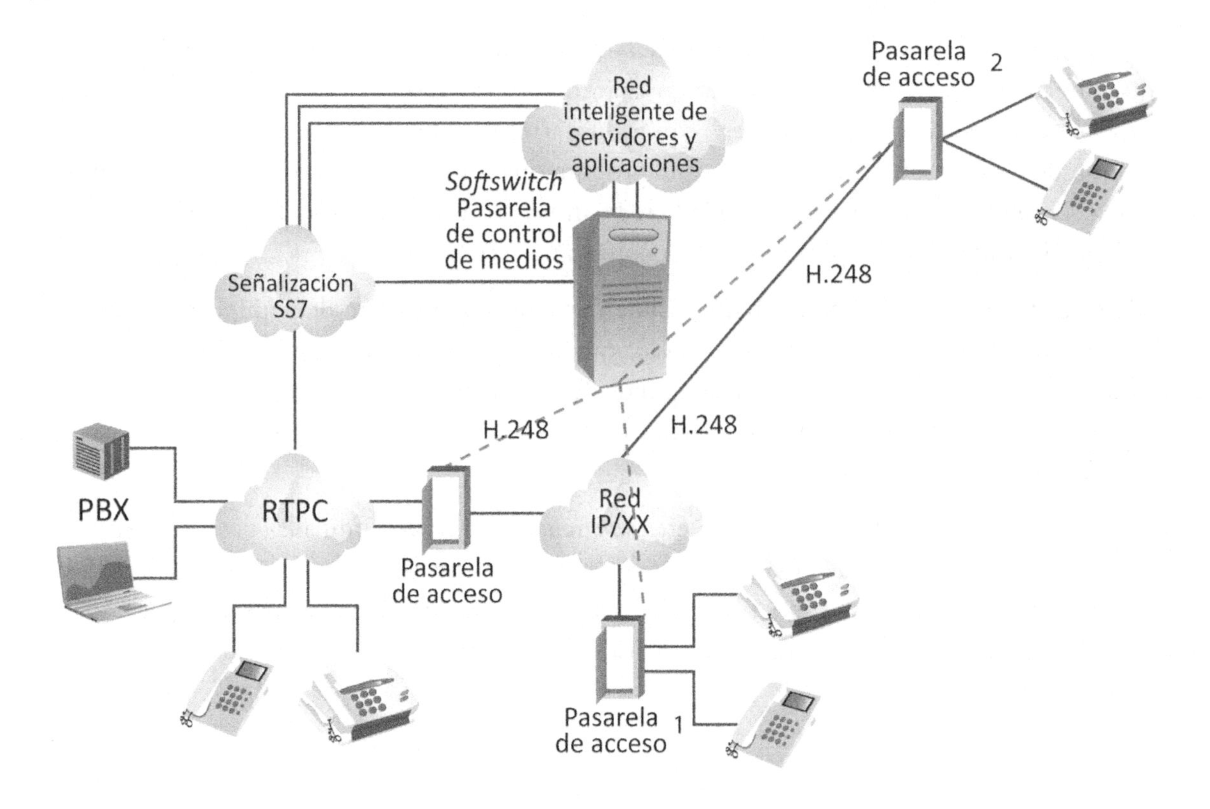

Figura 7.4. Elementos de las NGN

Redes IP

La información es empaquetada en unidades de tamaño variable con cabeceras de control que permiten el enrutamiento y entrega apropiados. La tendencia en NGN es usar redes IP sobre varias posibilidades de transporte (ATM, SDH, WDM...) que garanticen la calidad de servicio.

IPv4

Protocolo Internet a nivel de red que inserta cabeceras en cada paquete para permitir el manejo de flujos extremo a extremo. La versión 4 contiene una cabecera de 20 octetos.

IPv6

Protocolo de Internet a nivel de red que inserta cabeceras en cada paquete para permitir el manejo de flujos extremo a extremo. La versión 6 es la última versión con una cabecera de 40 octetos y añade capacidades para los requerimientos actuales en direccionamiento y enrutamiento.

Softswitch

Es un dispositivo que provee control de llamada y servicios inteligentes para redes de conmutación de paquetes. Un *softswitch* (conmutador de *software*) sirve como plataforma de integración para aplicaciones e intercambio de servicios. Son capaces de transportar tráfico de voz, datos y vídeo habilitando al proveedor de servicio para soporte de nuevas aplicaciones multimedia e integrando las existentes con las redes inalámbricas avanzadas, para servicios de voz y datos.

El *softswitch* utiliza una combinación de *software* y *hardware* para enlazar las redes de paquetes y las redes de conmutación de circuitos. Este dispositivo desempeña funciones de control de llamadas, conversión de protocolos, autorización, contabilidad y administración de operaciones. Con ello se busca emular las funciones de una red de conmutación de circuitos para conectar abonados, interconectar múltiples centrales telefónicas y ofrecer servicios de larga distancia, igual que las centrales telefónicas actuales.

Servidor de aplicaciones

Unidad que provee la ejecución de los servicios, por ejemplo, para controlar los servidores de llamadas y los recursos especiales de las NGN (ejemplo: servidores de medios y servidores de mensajes).

Protocolo H.323

H.323 es la recomendación global (incluye referencias a otros estándares, como H.225 y H.245) de la ITU que define los estándares para comunicaciones multimedia sobre redes basadas en paquetes.

Protocolo H.248

También conocido como MEGACO este protocolo estándar definido por la ITU-T sirve para la gestión de sesiones y señalización. Esta gestión es necesaria durante la comunicación entre una pasarela de medios y el controlador que la gestiona, para establecer, mantener, y finalizar las llamadas entre múltiples extremos.

SIP

Protocolo de inicio de sesión *(Session Initiation Protocol)* para manejar la señalización de las comunicaciones y las negociaciones, para el establecimiento, mantenimiento y terminación de llamada desde las terminales modo paquete. Tiene una ejecución distribuida en modo *"peer to peer"*. SIP es un protocolo de señalización para videoconferencia, telefonía, notificación de eventos y mensajería instantánea a través de Internet.

SIP es un estándar de la IETF *(Internet Engineering Task Force)* definido en la RFC 2543, se utiliza para iniciar, manejar y terminar sesiones interactivas entre uno o más usuarios en Internet. Basado en los protocolos HTTP *(web)* y SMTP *(email)*, proporciona escalabilidad, flexibilidad y facilita la creación de nuevos servicios.

ENUM

Electronic numbering: es un protocolo que permite establecer una correspondencia entre la numeración telefónica tradicional (E.164) y las direcciones de acceso relacionadas con las redes de paquetes (RFC 2916, *E.164 number and DNS*).

MPLS

Multiprotocol label switching: es el protocolo que asigna etiquetas a los paquetes de información para permitir a los enrutadores procesar y enviar los flujos en los caminos de red, de acuerdo con las prioridades de cada categoría. Establece un túnel o camino para el reenvío extremo a extremo. Dicha etiqueta es un identificador corto de significado local y longitud fija, que se utiliza para detectar la clase de reenvío equivalente FEC *(Forwarding Equivalence Class)* a la que se asigna cada paquete.

LSP

Label switched path: representa un camino específico de tráfico a través de una red MPLS que, utilizando los protocolos adecuados, establece una ruta en la red y reserva los recursos necesarios para cumplir los requerimientos predefinidos del camino de datos.

OSPF

Open shortest path first: es el protocolo de enrutamiento que determina el mejor camino para enviar el trafico IP sobre una red TCP/IP, con base en la distancia entre los nodos y diversos parámetros de calidad. OSPF es un protocolo entre pasarelas interno a la red (IGP), que está diseñado para trabajar de forma autónoma.

BGP

Border gateway protocol: realiza el enrutamiento entre dominios en las redes TCP/IP. Maneja los sistemas de enrutamiento entre múltiples dominio autónomos. El BGP es utilizado por los enrutadores para mantener una visión consistente de la topología entre redes.

CAC

Call acceptance control: corresponde a la función para aceptar o rechazar el tráfico entrante en la red y permitir la garantía de un grado de servicio que cumpla los acuerdos de nivel de servicio SLA *(Service Level Agreement)*.

IMS

El marco de referencia estándar para NGN se denota como IMS *(IP Multimedia Subsystem)* y define una arquitectura genérica. Fue diseñado para facilitar la unión de dos infraestructuras claves de las telecomunicaciones modernas: los sistemas inalámbricos y el Internet, cuyo objetivo es proveer servicios multimedia con aplicaciones comunes a muchas tecnologías, como GSM, WCDMA, CDMA2000, WiMAX, etcétera. Se denomina IMS, al subsistema de control, acceso y ejecución de servicios común y estándar para todas las aplicaciones en el modelo de arquitectura de nueva generación.

IMS permite controlar de forma centralizada y deslocalizada el diálogo con las terminales de los clientes para la prestación de cualquier servicio (voz, datos, video, etc.) que requieran. IMS es un estándar con reconocimiento internacional, primero especificado por el grupo *Third Generation Partnership Project* (3GPP/3GPP2) y en el que están involucrados actores clave: operadores, proveedores de equipos y organizaciones como ETSI/TISPAN, ITU-T, ANSI y el IETF.

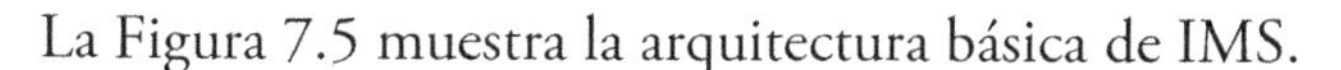

La Figura 7.5 muestra la arquitectura básica de IMS.

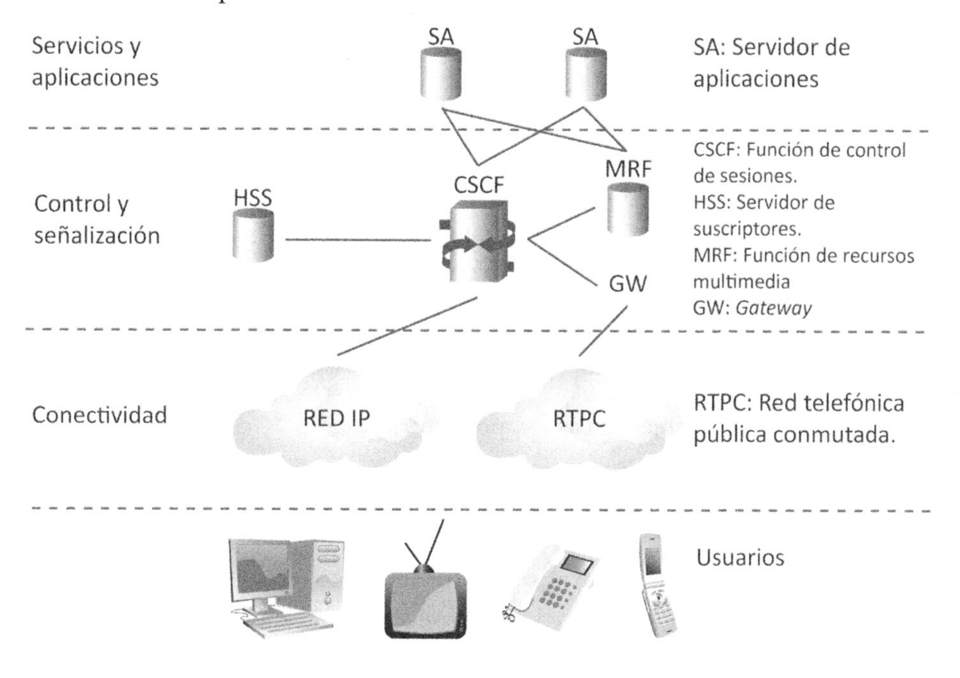

Figura 7.5. Arquitectura IMS

7.7 Evolución de una red tradicional a una NGN

El sector de las telecomunicaciones está sujeto a una intensa y significativa evolución, la cual está impulsada principalmente por las exigencias de los clientes. Esta evolución implica que los operadores deben cambiar continuamente su oferta de servicios, con el fin de satisfacer las necesidades de los usuarios.

La convergencia de servicios, aplicaciones y dispositivos impulsa esta tendencia, donde el cliente espera cada vez más y mejores servicios, a un costo competitivo. Las NGN constituyen un concepto que permite avanzar hacia la consecución de este objetivo.

En esta sección se describe en forma somera el proceso de migración de una red de legado hacia una NGN.

Red de legado (RTPC)

En una red clásica con tráfico de aplicaciones de datos y de valor agregado como la voz o el video de manera independiente y utilizando como base conmutación de circuitos y donde la multicanalización por conmutación temporal TDM, juega un papel clave. Los sistemas TDM constituyen el grupo de centrales de conmutación que agregan tráfico desde los abonados hacia el resto de las etapas. Los sistemas IP constituyen el grupo de centrales de conmutación que también agregan tráfico desde los abonados y cuyo elemento básico es el paquete de datos enviado hacia la capa de transporte.

Las redes RTPC ofrecen servicios digitales a través de arquitecturas propias e independientes que limitan la gestión de la información de extremo a extremo. Así mismo, los sistemas de facturación, asignación y gestión de los servicios, y los del manejo de la calidad de servicio, por lo general, son esencialmente independientes y autónomos dentro de cada dominio.

El desarrollo de las redes RTPC se llevó a cabo según a una serie de antecedentes, de los cuales se destacan los siguientes:

- El ancho de banda es un bien escaso y, por tanto, caro.
- Los servicios están estrechamente ligados a la infraestructura de red, de hecho se consideran partes indivisibles.
- Los servicios se integran de forma vertical, lo cual es consecuencia del punto anterior y de la estructura monopolística de los negocios de telecomunicaciones.

Debido a ello, el desarrollo de la infraestructura de red se adaptó bien a los servicios para los que fue diseñada; sin embargo, su grado relativo de ineficiencia y complejidad la hace poco flexible al desarrollo y despliegue de nuevos servicios.

Las características más importantes de la estructura de red RTPC son las siguientes:

- La calidad de servicio se resuelve mediante la asignación y reserva de recursos específicos de red.

- No soporta de forma nativa las técnicas de distribución basadas en la tecnología multicast, lo cual redunda en un incremento de la complejidad y costo del despliegue de servicios masivos de distribución de contenidos.

En la Figura 7.6 se muestra la estructura de red tradicional RTPC.

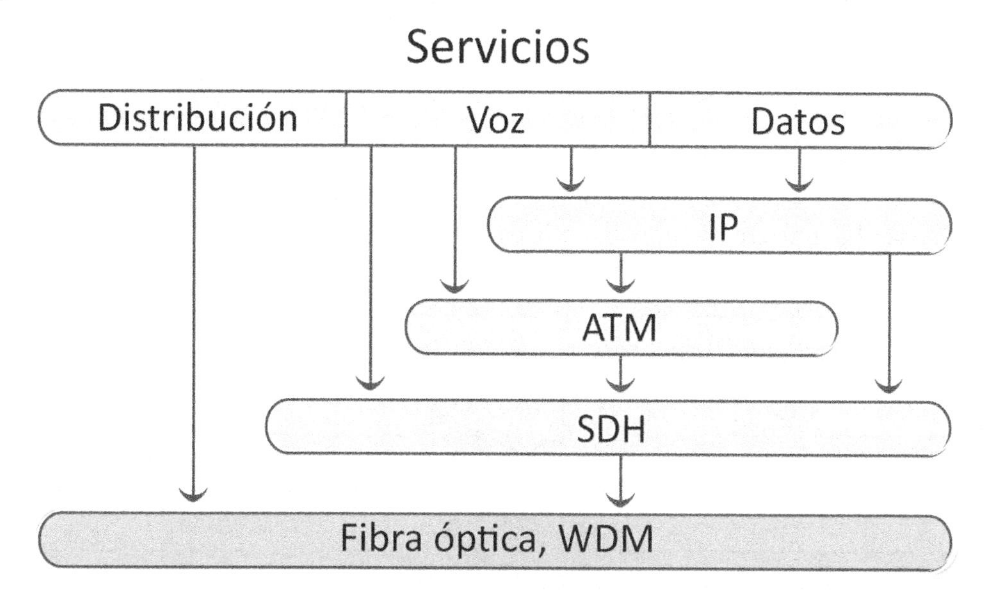

Figura 7.6. Estructura de red tradicional RTPC

7.8 Circunstancias para el cambio hacia las NGN

El cambio producido en la mayoría de los mercados de telecomunicaciones durante los últimos años de la década de los noventa, dio como resultado que comenzara a entreverse la liberalización del sector. La aparición de un nuevo factor, desconocido hasta ese momento, en forma de libre competencia, motivó que se intentara ampliar la gama de servicios que cada operador podía ofrecer a sus clientes sobre la infraestructura existente en cada caso.

De esta forma, las redes se vieron en la necesidad de dar soporte a servicios para los que inicialmente no habían sido diseñadas, apareciendo los primeros síntomas de un problema de fondo: la incapacidad de las redes existentes para dar soporte de forma óptima a toda esta serie de nuevos servicios. Comenzó de esta forma la búsqueda de soluciones mejor adaptadas al nuevo escenario.

En paralelo a lo anterior, se producía una evolución tecnológica de las redes de datos, motivada en gran medida por la penetración de Internet en el tejido social. El rápido desarrollo de esta red durante la década de los noventa y la introducción de la red digital de servicios integrados ISDN, provocó un giro en el enfoque de los operadores hacia las redes de voz y datos. En los momentos iníciales se buscaron soluciones que eran soportadas sobre las redes existentes, realizando las mínimas adaptaciones imprescindibles que permitían un funcionamiento adecuado.

Sin embargo, conforme las tasas de crecimiento del tráfico de Internet se dispararon, comenzaron a detectarse los primeros cuellos de botella en los diseños existentes, lo cual obligó a una profunda reconsideración de el entorno y arquitectura de las redes.

En paralelo a la explosión del tráfico de datos en Internet, se produjo un fenómeno de "educación" de los clientes. Los usuarios habituales de Internet podían experimentar de primera mano las ventajas que el modelo les proporcionaba: por primera vez, no estaban sujetos a lo que el operador de red les ofrecía. La red era siempre la misma, pero los servicios variaban en función de su disponibilidad y de los requisitos de cada cliente en un momento dado.

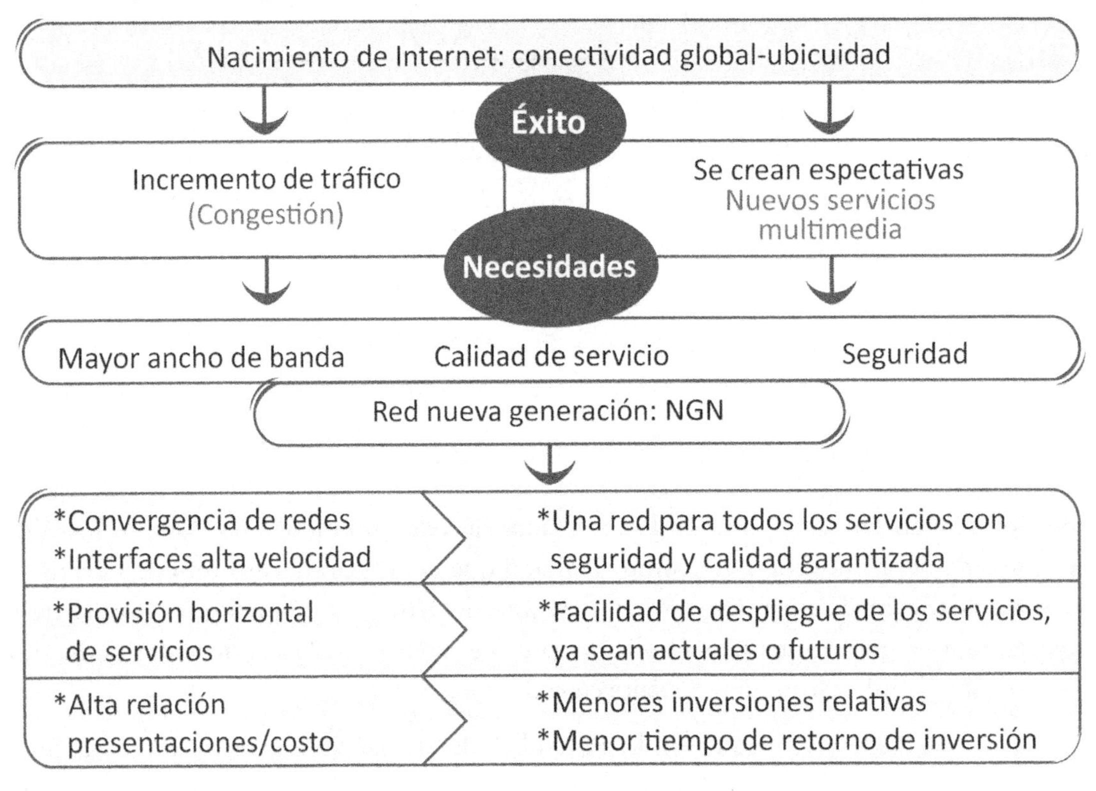

Figura 7.7. La influencia de Internet en el desarrollo del concepto NGN

Conforme Internet fue avanzando, su uso se expandió en gran parte de los entornos empresariales y residenciales. Así, apareció un escenario favorable para la adopción de una solución común basada en las redes IP.

Sin embargo, las soluciones IP tradicionales presentaban carencias importantes que las hacían poco adecuadas: aún estaban basadas en equipos con serias limitaciones en su capacidad, no existía una solución adecuada de calidad de servicio y los aspectos de seguridad eran deficientes.

En este contexto, aparece y se desarrolla el concepto NGN, planteándose como una solución que permitirá llevar a cabo las propuestas del modelo "todo-IP". Así pues, las NGN proveen una solución para la adopción de la convergencia digital mediante interfaces de alta velocidad, con seguridad y calidad garantizadas y que facilita el despliegue de los servicios, tanto actuales como futuros.

La Figura 7.7 presenta de forma esquemática la relación existente entre el desarrollo de Internet y el concepto de NGN.

7.9 Calidad de servicio (QoS)

Desde sus orígenes, las redes IP han centrado su funcionamiento en mecanismos del tipo del mejor esfuerzo *(best effort)* que consiste en que todos los paquetes reciben el mismo tratamiento, y la red simplemente se limita a asegurar que éstos alcanzan su destino final, pero sin llegar a adquirir compromisos de calidad de ningún tipo. Esta filosofía ha aportado una gran sencillez a la gestión de red, lo que ha sido un factor importante para la rápida extensión de las redes IP.

Las degradaciones del servicio en términos de caudal eficaz *(throughput)*, retardo y variación de retardo *(jitter)* afectan a los usuarios en el modelo del mejor esfuerzo. Por otra parte, se ha registrado un aumento exponencial en el número de usuarios móviles a nivel mundial. Como consecuencia de este crecimiento, es crucial la segmentación de los clientes. La demanda ha dejado de ser homogénea y ahora confluyen usuarios con perfiles distintos, cada uno con sus propias necesidades y buscando una utilidad distinta a su conexión a la red. Bajo estas condiciones, resulta atractivo para los operadores ofrecer niveles diferenciados de calidad que se ajusten a los distintos segmentos de clientes, fijando el precio en función de la calidad ofrecida por cada clase de servicio. Es fundamental entonces que las nuevas arquitecturas estén capacitadas para diferenciar flujos de tráfico procedentes de aplicaciones de características distintas, y que incluyan mecanismos avanzados de gestión de tráfico.

Con el propósito de habilitar las NGN para soportar servicios de tiempo real, se han desarrollando diferentes propuestas que permiten la implementación de mecanismos de provisión de calidad de servicio en el seno de redes basadas en el protocolo IP. En estos temas se centran gran parte de los esfuerzos de la IETF, encargada de estandarizar soluciones como MPLS y *DiffServ*.

De lo anterior expuesto, se desprende un conjunto de motivaciones para aplicar QoS en entornos IP:

- Priorizar ciertas aplicaciones en la red que requiere un alto nivel de servicio.

- Maximizar el uso de la infraestructura de red, manteniendo un margen de flexibilidad, seguridad y crecimiento para servicios emergentes.
- Mejorar las prestaciones para servicios en tiempo real.
- Responder a los cambios en el perfil de tráfico establecido.
- Proporcionar mecanismos para priorizar el tráfico.
- Dimensionar los recursos de forma óptima en función del número de usuarios y del nivel de disponibilidad.
- Actuar de forma rápida y eficiente en las incidencias impredecibles.

Finalmente, el reto consiste en llevar a cabo un proceso de migración que asegure los ingresos, que permita la operación continua y que no comprometa la calidad de los servicios. La transición de RTPC a NGN se presenta en la Figura 7.8.

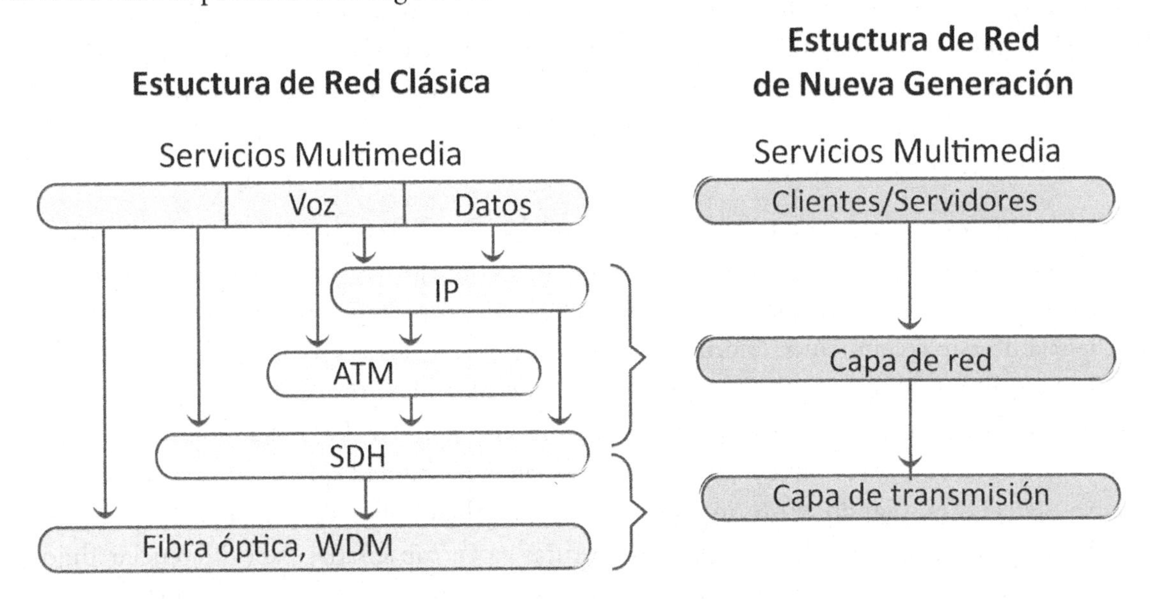

Figura 7.8. Evolución de una red clásica a una NGN

Conforme se extienda el despliegue de las NGN se podrá absorber la funcionalidad de las redes RTPC existentes, todo ello dependiendo de las condiciones del mercado, la regulación y la adopción eficiente de las tecnologías.

La Figura 7.9 muestra uno de los objetivos más importantes de las NGN, lograr una interacción virtuosa entre usuarios, infraestructura y contenidos.

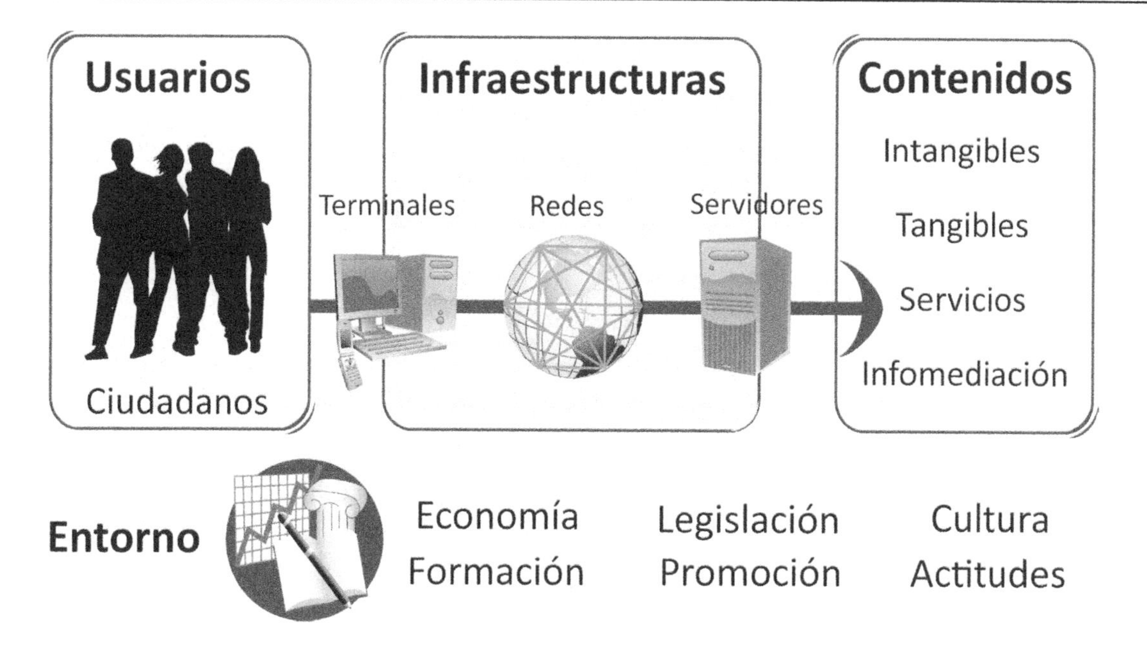

Figura 7.9. Interacción entre usuarios, infraestructura y contenidos

7.10 Referencias

Sayeed A., Morrow, M. (2006). *MPLS and next generation netoworks: foundation for NGN and enterprise virtualization.* USA: Cisco Press.

Salina, J., Salina, P. (2008). *Next Generation networks: perspectives and potencials.* USA:Wiley.

Serrano A., Cabrera, M., Martínez E. y Garibay J. (2010). *Globalización y convergencia global.* México: Convergente.

Páginas de Internet

Adell, J., Enriquez J., De Hita C. *Las telecomunicaciones de nueva generación.* España: Telefonica. <http://sociedadinformacion.fundacion.telefonica.com/docs/repositorio//es_ES//TelefonicaySI/Publicaciones/teleco_n_g.pdf>

Arias, Milton. *Redes de nueva generación NGN.* Universidad de la Frontera. Departamento de Ingeniería Electrónica. <http://www.inele.ufro.cl/apuntes/Redes_de_Banda_Ancha/Tarea_1/Milton_Arias_-_NGN_(Trabajo_Escrito).pdf>

Cárdenas, P. *Redes de próxima generación* (tesina). Universidad Politénica Salesiana. <http://dspace.ups.edu.ec/bitstream/123456789/211/1/Indice.pdf>

ITU. *Next Generation Network Global Standards Initiative.*
< http://www.itu.int/en/ITU-T/gsi/ngn/Pages/default.aspx >

Latacunga C, Cinthia. *Estudio de los mecanismos de protección y restauración de las redes de nueva generación basadas en MPLS.* Escuela Politécnica Nacional, Facultad de Ing. Eléctrica y Electrónica.
<http://bibdigital.epn.edu.ec/bitstream/15000/1206/1/CD-2061.pdf>

Ríos Javier y García, Merayma. *Softswitch.*
<http://www.monografias.com/trabajos14/softswitch/softswitch.shtml>

Telefonica. *Política económica y regulatoria en telecomunicaciones.* Las NGN y su impacto en los servicios de la sociedad de la Información. Num 4. Marzo 2010. España: Telefonica.
<http://www.telefonica.com/es/about_telefonica/pdf/geer_mar_10_n4.pdf >

Wohlers, Marcio. Convergencia tecnológica y agenda regulatoria de las telecomunicaciones en Ámerica Latina (Tesis). Mayo, 2008. Recuperado en julio de 2010, de:
< www.capal.org>

CAPÍTULO

8

INTRODUCCIÓN A LA REGULACIÓN DE LAS TELECOMUNICACIONES

La tecnología es dominada por dos tipos de personas: aquellos que la entienden, pero que no saben administrarla; y por aquellos que la administran, pero que no la entienden.
— Archibald Putt.

8.1 Introducción

En los últimos años, el mundo ha sido testigo de la manera como las TIC se han convertido en una herramienta fundamental del quehacer humano. Su continua y acelerada evolución dota a la sociedad de más y mejores aplicaciones que a su vez dan soluciones integrales y económicas a los problemas que actualmente enfrentamos. Sin embargo, esta acelerada evolución requiere de una adecuada orientación y enfoque cuyo fin sea su impacto en el mejoramiento de la calidad de vida de la humanidad.

Por ello, la regulación de las telecomunicaciones constituye un vehículo clave para lograr tal propósito. Este capítulo contiene información introductoria en las disciplinas de regulación de las telecomunicaciones. Su objetivo principal es contribuir a la formación de profesionistas de TIC y ramas afines, para que complementen sus capacidades tecnológicas con conocimientos regulatorios que fortalezcan su desempeño y productividad, en servicio del bienestar social y el desarrollo sustentable de la sociedad.

8.2 Regulación y normatividad de las TIC

Las TIC son una de las fuerzas más poderosas que actúan desde la segunda mitad del siglo XX y consolidad su influencia desde el inicio del siglo XXI. Su impacto revolucionario afecta la manera como la gente vive, aprende y trabaja, así como la interacción que mantienen gobiernos, empresas y ciudadanos.

La regulación, por su parte, establece disposiciones de uso común, para el bienestar y mejoramiento de los sectores privado y público. Estas actividades implican procesos de formulación, publicación e implementación de leyes, reglamentos y normas que apoyan el proceso regulatorio de un país. Por lo tanto, el papel de la regulación y normatividad de las TIC debe enfocarse en proporcionar un marco legal actualizado y claro, dirigido a promover un entorno favorable en el que las nuevas tecnologías puedan florecer y asegurar al mismo tiempo la protección adecuada de objetivos de interés público, como la autenticidad, el comercio electrónico seguro y eficiente, los derechos de propiedad intelectual, la protección de los datos personales, la prevención de la protección al consumidor y la seguridad nacional, entre otros.

El impacto de la regulación puede verse reflejado en la sociedad, en diferentes aspectos y de diversas formas. Algunos ejemplos de ello pueden observarse en la Tabla 8.1.

Tabla 8.1. Impacto de la regulación y normatividad

Área	Beneficio en
Consumidores	Volumen de uso de las tecnologías
	Costo del uso de la tecnología para los usuarios
	Niveles de precios y tarifas
	Variedad y calidad de servicios
Impacto en los sectores económicos	Productividad
	Inversiones
	Creación de nuevos empleos
	Ganancias de las empresas
Impacto en las finanzas del gobierno	Captación de recursos fiscales
	Pago de licencias y permisos

En la Tabla 8.1 se muestra el impacto de la regulación y normatividad en los consumidores, donde una mayor demanda en los servicios de telecomunicaciones conlleva a las empresas a poder ofrecer mejores costos y calidad en los servicios, impactando favorablemente el bolsillo del consumidor.

Entonces, el efecto generado por la regulación puede reflejarse en el aumento de la productividad del sector económico, el crecimiento de la inversión privada, la generación de empleo y una mayor captación de recursos fiscales del sector gubernamental. Toda esta "cadena" propiciada por la regulación en un país, contribuye al mejoramiento del nivel de competitividad y al impulso de la innovación.

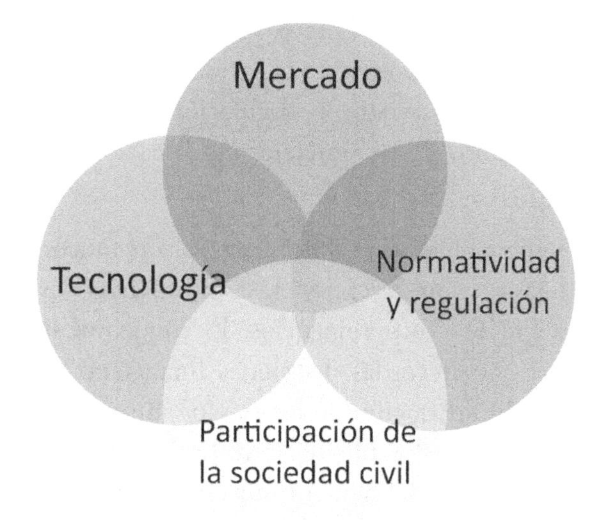

Figura 8.1. Factores que definen el futuro de las redes de conocimiento

La regulación emplea principios tecnológicos, económicos y jurídicos que tienen gran impacto en el comportamiento del mercado y la sociedad. Por tal razón, es importante para los estudiantes y profesionales de las telecomunicaciones poder conocer e identificar el papel fundamental que juegan los procesos regulatorios y normativos en el avance, adopción y sano desarrollo de este sector. También es importante conocer las funciones y características principales de los organismos internacionales involucrados en recomendar y estimular el establecimiento de estrategias regulatorias y normativas de vanguardia en agencias nacionales y regionales, para lograr mayor competitividad de los países.

De acuerdo con lo anterior, es importante que los profesionales de las TIC tengan conocimientos básicos en materia regulatoria y normativa, lo cual contribuirá a propiciar su conversión en potenciales innovadores de tecnología, capaces de ofrecer soluciones integrales, conociendo no sólo los aspectos tecnológicos del entorno, sino también los que inciden en el desarrollo y diseño de sistemas y procesos ligados a las necesidades socioeconómicas del país.

En la actual economía del conocimiento, no sólo los aspectos tecnológicos son importantes para fortalecer la formación del recurso humano de las TIC. Los aspectos de innovación, de procesos regulatorios y normativos, de implantación y desarrollo de estándares y de capacidades de análisis prospectivo son fundamentales para la formación de profesionistas comprometidos con el desarrollo sustentable de un país.

Los procesos de globalización y apertura de la economía, aunada a un avance vertiginoso de las TIC, han creado oportunidades y, al mismo tiempo, desafíos que tienen gran impacto en la formación del recurso humano especializado. Este nuevo entorno impone condiciones y requerimientos que hacen necesario ajustar los planes de estudio de las instituciones de educación superior, a fin de formar profesionistas con mejores capacidades y desempeño en la actual economía del conocimiento. Bajo estas circunstancias, la regulación y normatividad se convierten en herramientas fundamentales que contribuyen a mejorar la formación de profesionistas en el campo de las TIC.

Cabe mencionar que los aspectos regulatorios y normativos son fundamentales en industrias que trabajan con redes, tales como las telecomunicaciones, la informática, las aerolíneas, la electricidad, la banca, las tiendas departamentales y otros negocios. El conocimiento regulatorio y normativo para una empresa es crucial, ya que afecta las decisiones financieras y de inversión, así como en gastos de imagen corporativa y administración de los riesgos. En muchos aspectos, la regulación y normatividad reflejan un contrato formal explícito entre los negocios y la sociedad. La Figura 8.1 muestra la relación entre los factores que definen el futuro de las redes de conocimiento.

8.3 La regulación de las telecomunicaciones

Las telecomunicaciones se han convertido en parte de la vida cotidiana. Permitien a la sociedad establecer comunicación eficiente y en tiempo real y, a su vez, promueven la competitividad de pequeñas y grandes empresas. La penetración de las TIC ha impactado en una mejora de la productividad, en la creación de empleos y en el desarrollo de nuevos servicios; por ello es fundamental un marco regulatorio que apoye su crecimiento, adopción, proteja y beneficie a los consumidores y a la sociedad en general.

Debido a que las telecomunicaciones avanzan constante y vertiginosamente por los cambios tecnológicos y la rápida obsolescencia de productos y servicios, es necesario un marco regulatorio eficiente y flexible que, con procesos de elaboración, actualización y ejecución de normas y leyes, impida la creación de huecos y barreras que obstaculicen su desarrollo y promueva, en cambio, una justa competencia entre las empresas.

Las telecomunicaciones requieren de un marco regulatorio que promueva la libre operación del mercado basado en la llamada "nueva economía", que nace de una nueva sociedad globalizada de los negocios, la cultura y las comunicaciones. Es importante promover la competencia y apoyar el mercado de las TIC para brindar servicios similares que compitan entre sí, con diferentes tecnologías, y beneficio al ciudadano.

Una de las instituciones a nivel mundial con experiencia dentro del ámbito de la regulación de las comunicaciones y de referencia a nivel mundial es la Comisión Federal de Comunicaciones de los

Estados Unidos FCC *(Federal Communications Commission)*, la cual propone pasar de intentar regular la industria a facilitar los mercados, flexibilizar la prestación de servicios e impulsar el acceso a la información. De esto dependerá la transparencia y competencia en los mercados, así como el crecimiento y participación de las empresas y los usuarios en el desarrollo acelerado de las tecnologías.

La regulación, por lo general, tiene como objetivo establecer medidas que busquen evitar la concentración de los mercados en una o unas cuantas empresas, en defensa de la competitividad. Por otro lado, la regulación puede también contar con diferentes objetivos por ejemplo, disminuir problemas con la transacción de información en el sector financiero.

Por todo lo anterior, es importante fomentar en los innovadores el conocimiento sobre la importancia de la regulación para entender mejor el papel de la competencia y la productividad que las empresas requieren para ofrecer mayor calidad en sus productos. La Figura 8.2 muestra la transformación de la economía tradicional a la nueva economía resultante de los acelerados cambios tecnológicos.

Entidades Regulatorias de las telecomunicaciones en México

Existen actualmente en México tres entidades clave en la regulación de las telecomunicaciones: la Comisión Federal de Telecomunicaciones, la Comisión Federal de Competencia y la Comisión Federal de Mejora Regulatoria, las cuales comparten el objetivo de promover y hacer valer lo establecido en sus leyes de creación. A continuación se presenta un resumen de la operación de estas tres comisiones:

Economía tradicional		Nueva economía
Monopolios o competencia limitada	→	Libre competencia
Barreras a la iniciativa privada	→	Facilidades para la iniciativa privada
Precios y servicios estables	→	Cambio permanente en los precios y servicios
Tecnologías antiguas y redes incompatibles	→	Redes abiertas y banda ancha facilitan la innovación y la comunicación
Voz / Datos	→	Multimedia
Múltiples factores para hacer negocios	→	Velocidad, información y conocimiento claves para conquistar mercados
Redes analógicas	→	Digitalización de las redes y servicios

Figura 8.2. Relación entre los factores de la economía tradicional y la nueva economía

De conformidad con la disposición señalada en el artículo décimo primero transitorio de la Ley Federal de Telecomunicaciones, el 9 de agosto de 1996, se creó la Comisión Federal de Telecomunicaciones (COFETEL), como órgano desconcentrado de la Secretaría de Comunicaciones y Transportes. Esta comisión tiene como finalidad que el país cuente con acceso a servicios de telecomunicaciones para el desarrollo de infraestructura y nuevas tecnologías.

En términos generales, la COFETEL ha sido concebida para regular y promover el desarrollo eficiente de las telecomunicaciones en el país, con el propósito de fomentar la competencia en el sector, dar la seguridad jurídica a la inversión y formar recursos humanos especializados. La Secretaría establece la necesidad de orientar esfuerzos al fortalecimiento de la autonomía, capacidad de gestión y facultades de la Comisión Federal de Telecomunicaciones, para garantizar la competencia entre prestadores de servicios de telecomunicaciones y la protección de los usuarios.

La COFETEL tiene por objetivo establecer una estructura organizacional orientada a procesos, flexible para atender con eficiencia la dinámica del sector. La COFETEL se divide en tres secciones: el pleno, conformado por el presidente de la comisión y los comisionados; tres jefaturas de unidad, las cuales en conjunto se encargan de otorgar permisos, modificar concesiones, registrar, supervisar, sancionar, verificar y elaborar proyectos de regulación con visión de largo plazo, y por último coordinaciones generales conformadas por los departamentos de Administración y Consulta Jurídica, entre otras. A continuación, en la Figura 8.3, se muestra de manera gráfica la estructura de la Comisión Federal de Telecomunicaciones.

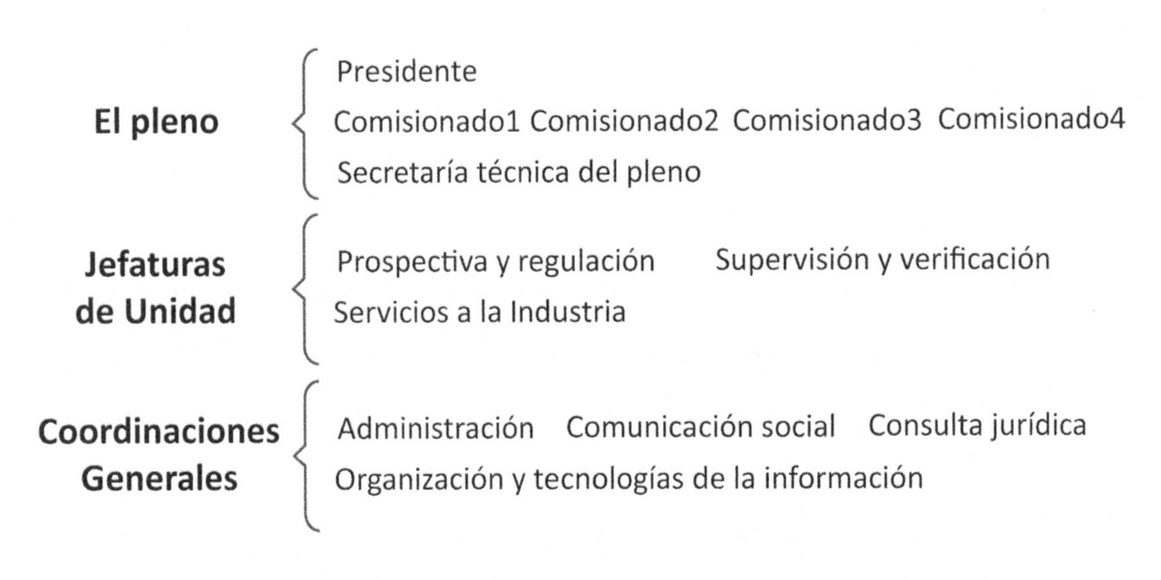

Figura 8.3. Estructura organizacional de la COFETEL

El Pleno de la COFETEL es la suprema autoridad de decisión en materia de telecomunicaciones, en el ámbito de competencia de este órgano desconcentrado.

Dada la constante evolución de las telecomunicaciones y sus tecnologías, esta comisión realiza una permanente revisión de la regulación en materia de telecomunicaciones, con el objeto de promover su desarrollo eficiente y permitir la integración y convergencia en los diferentes servicios de telecomunicaciones, en ambiente de competencia y beneficio para los usuarios.

De igual forma, la publicación de la Ley Federal de Competencia, el 24 de diciembre de 1992, dio origen a la Comisión Federal de Competencia (CFC) como un organismo desconcentrado de la Secretaría de Economía, con autonomía técnica y operativa, encargada de aplicar esta ley. La CFC nació en 1993, con el objeto de proteger los procesos de libre competencia, mediante la prevención y eliminación de monopolios, prácticas monopólicas y demás restricciones al funcionamiento eficiente de los mercados de bienes y servicios. El objetivo primordial de la CFC es salvaguardar y promover la competencia y libre concurrencia en los mercados nacionales, a fin de elevar la eficiencia económica del país.

La Comisión Federal de Mejora Regulatoria (COFEMER) es un órgano desconcentrado de la Secretaría de Economía, con autonomía técnica y operativa. Su creación y facultades tienen origen en el Título Tercero A de la Ley Federal de Procedimiento Administrativo. Su mandato es garantizar la transparencia en la elaboración y aplicación de las regulaciones, y que éstas logren beneficios mayores a sus costos para la sociedad. Sus principales funciones consisten en evaluar el marco regulatorio federal, diagnosticar su aplicación y elaborar para consideración del presidente de México, proyectos de legislaciones y administración y programas para mejorar la regulación en actividades y sectores económicos específicos.

Estas comisiones son un apoyo fundamental para todas aquellas empresas o profesionistas que buscan entrar al mercado de las telecomunicaciones, ya que al regular se expiden normas que dicen qué pueden y qué no pueden hacer estas empresas. Esto es precisamente lo que da forma a un marco regulatorio integral. La operación de estas agencias es fundamental para el desarrollo de las telecomunicaciones y la innovación, contribuyendo a aumentar la competitividad y productividad en el país.

La COFETEL, la CFC y la COFEMER contribuyen a generar un marco regulatorio eficiente desarrollando un ambiente competitivo y equilibrado. También participan en el análisis y modificación de regulaciones propuestas o vigentes, lo cual en ocasiones, conlleva a la desregulación de normas que impidan un desarrollo continuo. Estas entidades en conjunto benefician al país con una mejora en la calidad, en la eficiencia productiva y el desempeño económico del país promoviendo la inversión y la innovación de nuevas tecnologías, productos y servicios.

A continuación, la Figura 8.4 muestra de manera gráfica la relación existente entre las entidades involucradas en la regulación de las telecomunicaciones en México.

Figura 8.4. Relación entre las entidades involucradas en la regulación de las TIC en México

Marco jurídico de la regulación de las telecomunicaciones en México

México cuenta con una serie de leyes creadas para normar y regular las telecomunicaciones en forma directa y existen otras relacionadas que también contribuyen a su avance. Estas leyes buscan en conjunto un libre y equitativo acceso, uso y apropiación de las telecomunicaciones, fijando así las directrices para generalizar su uso. Es importante conocer el contenido de estas leyes, sus alcances y sus límites. A continuación se listan las principales leyes de referencia, con un breve resumen.

Ley Federal de Telecomunicaciones. Publicada el 7 de junio del 1995, tiene el objeto de regular el uso, aprovechamiento y la explotación del espectro radioeléctrico, de las redes de telecomunicaciones y de la comunicación vía satélite. También busca promover un desarrollo eficiente de las telecomunicaciones; ejercer la rectoría del Estado en la materia, para garantizar la soberanía nacional; fomentar una sana competencia entre los diferentes prestadores de servicios de telecomunicaciones, a fin de que éstos garanticen los mejores precios, diversidad y calidad en beneficio de los usuarios, y promover una adecuada cobertura social. De esta ley se deriva el Reglamento de Telecomunicaciones, que fue publicado el 29 de octubre de 1990, con el fin de regular la instalación, establecimiento, mantenimiento, operación y explotación de redes de telecomunicación que constituyen vías generales de comunicación y los servicios que en ellos se prestan, así como sus actividades auxiliares y conexas. .

Ley Federal de Radio y Televisión. Publicada el 19 de enero de 1960, pretende vigilar y proteger la industria de la radio y televisión, ya que constituye una actividad de interés público. También establece los términos para otorgar permisos o concesiones, para poder hacer uso del espacio territorial y del medio en que se propagan las ondas electromagnéticas. De igual forma, esta ley cuenta con el Reglamento de Radio y Televisión y de la Ley de la Industria Cinematográfica, publicado el 4 de abril de 1973. Ley Federal de Radio y Televisión reglamenta los postulados legales que establecen que la radio y televisión deben constituir vehículos de integración nacional y enaltecer la vida en común orientando estos medios preferentemente a la ampliación de la educación popular mediante el fortalecimiento de las funciones informativas, recreativas y de fomento económico.

Actualmente, esta ley se encuentra en un proceso modificación para incorporar nuevos esquemas para la entrega de concesiones y las bases para la transición digital.

Ley Federal de Competencia Económica. Publicada el 24 de diciembre de 1992, tiene por objeto proteger el proceso de competencia y libre concurrencia mediante la prevención y eliminación de monopolios, prácticas monopólicas y demás restricciones al funcionamiento eficiente de los mercados de bienes y servicios. .

Ley Federal de Transparencia y Acceso a la Información Pública Gubernamental. Publicada el 11 de junio de 2002, provee lo necesario para garantizar el acceso de toda persona a la información en posesión de los poderes de la unión, órganos constitucionales autónomos o con autonomía legal y cualquier otra entidad federal. Esta ley también pretende proveer las bases necesarias para que toda persona pueda tener acceso a la información mediante procedimientos sencillos y expeditos; transparentar la gestión pública mediante la difusión de la información que generan los sujetos obligados; garantizar la protección de los datos personales en posesión de los sujetos obligados; mejorar la organización, clasificación y manejo de los documentos, y contribuir a la democratización de la sociedad mexicana y la plena vigencia del Estado de derecho.

Otra ley relacionada con las anteriores, la *Ley Federal de Procedimiento Administrativo*, define los procedimientos relativos a la administración federal. Fue publicada el 4 de agosto de 1994 y sus disposiciones son de orden e interés público; se aplicarán a los actos, procedimientos y resoluciones de la administración pública federal centralizada.

Una ley de fundamental importancia en el actual escenario de la convergencia digital es la *Ley Federal de Protección de Datos Personales en Posesión de los Particulares* publicada en el diario oficial de la federación el 5 de julio de 2010. Su reglamento asociado fue publicado el 21 de diciembre de 2011.

A pesar de que este conjunto de leyes promueven la regulación de las tecnologías y sus servicios, este objetivo no puede ser alcanzado en su totalidad debido a que las telecomunicaciones y en general las TIC se renuevan y cambian a gran velocidad; es un reto significativo para las administraciones gubernamentales y de legislación el generar nuevas leyes o actualizar las existentes a la par de su avance. Un proceso de creación e inserción de leyes, "lento y largo", trae como resultado un marco jurídico insuficiente en materia de telecomunicaciones; por eso, en opinión de los autores de esta obra, un país como México requiere procesos regulatorios dinámicos y orientado a los servicios más que a tecnologías específicas. El reto para México es lograr, con su entorno normativo y regulatorio, un aprovechamiento de la tecnología e impulsar la competencia de empresas. Lograr un entorno político y económico que genere nuevas oportunidades en la industria de las TIC y apoyar a la productividad de los fabricantes de equipo y contenidos de *software* principalmente, es el reto. Otro reto es colocar la prioridad de la regulación en los ciudadanos, no solo como consumidores, sino como actores clave en la nueva sociedad del conocimiento.

En la Figura 8.5, se presenta de manera gráfica cómo se relacionan las tres leyes anteriormente descritas junto con los objetivos que se promueven en el marco de la llamada convergencia tecnológica, la cual es el resultado de la integración de servicios, tecnologías y sistemas basados en el avance vertiginoso de las TIC a nivel mundial.

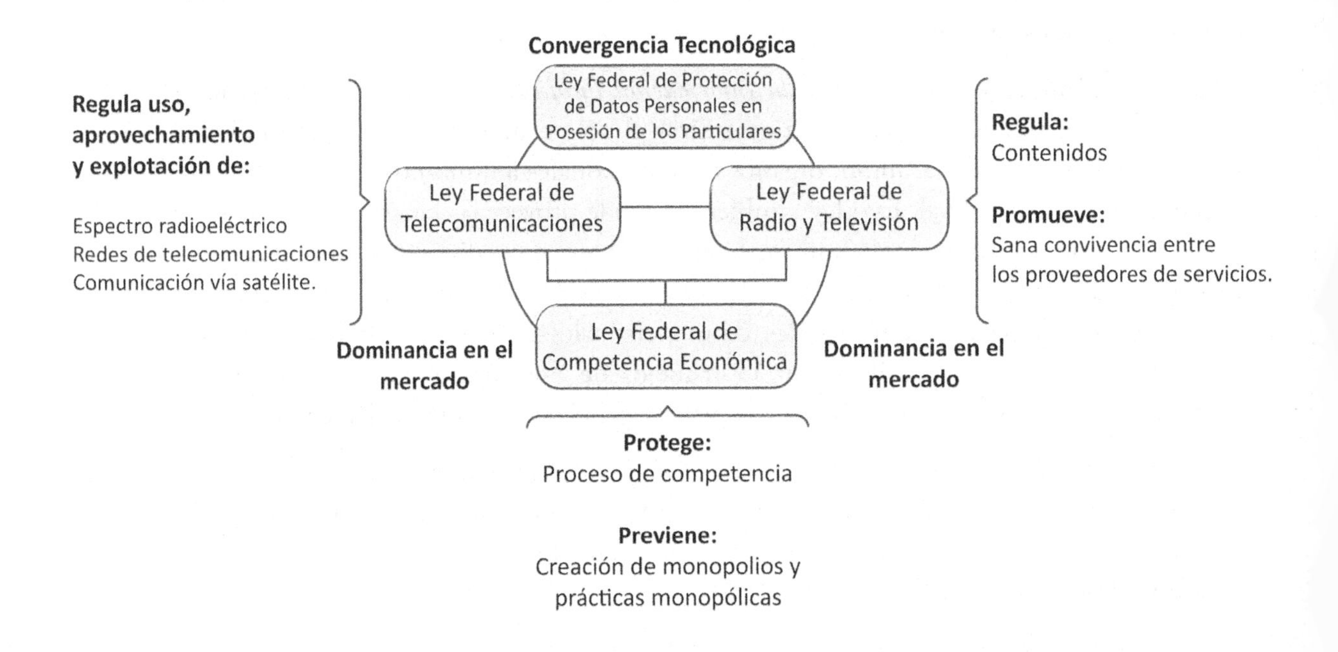

Figura 8.5. Relación entre las leyes involucradas en la regulación de las telecomunicaciones en México

El conocimiento de las obligaciones y procesos que describen estas leyes favorecen la formación de profesionistas innovadores involucrados en las TIC, ya que les permite hacer conciencia del entorno que protegerá y regulará sus propuestas, así mismo este conocimiento da un enfoque del nivel de competencia al cual se pueden enfrentar. Esto, a su vez permite profundizar sobre los avances realizados en los procesos de regulación y normatividad conforme el rápido desarrollo tecnológico.

Conocer y trabajar en un marco normativo y regulatorio bien establecido contribuye al crecimiento económico y al desarrollo social, de igual forma se observa que son continuos y, por ello, precisa un monitoreo de este proceso.

Las leyes anteriormente mencionadas buscan como resultado un desarrollo eficiente de las telecomunicaciones, promoviendo una sana y justa competencia entre los prestadores de servicios, para obtener un alto nivel de competencia entre los diferentes prestadores y favorecer que los consumidores gocen de una variedad de productos y servicios de alta calidad y a un precio justo. La consideración de estos puntos fomentará en los profesionistas de las TIC, crear propuestas que favorezcan a la economía del país y a su competitividad, con un aporte positivo a su desarrollo social y productivo.

Además de intentar que los procesos regulatorios y normativos vayan a la par del avance tecnológico, hay que considerar la posibilidad de que se presenten excesos en la normalización y la regulación que pudieran obstaculizar la innovación en las TIC. De igual forma, estos mismos excesos pudieran afectar la competencia en los mercados si crean barreras innecesarias.

8.5 La normatividad en las telecomunicaciones

La normatividad es una disciplina que beneficia a los diferentes sectores económicos de un país y en particular a los consumidores, facilita la interacción entre los sectores productivos y los usuarios promoviendo estándares que fomentan la calidad y seguridad en productos y servicios. La normatividad establece a su vez la creación de disposiciones técnicas de uso común para organizaciones y empresas contribuyendo a la libre circulación de productos. Este hecho propicia la competitividad entre las empresas y la comparación entre productos, a fin de hacerlos compatibles. La aplicación de la normatividad dentro de un marco regulatorio proporciona mejoras para la adaptación de productos, servicios y procesos de calidad.

El proceso normativo implica formulación, publicación e implantación de normas, las cuales basan en un consenso de los sectores económicos. La cooperación de los sectores público y privado es fundamental para el desarrollo de normas para que las TIC se adapten a las necesidades y demandas de las empresas en la nueva economía.

Las normas desarrolladas dentro del proceso normativo benefician a fabricantes de productos, prestadores de servicios y consumidores o usuarios, ya que simplifican trabajos, promueven la calidad de los servicios y productos y facilitan su diseño y fabricación. En el proceso de aprobación de normas participan varias entidades normativas de un país las cuales se encargan de la revisión de éstas, buscando que las normas propuestas garanticen calidad y seguridad al consumidor, faciliten el comercio internacional e intensifiquen la competitividad entre las empresas.

Las normas son más que una simple legislación, forman parte del sistema de mercado y tienen un papel importante en el enriquecimiento de un país. Adicionalmente, las normas tienden a aumentar la competencia y reducir costos de producción y comercialización, en beneficio directo de la economía. De la misma forma, las normas garantizan la interoperabilidad, mantienen la calidad y facilitan información. Dado lo anterior, resulta importante que los profesionales de las TIC cuenten con la capacidad de entender los factores normativos en búsqueda del bienestar público.

El diseño de mecanismos y normas regulatorias para promover la competencia y controlar las actividades monopólicas tienen a su vez un impacto benéfico en los sistemas nacionales y regionales de innovación.

Entidades normativas de las telecomunicaciones en México

En los procesos de normalización participan las siguientes entidades del sector público de México.

Secretaría de Economía (SE). Depende del Poder Ejecutivo Federal, promueve la competitividad y el crecimiento económico de las empresas, crea condiciones necesarias para fortalecer la competitividad, tanto en el mercado nacional e internacional, de todas las empresas del país y en particular de las micro, pequeñas y medianas; instrumenta una nueva política de desarrollo empresarial que promueve la creación y consolidación de proyectos productivos que contribuyan al crecimiento económico sostenido y generen un mayor bienestar para todos los mexicanos.

Agencias de Normalización y Certificación Electrónica. Asociaciones civiles asociadas a organismos de jurisdicción nacional que toman en cuenta las necesidades de certificación para el cumplimiento de las normas oficiales mexicanas aplicables a los productos de la rama. Estas asociaciones pretenden otorgar a las empresas de la rama de la electrónica, telecomunicaciones y tecnologías de información, así como a otros sectores afines, un marco normativo que les permita comercializar sus productos y servicios y elevar su competitividad, dentro de los lineamientos internacionalmente aceptados. Una de estas asociaciones es NYCE *(Normalización y Certificación Electrónica,* creada en 1994, para apoyar el proceso normativo de las TIC en México.)

Al igual que las labores ejercidas por las entidades anteriores, es importante mencionar el trabajo que realiza la Comisión Federal de Mejora Regulatoria (COFEMER) en lo que respecta a las NOM. Esta comisión realiza una revisión de las normas, a fin de verificar su vigencia referente al cumplimiento de sus objetivos o si éstos deben o no ser eliminados o modificados. La revisión, con criterios establecidos por la COFEMER, se lleva a cabo de manera transparente en los distintos comités consultivos nacionales de normalización.

Algunos de los criterios mínimos de mejora regulatoria para este proceso son:

- Que persista el fundamento jurídico de la NOM.
- Que la intervención del gobierno esté claramente justificada (que persista el problema o riesgo que dio lugar a la norma).

- Que los beneficios de las NOM sean mayores a sus costos.
- Que no existan alternativas de menor costo.
- Que no establezcan barreras innecesarias a la competencia ni al comercio.
- Que el gobierno cuente con los recursos necesarios para asegurar la verificación y el cumplimiento.

Como se mencionó anteriormente, la COFEMER es un organismo desconcentrado de la Secretaría de Economía encargado de simplificar los trámites y el marco regulatorio nacional para impulsar el crecimiento económico. Su mandato legal es promover la transparencia en la elaboración de regulaciones a favor de maximizar los beneficios para la sociedad. El principal interés de estas entidades es aumentar la competitividad en los mercados nacionales e internacionales de los productos hechos, ensamblados o comercializados en México, fomentando el desarrollo económico de las actividades de normalización. Esto a su vez facilita el intercambio de bienes y servicios entre países con normas compatibles, lo que conlleva a una cooperación en el desarrollo intelectual, científico, técnico y económico. La principal actividad de estas entidades es aprobar o no los documentos normativos que contienen por consenso de fabricantes, administraciones y usuarios entre otros, las reglas o características de bienes, servicios o procesos de operación.

Normas Oficiales Mexicanas (NOM). Contribuyen a una regulación técnica de observancia obligatoria expedida por las dependencias competentes, conforme a las finalidades establecidas en el artículo 40 de la *Ley Federal sobre Metrología y Normalización*, en la cual se establecen reglas, especificaciones, atributos, directrices, características o prescripciones aplicables a un producto, proceso, instalación, sistema, actividad, servicio o método de producción u operación, así como aquellas relativas a terminología, simbología, embalaje, marcado o etiquetado y las que se refieran a su cumplimiento o aplicación.

Normas Mexicanas (NMX). Elaboradas por un organismo nacional de normalización o la Secretaría de Economía en ausencia de ellos, de conformidad con lo dispuesto por artículo 54 de la *Ley Federal de Metrología y Normalización*, prevé el uso común y repetido de reglas, especificaciones, atributos, métodos de prueba, directrices, características o prescripciones aplicables a un producto, proceso, instalación, sistema, actividad, servicio o método de producción u operación, así como aquellas relativas a terminología, simbología, embalaje, marcado o etiquetado.

Además del cumplimiento de las normas que se encuentran ya establecidas, las empresas reciben ventajas al certificar sus productos o servicios la garantía de conformidad con las expectativas del consumidor o usuario, ya sea para México u otros países a los cuales desea exportar. Y en el caso de los consumidores, las normas establecen niveles de calidad en los diferentes productos y servicios especificando sus características, lo cual da seguridad al adquirirlos.

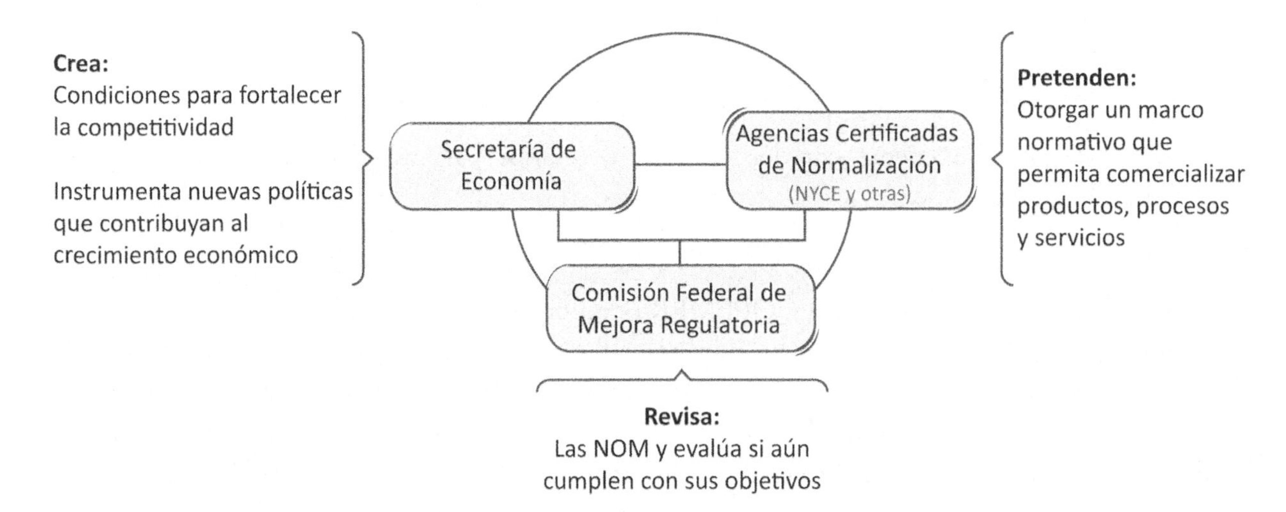

Figura 8.6. Relación entre las entidades involucradas en la normatividad de las TIC

La Figura 8.6 presenta de manera gráfica la relación entre las entidades involucradas en la normatividad de las TIC.

El marco jurídico de la normatividad de las telecomunicaciones en México

En busca de contar con un marco jurídico adecuado, se elaboró la *Ley Federal sobre Metrología y Normalización*, publicada el 1º de julio de 1992, la cual tiene por objeto:

En materia de metrología, establecer el *Sistema General de Unidades de Medida*, los requisitos para la fabricación, importación, reparación, venta, verificación y uso de los instrumentos para medir y los patrones de medida. Establecer obligatoriedad de la medición en transacciones comerciales y de indicar el contenido neto en los productos envasados; instituir el *Sistema Nacional de Calibración*, entre otros.

En materia de normalización, certificación, acreditamiento y verificación, fomentar transparencia y eficiencia en la elaboración y observancia de normas oficiales mexicanas y normas mexicanas; se constituyó la Comisión Nacional de Normalización para que coadyuve en las actividades que sobre la normalización corresponde realizar a las distintas dependencias de la administración pública federal; establecer el sistema nacional de acreditamiento de organismos de normalización y de certificación, supervisar las unidades de verificación y los laboratorios de prueba y de calibración; y en general, divulgar las acciones de normalización y demás actividades relacionadas con la materia.

Establecer:
Sistema general de
unidades de medida
Fomentar:
Transparencia en la elaboración
de normas oficiales mexicanas

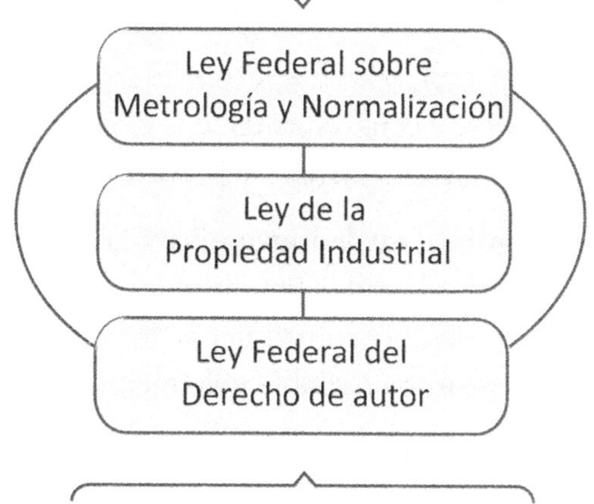

Protegen:
Propiedad industrial evitando
copia o imitación no autorizada.
Derechos de los autores de contenidos
Promueven:
Realización de invenciones e innovaciones.
Creación de marcas y nombres comerciales.

Figura 8.7. Relación entre las dos leyes involucradas en la normatividad de las TIC

Otra ley importante, en este contexto, es la *Ley de la Propiedad Industrial* que fue publicada el 27 de junio de 1991 y tiene por objeto: establecer las bases para que en las actividades industriales y comerciales del país, tenga lugar un sistema permanente de perfeccionamiento de sus procesos y productos; promover y fomentar la actividad inventiva de aplicación industrial, las mejoras técnicas y la difusión de conocimientos tecnológicos dentro de los sectores productivos; propiciar e impulsar el mejoramiento de la calidad de los bienes y servicios en la industria y en el comercio, conforme a los intereses de los consumidores; proteger la propiedad industrial mediante la regulación y otorgamiento de patentes de invención.

Esta ley es una de las dos partes que conforman la propiedad intelectual; la otra corresponde la propiedad autoral la cual protege los derechos de autor.

Siendo las normas una herramienta fundamental para el desarrollo industrial y comercial de un país, su aplicación estimula a los profesionistas y empresas a buscar mejoras en sus productos, servicios y formas de comercialización.

Estas leyes en conjunto fomentan la creación de una industria competitiva, donde profesionistas y empresarios consideren el contenido de estas leyes como base para ofrecer mayor calidad y seguridad a los clientes de sus productos y servicios, satisfaciendo al mismo tiempo sus requerimientos. Lo anterior ayuda al desarrollo económico y agiliza el comercio.

Una ley complementaria a la *Ley de Propiedad Industrial* es la *Ley Federal del Derecho de Autor* publicada el 24 de diciembre de 1996, con reformas en 1977 y 2003. Dado el avance de la convergencia digital, esta ley es crucial en el desarrollo y protección de contenidos.

De igual forma estas leyes promueven la actividad inventiva y la mejora de procesos. Cabe señalar, que un marco normativo integral da impulso a la competitividad y la productividad de innovadores involucrados en las TIC y al mismo tiempo contribuye a formar profesionistas que utilizan sus recursos y capacidades dentro de un entorno confiable y de mejora continua.

La Figura 8.7 presenta de manera gráfica cómo se relacionan las leyes anteriormente descritas junto con los objetivos que promueven.

8.6 La convergencia tecnológica

La convergencia no es sólo un fenómeno novedoso que integra las tecnologías y las necesidades y crecimiento del mercado. Ésta conlleva implicaciones normativas, regulatorias y financieras que tienen como meta maximizar el bienestar del usuario.

La convergencia forma parte de la nueva generación de las comunicaciones e informática con un gran impacto en el crecimiento económico, el desarrollo social y político y la competitividad de un país.

La convergencia tecnológica es la integración de los sectores de telecomunicaciones, medios de comunicación y tecnologías de información. Representa la pérdida de fronteras entre un medio de información y otro, y contribuye al establecimiento de una plataforma común de información y comunicación debido al avance de la digitalización de las redes de telecomunicaciones que permiten a un solo operador ofrecer varios servicios (Figura 8.8).

La legislación adecuada de la convergencia tecnológica permitirá que proveedores de televisión de paga, telefonía o Internet de banda ancha puedan ofrecer estos tres servicios a través de una línea e integrar así sus ofertas tecnológicas a precios competitivos.

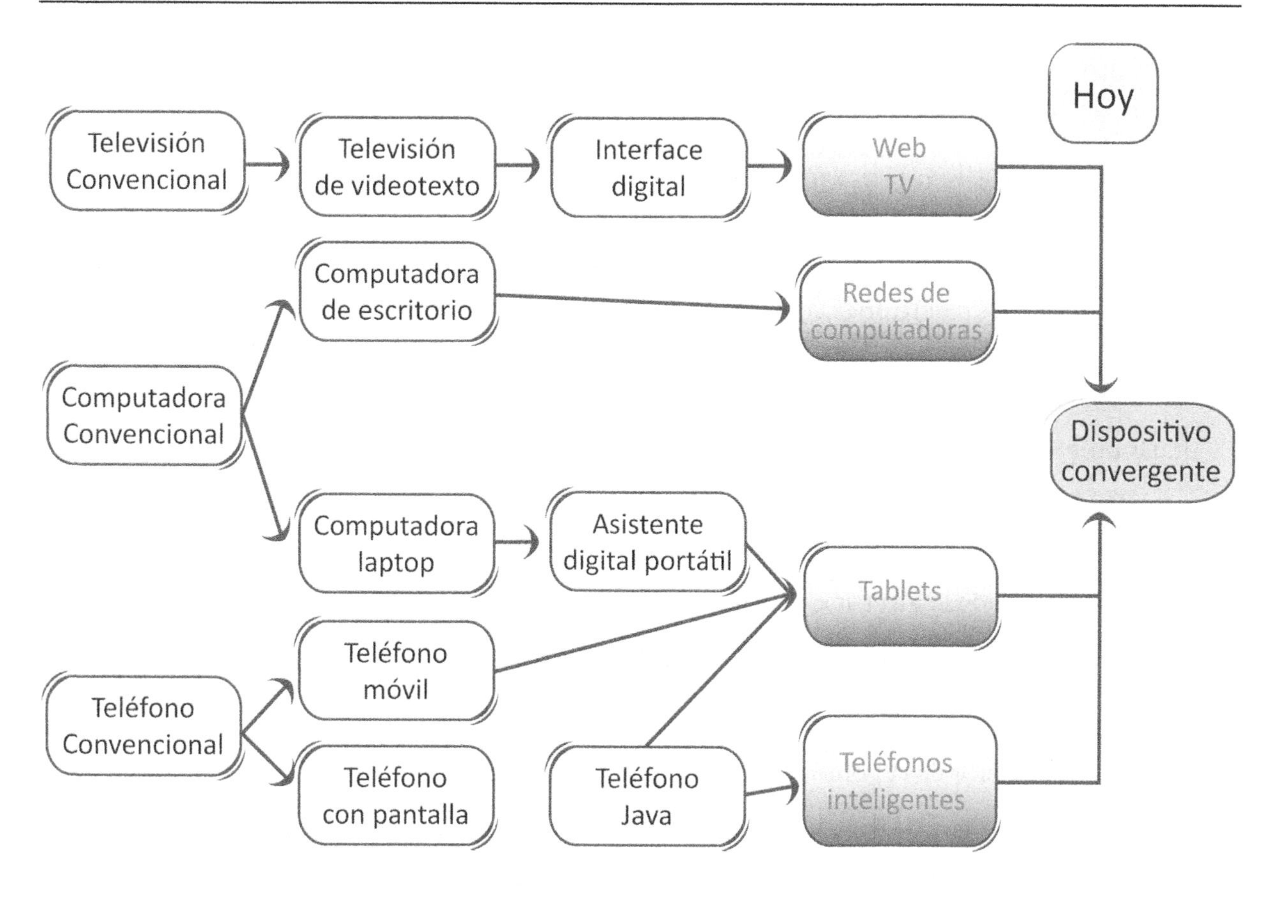

Figura 8.8. La convergencia de dispositivos de comunicación

La convergencia tecnológica ofrece beneficios al consumidor o usuario, entre otros: contar con un solo recibo para los diferentes servicios, trato con un solo proveedor de telecomunicaciones, reducción en los precios al adquirir paquetes de varios servicios y múltiples servicios en una menor cantidad de dispositivos de comunicación. Esto también beneficia al usuario al poder elegir entre diversos operadores de telecomunicaciones, lo que a su vez conlleva a una reducción en los costos.

La convergencia tecnológica tiene un amplio potencial para mejorar el entorno de la competencia en un país, ya que impulsa a las empresas a fomentar la calidad en un sector con proveedores dominantes y al mismo tiempo desarrollar otras áreas geográficas ofreciendo múltiples servicios a sus clientes. Esta convergencia requerirá de un nuevo marco normativo y regulatorio.

Las referencias internacionales muestran que en un marco mundial de convergencia, no todos los operadores son normados y regulados de la misma manera, esto se denomina regulación asimétrica, sino se establece en función de las características particulares de los actores de un mercado específico.

En México, la Comisión Federal de Competencia recomienda respecto a la convergencia de servicios de telecomunicaciones: evitar barreras regulatorias y administrativas innecesarias en el proceso de otorgamiento de concesiones de redes públicas de telecomunicaciones, permitir a los concesionarios de redes públicas de telecomunicaciones ofrecer cualquier servicio de telecomunicaciones que sea factible por las condiciones tecnológicas de sus redes y permitir que empresas que actualmente ofrecen el servicio de televisión también ofrezcan el servicio de telefonía con la menor carga regulatoria, como medida para desarrollar el proceso de competencia y libre concurrencia en los servicios de telefonía fija. El cumplimiento de dichas recomendaciones podría situar al país en el camino hacia una convergencia integral.

Con las propuestas de la CFC se prevé obtener consecuencias y beneficios, tales como:

- Revertir las consecuencias originadas por políticas normativas y regulatorias de telecomunicaciones deficientes.
- Promoción de la inversión en adecuada infraestructura de telecomunicaciones.
- Promoción de la competencia en servicios de banda ancha y telefonía.
- Desarrollo de red alterna de banda ancha.
- TIC al alcance de la población.
- Servicios de banda ancha con mayor calidad, suficiente cobertura y precios accesibles.
- Aprovechamiento del fenómeno de convergencia en beneficio de la sociedad.
- Aumento de la teledensidad.
- Aumento del PIB y disminución de la inflación.
- Disminución de la brecha digital.
- Población inserta en la sociedad de la información y el conocimiento.

La convergencia tecnológica ofrece una oportunidad para mejorar las condiciones de competencia en los mercados de las TIC e indudablemente conlleva un crecimiento tecnológico, favorable para la nueva economía. La adopción de la convergencia transformará al sector de las telecomunicaciones en un sector más fuerte; en consecuencia, éste aportará competitividad al país y productividad a las empresas.

La recopilación de la información que dio pie a la elaboración de este capítulo permitió identificar algunos términos, leyes y entidades nacionales e internacionales que juegan un papel determinante en el desarrollo de la regulación de las telecomunicaciones. Consideramos que la elaboración de este compendio de referencia contribuye a formar un antecedente útil para los estudiantes y profesionales de las telecomunicaciones interesados en introducirse en el tema regulatorio.

8.7 Referencias

Beardsley C., Bugrov D. y Enriquez L. (2005). *The Role of Regulation in Strategy.* The McKinsey Quarterly. Number 4.
<http://www.mckinseyquarterly.com/The_role_of_regulation_in_strategy_1691>

Comisión Federal de Competencia.
<http://www.cfc.gob.mx>

Comisión Federal de Mejora Regulatoria.
<http://www.cofemer.gob.mx>

Comisión Federal de Telecomunicaciones.
<http://www.cft.gob.mx>

Federal Communications Comission. *A new FCC for the 21st Century.* EE.UU: FCC.

G-8. 2000. *Carta de Okinawa.* Japón.

Lessig Lawrence. Junio 2005. MIT Technology Review. *The people own ideas.* 54-60pp.

Ley Federal de Competencia Económica. Junio, 2006.

Ley Federal del Derecho de autor. Diciembre, 1996.

Ley Federal de Metrología y Normalización. Mayo, 1999.

Ley Federal de Procedimiento Administrativo. Mayo, 2000.

Ley Federal de Radio y Televisión. Abril, 2004.

Ley Federal de Telecomunicaciones. Abril, 2006.

Ley Federal de Transparencia y Acceso a la Información Gubernamental. Mayo, 2002.

Ley de Propiedad Industrial. Enero, 2006.

Ley Federal de Protección de Datos Personales en Posesión de los Particulares. Julio, 2010.

Instituto Mexicano de la Propiedad Industrial.
<http://www.impi.gob.mx>

Instituto Mexicano para la Competitividad.
<http://www.imco.org.mx>

Instituto Nacional del Derecho de Autor.
<http://www.indautor.sep.gob.mx>

Normalización y Certificación Electrónica.
<http://www.nyce.com.mx>

Organización Internacional de Estándares.
<http://www.iso.org>

Organización Mundial de la Propiedad Intelectual.
<http://www.wipo.int>

Portal del Desarrollo (*Development Gateway*).
<http://www.developmentgateway.org>

Roquez, Adolfo. (2001). *Impactos de la Tecnologías de Información y Comunicación en el Perú*. Perú.
<http://www.ongei.gob.pe/estudios/publica/estudios/Lib5152/Libro.pdf >

Secretaría de Economía.
<http://www.economia.gob.mx>

Software Engineering Institute.
<http://www.sei.cmu.edu/cmm/>

Unión Internacional de Telecomunicaciones.
<http://www.itu.int>

EPÍLOGO

Han pasado varios años desde el inicio de esta obra, proceso que implicó un intenso trabajo de investigación, análisis, compilación y revisión. Los autores han tenido la visión de la importancia que reviste el generar acervo tecnológico en el dominio de las TIC elaborado por profesionales latinoamericanos y contribuir a la formación de recursos humanos en una disciplina con un crecimiento acelerado. Nuestra obra intenta hacer un balance en la presentación de conceptos fundamentales de las telecomunicaciones y las redes de una manera sintetizada y sencilla y al mismo tiempo proveer información actualizada en un campo en constante cambio. Este reto no es trivial ya que el desarrollo de las TIC, de por sí complejo, obliga a tejer relaciones entre distintas especialidades, requiriendo para este efecto, adoptar de nuestra cuenta una actitud de aprendizaje y humildad al reconocer la magnitud e impacto en la sociedad de las disciplinas descritas en el libro.

Invitamos a otros colegas a enfrentar el reto e iniciar la aventura de participar, como autores latinoamericanos, en el fortalecimiento del acervo tecnológico de las TIC en idioma español y contribuir a la formación de los recursos humanos en esta disciplina fundamental para el desarrollo socioeconómico de la población.

Octubre 2012.

ÍNDICE ALFABÉTICO

F

G

H

I

K

L

M

N

O

P

R

S

ACERCA DE LOS AUTORES

Evelio Martínez Martínez

Es egresado de la tercera generación (1987-1991) de Licenciados en Ciencias Computacionales (LCC) de la Facultad de Ciencias de la Universidad Autónoma de Baja California (UABC). En 2001 realizó estudios de maestría en Telecomunicaciones y Redes de Información en la Fundación Teleddes, A.C. Desde 1992 se desempeña como docente en la Facultad de Ciencias en la carrera de LCC. También ha participado como consultor de empresas de la iniciativa privada donde colaboró en diversos proyectos. Como académico ha participado en diversos congresos, simposiums y foros internacionales como ponente y proyectos de investigación. Ha escrito más de 70 artículos de divulgación para diversas revistas nacionales e internacionales, tanto impresas como electrónicas. Es coautor de 3 libros: *La brecha digital: mitos y realidades* publicado por la Editorial UABC en diciembre de 2003 y en 2008, la segunda edición y el libro *Digitalización y convergencia global* publicado en 2010.

Arturo Serrano Santoyo

Nació en la Ciudad de México en 1951. Obtuvo el grado de Doctor en Ciencias en Ingeniería Eléctrica en 1980 en el Centro de Investigación y Estudios Avanzados (CINVESTAV). En 1981 recibió el Premio Nacional de Electrónica y Telecomunicaciones de la empresa ALCATEL y en 1985 el Premio de Telecomunicaciones de ERICSON, ambos por sus contribuciones al desarrollo de las telecomunicaciones en México y Latinoamérica. El Dr. Serrano es autor del libro *Las telecomunicaciones en latinoamérica: retos y perspectivas* publicado por Prentice-Hall y coautor de *La brecha digital: mitos y realidades.* También es coautor del libro *Digitalización y convergencia global* publicado en 2010. Actualmente es investigador en el Centro de Investigación Científica y de Educación Superior de Ensenada, Baja California (CICESE) y catedrático en la Universidad Autónoma de Baja California (UABC).

IN MEMORIAM

Dr. José Ignacio Ascencio López

Por su dedicación y esfuerzo en la docencia e investigación en el área de las Ciencias Computacionales. El Dr. Ascencio ejerció su carrera normalista, y a la par se formó como licenciado en ciencias computacionales, hasta concluir con un doctorado. Fue un ejemplo de constancia y excelencia pedagógica que ha dejado una huella imborrable en sus estudiantes y colegas. En la educación básica y universitaria se destacó en diversos campos de la computación y tecnologías de la información, tales como cómputo educativo, graficación, análisis de algoritmos, reconocimiento de patrones, procesamiento de imágenes y la generación de imágenes no-fotorrealistas.

Made in the USA
Middletown, DE
27 September 2023